面向新工科数据科学与
大数据技术丛书

NoSQL
数据库原理

第2版 | 微课版

U0392609

北京邮电大学智能信息技术课题组 ◎编著

NoSQL DataBase Principles

人民邮电出版社
北京

图书在版编目（ＣＩＰ）数据

NoSQL数据库原理：微课版 / 北京邮电大学智能信息技术课题组编著. -- 2版. -- 北京：人民邮电出版社，2023.8
（面向新工科数据科学与大数据技术丛书）
ISBN 978-7-115-61407-0

Ⅰ．①N… Ⅱ．①北… Ⅲ．①关系数据库系统－教材
Ⅳ．①TP311.132.3

中国国家版本馆CIP数据核字(2023)第049717号

内 容 提 要

本书对统称为 NoSQL 的分布式非关系型数据库原理和使用方法进行介绍。本书主要内容包括绪论、NoSQL 数据库的基本原理、MongoDB 的原理和使用、MongoDB 的管理与集群部署、图数据库Neo4j、键值对数据库 Redis、Cassandra 的原理和使用、Hadoop 和 HBase 简介，以及其他 NoSQL 数据库简介。本书帮助读者从理论和实践两方面深入理解 NoSQL 数据库的特点。在理论上，突出 NoSQL数据库由于采用分布式架构和非关系型模式所产生的优势和限制；在实践上，给出命令行操作、Java和 Python 语言编程等多种访问 NoSQL 数据库的示范方法。

本书可作为高等院校数据科学与大数据技术、大数据管理与应用、计算机科学与技术、信息安全等相关专业学生的教材及参考书，也可作为已经了解关系型数据库的原理和操作方式，且具有一定编程基础的读者参考使用。

◆ 编　著　北京邮电大学智能信息技术课题组
　　责任编辑　刘　博
　　责任印制　王　郁　陈　犇
◆ 人民邮电出版社出版发行　　北京市丰台区成寿寺路 11 号
　　邮编　100164　　电子邮件　315@ptpress.com.cn
　　网址　https://www.ptpress.com.cn
　　北京联兴盛业印刷股份有限公司印刷
◆ 开本：787×1092　1/16
　　印张：17.25　　　　　　　　2023 年 8 月第 2 版
　　字数：420 千字　　　　　　 2024 年 8 月北京第 4 次印刷

定价：69.80 元

读者服务热线：(010)81055256　印装质量热线：(010)81055316
反盗版热线：(010)81055315
广告经营许可证：京东市监广登字 20170147 号

　　互联网和物联网的兴起，使得人们生产和收集数据的能力大大增强。大数据业务不断出现，并逐渐渗透到社会的方方面面，人们也更加迫切地希望从数据中获得新价值。然而，一般的关系型数据库可能无法对大数据和新业务进行有效支撑。在很多互联网和大数据业务中，使用关系型数据库好像在"用钳子拧螺丝"，优点无从发挥，但弱点却暴露无遗。

　　在这种背景下，相关领域的技术人员不约而同地着手研发非关系型数据库，其核心理念是通过打破关系模型，去除用不到的约束规则，以获得更好的分布式部署能力、横向扩展能力和数据管理能力，使其在特定大数据场景下，具有更好的数据承载能力和查询处理性能。

　　随着新型数据库系统不断被研发出来，人们开始将这些分布式非关系型数据库统称为"NoSQL"数据库。NoSQL并非是对SQL语言的否定，而是强调不必再用关系型数据库适配所有的业务场景，特别是一些新兴的大数据业务场景。NoSQL也并非是一个严谨的概念，它更像技术革新运动的一个口号，代表一个趋势："大数据时代"来临，我们必须为不同的业务场景选择更合适的技术工具，此时不再强调技术工具的全面，而强调"取舍"。

　　NoSQL数据库的出现，为数据领域带来了新的挑战，主要表现如下。

　　首先，由于业务人员对NoSQL系统的技术特点不熟悉，因此难以判断NoSQL系统的适用场景，难以对不同类型的NoSQL系统进行技术选型，难以利用NoSQL系统开展技术创新和业务创新。

　　其次，NoSQL数据库一般不支持SQL，且由于技术特点的差异，不同类型的NoSQL系统之间的操作方法各不相同，这使得用户难以使用关系型数据库；并且由于NoSQL数据库一般都支持分布式部署，这使得NoSQL系统的部署和维护要求较高。

　　本书希望从NoSQL系统的技术特点、使用方式和部署方式等方面对典型的NoSQL数据库进行介绍，帮助读者拓展大数据管理和处理方面的思路，学习基本的NoSQL系统部署、使用和编程等方法。

本书前两章介绍 NoSQL 数据库的基本趋势，并简单介绍 NoSQL 数据库的基本原理。前两章尽量避免对技术原理进行抽象讨论，重点突出 NoSQL 数据库为进行分布式部署，实现高可用性、高效率和易用性等目标所采取的设计理念和功能取舍，使读者能够理解 NoSQL 数据库的特点，进而判断各种 NoSQL 系统的适用场景。

本书的第 3～9 章对主流 NoSQL 数据库的使用方法和编程方法进行讲解。

本书的第 3～5 章介绍的是最为流行的文档式数据库 MongoDB 和图数据库 Neo4j，考虑到一些读者可能没有 Linux 系统的使用经验，因此主要基于 Windows 平台进行部署和操作演示，以便帮助读者快速上手。

本书的第 6 章、第 7 章介绍了键值对数据库 Redis 和环形列存储数据库 Cassandra 等，并描述了其在 Linux 环境下的部署和操作方法。本书的第 8 章、第 9 章对基于 Hadoop 体系的列存储数据库 HBase、时序数据库 InfluxDB 和一些全文检索数据库等进行了简要介绍。

本书主要基于 2022 年的主流软件版本和权威官方文档进行描述，重点介绍基本库表操作、数据增删改查方法等。在编程语言上，本书基于两种主流编程语言：Java 和 Python。

此外，伴随虚拟化和容器化等技术的兴起，当前大多数公有云均提供了各种各样的 NoSQL 服务，并提供快速部署、快速调整和几乎免维护等特性，这使得 NoSQL 数据库的使用和维护门槛大大降低，因此本书对 NoSQL 系统的集群部署、维护和优化等内容介绍较少，同时，也建议读者对云计算和容器化等相关内容进行学习，以便更好地发挥 NoSQL 数据库的价值。

本书的编写工作由北京邮电大学智能信息技术课题组共同完成，成员包括俎云霄、侯宾、刘刚、李巍海、张健明。其中俎云霄负责拟定全书框架，侯宾进行主体内容撰写，李巍海、张健明负责对文中代码进行测试和审核，刘刚负责对全书进行审阅。

最后，书中难免有疏漏和不足之处，恳请各位读者批评指正，以便今后不断完善、改进！

作者

2023 年 8 月

目录

人类社会的进步离不开对数据的管理和使用。早期人们利用人工方式或文件方式来管理数据。20 世纪 60 年代，数据库以及数据库管理系统等概念相继出现，随后，关系型数据库出现并逐渐成熟，成为被广泛应用的数据库。如今提到"数据库"这个名词时，很多情况下就是指关系型数据库。

绪论

随着互联网、大数据等概念的兴起，关系型数据库也逐渐暴露出问题，例如，难以应对日益增多的海量数据、横向的分布式扩展能力比较弱等。因此，有人通过打破关系型数据库的模式，构建出非关系型数据库，其目的是构建一种结构简单、分布式、易扩展、效率高且使用方便的新型数据库，这就是所谓的 NoSQL。如今 NoSQL 在互联网、电信、金融等行业已经得到了广泛应用，与关系型数据库形成了一种技术上的互补关系。

为了让读者更好地理解 NoSQL 的出现原因、基本特点和适用场景，本章首先对数据库和数据业务的相关概念进行介绍，进而对大数据的概念、现状和技术体系等方面进行讲解。

1.1 数据库的相关概念

数据库（Database，DB）一般指数据的集合，也可以看作按照数据结构来存储和组织信息的软件容器或仓库。数据库及其管理软件构成了数据库管理系统（Database Management System，DBMS），实现数据的管理和使用等功能。数据库管理系统及其运行所需的软硬件环境、操作人员乃至手册文档等内容，构成一个完整体系，称为数据库系统（Database System，DBS）。

在更多的场景中，"数据库系统"和"数据库"均可以看作是对数据库管理系统的简称——例如一些数据库产品的官方网站，以及一些知名的公有云。本书提到的"关系型数据库"和"NoSQL 数据库"，实际都是数据库管理系统的具体形式，用来管理具有不同特点的数据，以及用来支撑不同的业务逻辑等。

1.1.1 关系型数据库

一般来说，数据库会提供数据的定义、操纵、组织和维护、持久存储、管理功能，以及数据库的通信与交互接口、保护和控制等功能，具体包括以下功能。

（1）数据定义：提供数据定义语言（Data Definition Language，DDL），用于建立、修改数据库的库、表结构或模式，将结构或模式信息存储在数据字典（Data Dictionary）之中。

（2）数据操纵：提供数据操纵语言（Data Manipulation Language，DML），用于增加

（Create）、查询（Retrieve）、更新（Update）和删除（Delete）数据（合称 CRUD 操作）。

（3）数据的持久存储、组织和维护、管理：能够分类组织、存储和管理各种数据，可以实现数据的加载、转换、重构等工作；能够将大量数据进行持久化存储，能够监控数据库的性能。

（4）保护和控制：可以支持多用户对数据的并发控制，保护数据库的完整性、安全性，支持从故障和错误中恢复数据。

（5）通信与交互接口：可以实现高效存取数据（例如查询和修改数据），可以实现数据库与其他软件、数据库的通信和互操作等功能。

历史上第一批商用的数据库诞生于 20 世纪 60 年代，这些数据库一般基于层次模型或网状模型，例如 IBM 公司研发的基于网状模型的信息管理系统（Information Management System，IMS）等。这些数据库的出现，改变了过去采用人工方式或文件方式管理数据的落后方式，提高了数据管理的效率，实现了更强大的数据访问方法，以及提供了细粒度的数据定义和操纵方法，但这些系统的数据库需要使用者（通常是程序员）对数据格式具有深入的了解，且不支持高级语言，这使得数据操作的难度很大。

1970 年，IBM 公司圣何塞实验室的埃德加·弗兰克·科德（Edgar Frank Codd，1923—2003）发表了名为《大型共享数据库的数据关系模型》（"A Relational Model of Data for Large Shared Data Banks"）的论文，首次提出数据库的关系模型。科德认为：在基于关系模型的数据库系统中，使用者不需要关心数据的存储结构，只需要通过简单的、非过程化的高级语言，例如结构查询语言（Structure Query Language，SQL），就可以实现数据定义和操纵，这样大大简化了数据操作的方法，提高了数据操作的效率。为了实现这一目的，数据的存储将独立于硬件，呈现给用户的则是被称为"关系"的、由行和列组成的二维表结构，如图 1-1 所示。

```
MariaDB [hive]> describe TBLS;
+-------------------+--------------+------+-----+---------+-------+
| Field             | Type         | Null | Key | Default | Extra |
+-------------------+--------------+------+-----+---------+-------+
| TBL_ID            | bigint(20)   | NO   | PRI | NULL    |       |
| CREATE_TIME       | int(11)      | NO   |     | NULL    |       |
| DB_ID             | bigint(20)   | YES  | MUL | NULL    |       |
| LAST_ACCESS_TIME  | int(11)      | NO   |     | NULL    |       |
| OWNER             | varchar(767) | YES  |     | NULL    |       |
| RETENTION         | int(11)      | NO   |     | NULL    |       |
| SD_ID             | bigint(20)   | YES  | MUL | NULL    |       |
| TBL_NAME          | varchar(128) | YES  | MUL | NULL    |       |
| TBL_TYPE          | varchar(128) | YES  |     | NULL    |       |
| VIEW_EXPANDED_TEXT| mediumtext   | YES  |     | NULL    |       |
| VIEW_ORIGINAL_TEXT| mediumtext   | YES  |     | NULL    |       |
+-------------------+--------------+------+-----+---------+-------+
11 rows in set (0.01 sec)
```

图 1-1　一个典型的关系表结构描述

上述关系模型一般包括关系数据结构、数据关系操作和数据完整性约束 3 个基本组成部分。

（1）在关系数据结构中，实体和实体间的联系都可以通过关系（即二维表）的方式来表示。用户可以通过实体-联系模型（Entity-Relationship Model）来描述这些内容。

（2）在数据关系操作中，用户可以通过关系代数中的并、交、差、除、投影、选择、笛卡儿积等方式完成对数据集（而不仅仅是单条记录）的操作。

（3）在数据完整性约束中，关系模型必须对实体完整性和参照完整性进行约束，数据库应当提供完整性的定义与检验机制。此外，用户还可以定义并检验与业务有关的完整性约束，这并非强制要求。

建立在关系模型基础上的数据库管理系统，称为关系型数据库管理系统（Relational Database Management System，RDBMS）。1976 年，第一个商用关系数据库问世，随后涌现出 Oracle 公司的 Oracle RDBMS、微软公司的 SQL Server、IBM 公司的 Db2，以及开源的 MySQL 数据库等诸多优秀的关系型数据库产品。

早期的基于网状模型和层次模型的数据库被称为第一代数据库，关系型数据库则被称为第二代数据库系统。目前，关系型数据库的理论、相关技术和产品都趋于完善，但也仍在持续发展中，关系型数据库也是目前世界上应用最广泛的数据库之一，广泛应用在各行各业的信息系统当中。

关系型数据库一般还会提供对事务（Transaction）的支持。事务是指一组数据操作必须作为一个整体来执行，这一组操作要么全部完成，要么全部取消。关系型数据库中的事务正确执行，需要具备原子性（Atomicity）、一致性（Consistency）、隔离性（Isolation）、持久性（Durability）4 个特性，此外，关系型数据库需要提供事务的恢复、回滚、并发控制、死锁解决等功能。

1990 年，美国的高级 DBMS 功能委员会提出了"第三代数据库系统"的概念，希望其以关系型数据库为基础，支持面向对象等特性，以及支持更多、更复杂的数据模型。第三代数据库系统没有统一的数据模型，存在多种技术路线和衍生产品，但在技术成熟度和产品影响力上都没达到关系型数据库的水平。

1.1.2　关系型数据库的瓶颈

随着各类互联网新业务的兴起，人们在工作和生活中利用数据的方式发生了很大改变。数据在互联网上产生之后，一般不会被删除或离线保存，而是会被在线使用和分享——例如人们可以查询到很久以前的新闻或微博，因而典型互联网业务的数据总量巨大，且保持持续增长。

2014 年有资料显示：一天之内互联网能够产生的内容可以刻 1.68 亿张 DVD，一天之内互联网能够发出 2940 亿封邮件，相当于美国邮政系统两年处理的纸质邮件数量。著名网站 Facebook，每天有超过 5 亿个状态更新，2.5 亿张以上的照片被上传……

通常情况下，在部署关系型数据库时，可以通过不断升级硬件配置的方法，来提高其数据处理能力，这种升级方法称为纵向扩展（Scale Up）。20 世纪 60 年代，英特尔公司的创始人戈登·摩尔（Gordon Moore）断言：当价格不变时，集成电路上可容纳的元器件的数目，每隔 18～24 个月会增加一倍，性能也会提升一倍。因此，升级硬件配置的方法可以使关系型数据库的单机处理能力持续提升。但是近年来，随着摩尔定律逐步"失效"，计算机硬件更新的脚步放缓，计算机硬件的纵向扩展受到约束，难以应对互联网数据爆发式的增长。

有人提到："古时候，人们用牛来拉圆木，当一头牛拉不动时，他们不会去培育更大的牛，而是会用更多的牛。"这种采用"更多的牛"的扩展方法称为横向扩展（Scale Out），即采用多台计算机组成集群，共同对数据进行存储、组织、管理和处理。这个集群应当有以下特征。

（1）能够对集群内的计算机及其计算存储资源进行统一的管理、调度和监控。

（2）能够在集群中对数据进行分散的存储和统一的管理。

（3）能够向集群指派任务，能够将任务并行化，使集群内的计算机可以分工协作、负载均衡。

（4）利用集群执行所需的数据查询和操作时，性能远超单独的高性能计算机。

（5）当集群中的少量计算机或局部网络出现故障（类似某一头牛病了）时，集群性能虽略有降低，但仍然可以保持功能的有效性，且数据不会丢失，即具有很强的分区容错性。

（6）可以用简单的方式部署集群、扩展集群（类似增加牛的数量），以及替换故障节点，即具有很强的可伸缩性。

然而关系型数据库由于关系模型、完整性约束和事务的强一致性等特点，导致其难以实现高效率、易横向扩展的分布式部署架构，并且关系模型、完整性约束和事务的强一致性等特点在典型互联网业务中并不能体现出优势。例如：在管理海量的页面访问日志时，并不需要严格保障数据的实体完整性和引用完整性。

1.1.3　NoSQL 的诞生与发展

（1）NoSQL 的诞生。

一些互联网公司着手研发（或改进）新型的、非关系型的数据库，这些数据库被统称为 NoSQL 数据库（以下简称为 NoSQL），常见的 NoSQL 包括 HBase、Cassandra 和 MongoDB 等。

NoSQL 并不是一个严谨的分类或定义。在 20 世纪 90 年代，曾经有一款不以 SQL 作为查询语言的关系型数据库叫作 NoSQL，这显然和 NoSQL 当前的含义不同。之后在 2009 年的一个技术会议上，NoSQL 被再次提出，其目的是为"设计新型数据库"这一主题加上一个简短响亮的口号，使"设计新型数据库"更容易在社交网络上推广。

因此 NoSQL 更多的是代表一个趋势，而非对新型数据库进行严谨的分类和定义。有人将 NoSQL 解释为"No More SQL"（不再需要 SQL）或"Not Only SQL"（不限于 SQL）等，但作为分类标准和定义来看，这些也都不算严谨，此外还应强调，此处的 SQL 代指关系型数据库，而非 SQL 语句。

（2）NoSQL 的技术特点。

NoSQL 数据库并没有统一的模型，通过对知名 NoSQL 系统的特点进行归纳，我们可以得出 NoSQL 的一般特点：其是集群部署的、非关系型的、无模式的数据库，以及通常是开源软件等。

集群部署，意味着 NoSQL 通常能通过横向扩展进行扩展，以支持更大的数据量，这是 NoSQL 的最大优势。大多数 NoSQL 系统都可以实现对分布式存储的巨大表格中的数据进行并发的实时查询，但跨表查询等复杂操作会变得困难。

非关系型和无模式意味着 NoSQL 打破了关系模型、打破了传统的完整性约束机制、弱化甚至取消了事务机制等，这些策略可以看作提高横向扩展能力的代价，但这种代价在互联网领域是可接受的，因为在互联网领域的很多应用场景下，例如社交网络，关系模型并不能很好地发挥优势。

此外，打破关系模型意味着 NoSQL 采用了差异化的数据组织和管理方式，这也使在关系型数据库中被广泛使用的 SQL 语句无法天然地应用在这些打破关系模型的数据库上，所以这些数据库只能"No SQL（无 SQL）"，并提供自己的数据查询语言。

早期的 NoSQL 系统一般是开源（Open Source）免费的，或同时提供开源免费的社区版本和收费的商业版本，这可以看作强调开放和共享的"互联网精神"的体现。开源免费使这些软件更容易被推广和被尝试，这使 NoSQL 自诞生以来受到越来越多的关注——无论是在互联网领域还是传统行业中。

（3）NoSQL 的发展现状。

一家名为 DB-Engines 的网站通过采集知名搜索引擎、社交网络和招聘网站的信息等方式，对全球数据库的流行度（Popularity）进行评价和排名，如图 1-2 所示。2022 年 2 月的数据显示，该网站总共收录了 383 个数据库产品，涉及 14 个类型。其中关系型数据库为 152 个，其他各种类型的数据库为 231 个。

从网站提供的流行度排名来看，在 2022 年 2 月排名前 20 的数据库产品中，有 12 个为关系型数据库（"Database Model"为"Relational"），非关系数据库为 8 个。但表中标注了"Multi-model"的条目，表示该产品提供了多种模型，并不是单一模型的产品。

NoSQL 和关系型数据库可以看作互补关系，可以在不同的应用场景发挥各自的优势。在不限定场景的情况下，无法比较谁更强大。这个排名也无法作为"哪种数据库更优秀"的权威参考，只能从侧面说明，关系型数据库仍是应用较广泛的数据库，而 NoSQL 也得到了广泛的应用。

Rank			DBMS	Database Model	Score		
Feb 2022	Jan 2022	Feb 2021		383 systems in ranking, February 2022	Feb 2022	Jan 2022	Feb 2021
1.	1.	1.	Oracle	Relational, Multi-model	1256.83	-10.05	-59.84
2.	2.	2.	MySQL	Relational, Multi-model	1214.68	+8.63	-28.69
3.	3.	3.	Microsoft SQL Server	Relational, Multi-model	949.05	+4.24	-73.88
4.	4.	4.	PostgreSQL	Relational, Multi-model	609.38	+2.83	+58.42
5.	5.	5.	MongoDB	Document, Multi-model	488.64	+0.07	+29.69
6.	6.	↑7.	Redis	Key-value, Multi-model	175.80	-2.18	+23.23
7.	7.	↓6.	IBM Db2	Relational, Multi-model	162.88	-1.32	+5.26
8.	8.	8.	Elasticsearch	Search engine, Multi-model	162.29	+1.54	+11.29
9.	9.	↑11.	Microsoft Access	Relational	131.26	+2.31	+17.09
10.	10.	↓9.	SQLite	Relational	128.37	+0.94	+5.20
11.	11.	↓10.	Cassandra	Wide column	123.98	+0.43	+9.36
12.	12.	12.	MariaDB	Relational, Multi-model	107.11	+0.69	+13.22
13.	13.	13.	Splunk	Search engine	90.82	+0.37	+2.28
14.	14.	↑15.	Microsoft Azure SQL Database	Relational, Multi-model	84.95	-1.37	+13.67
15.	↑17.	↑35.	Snowflake	Relational	83.18	+6.36	+64.96
16.	↓15.	↓14.	Hive	Relational	81.88	-1.57	+9.56
17.	↓16.	17.	Amazon DynamoDB	Multi-model	80.36	+0.50	+11.21
18.	18.	↓16.	Teradata	Relational, Multi-model	68.57	-0.56	-2.33
19.	19.	↑20.	Solr	Search engine, Multi-model	58.53	+0.00	+7.84
20.	20.	↓19.	Neo4j	Graph	58.25	+0.21	+6.08

图 1-2 DB-Engines 网站 2022 年 2 月的全球数据库流行度排名前 20

（4）NoSQL 的融合与发展。

由于 NoSQL 放弃了关系型数据库的很多特点，这使传统关系型数据库的使用者感到不便,例如:NoSQL 难以实现在线事务业务处理、不支持 SQL 语句等。因此有人提出结合关系型数据库和 NoSQL 数据库的优点,构建新型的数据库形式,并称之为"NewSQL"。

NewSQL 的概念并没产生很大的号召力,也没有特别著名的产品出现,更多的新型数据库仍然被定义为 NoSQL,然而 NewSQL 给数据库领域带来了新的发展方向,即关系型数据库和 NoSQL 的相互借鉴与融合。例如:一些新的 NoSQL 系统引入了对 SQL 语句的部分支持,或者提供类似 SQL 的数据操作和查询语法,如 HBase、Neo4j 等;而一些新版本的关系型数据库系统,则基于 NoSQL 模式开发了新的功能或模块,如 MySQL 的集群化数据缓存工具 MySQL Cluster 等,这个趋势在图 1-2 中也有所体现。

在 NoSQL 从互联网行业向传统行业推广的过程中也存在诸多阻力:一是由于技术领域和业务模式上存在差异,导致传统行业的技术人员不知道如何有效地利用工具;二是开源免费的特点使得这些工具总是处在持续地升级和改进当中,新版本层出不穷,但文档和学习资料经常是缺失或滞后的,这使得 NoSQL 相对难以学习;三是早期的 NoSQL 在可靠性和安全性上存在较多问题,这使得金融、电信和电力等对可靠性和安全性要求较高的行业不敢轻易使用 NoSQL 工具。

目前很多商业软件公司对原生的 NoSQL 进行了扩展、优化和企业级封装,并向传统行业和普通学习者进行推广。例如,整合多种大数据软件到一个平台,使之能够协同工作;构建易部署、易管理、易维护且安全、可靠的大数据软件平台,满足大企业对 IT 服务规范化的需求;独立研发自己的 NoSQL 软件或组件,使之拥有更好的性能等。上述领域的知名公司及其产品包括:华为公司的 FusionInsight、Cloudera 公司的 Cloudera Manager、开源工具 Ambari 等。

1.2 大数据与 NoSQL

大数据(Big Data)是以容量大、类型多、存取速度快、应用价值高为主要特征的数据集合,正快速发展为对数量巨大、来源分散、格式多样的数据进行采集、存储和关联分析,从中发现新知识、创造新价值、提升新能力的新一代信息技术和服务业态。(来自《促进大数据发展行动纲要》。)

1980 年,美国作家阿尔文•托夫勒在所著的《第三次浪潮》(*The Third Wave*)中预测了"信息爆炸"所产生的社会变革,并称之为"第三次浪潮的华彩乐章"。从 20 世纪 90 年代开始,"数据仓库之父"比尔•英曼(Bill Inman)以及 SGI 公司的首席科学家约翰•R.马什(John R. Mashey),都开始使用大数据这个名词。

当前,大数据已经获得全球政府和各行各业的广泛关注。美国在 2012 年发布的《大数据研究和发展计划》旨在提高从大型复杂数据集中进行价值挖掘的能力。欧盟、英国、日韩等也相继发布了自己的大数据战略规划。

2015 年 5 月,我国首次明确对大数据产业进行规划,同年 9 月,国务院印发了《促进大数据发展行动纲要》,指明我国大数据发展的主要任务是:加快政府数据开放共享,推动资源整合,提升治理能力;推动产业创新发展,培育新兴业态,助力经济转型;强化安全保障,提高管理水平,促进健康发展。

1.2.1 大数据的特征

大数据并非单指很多的数据（很多的数据可以用"海量数据"一词来描述），也没有明确的分类方法指出大于某个阈值的数据量可以称为大数据。目前，公认的大数据具有 4 个特征，即 IBM 公司总结的"4V"。

（1）大容量（Volume）：即数据总量大。一般认为，大数据业务所涉及的数据量可以达到几百 GB，甚至 TB（1024 GB）和 PB（1024 TB）等级。

（2）多样化（Variety）：即大数据业务可能需要对多种数据类型进行处理，这些数据可能来自多个业务系统，数据格式有所不同，或者是不同领域的数据，例如当我们搜索附近的评价好的餐厅时，提供服务的网站既需要处理位置数据也需要处理评分数据，以实现根据地理位置和用户评价的综合排序。此外，多样化表示大数据业务可以对半结构化数据（例如日志）和非结构化数据（例如照片和视频等）进行处理。

（3）高速率（Velocity）：即数据增长快且数据持续增长。常见的大数据业务领域，如互联网、电信、金融等，都会持续进行业务处理和交易，期间会持续产生大量的业务数据，这些数据陆续被采集到大数据系统中，这个过程不一定是实时的，但大多是持续的。大数据业务还需要根据业务需求及时更新、处理数据，例如搜索引擎，需要持续地采集网页数据，不断进行数据分析和处理，并且要在几 ms 内对数据索引进行扫描，向用户反馈结果。

（4）有价值（Value）：对大数据进行查询、统计、挖掘会产生很高的价值，但大数据通常被认为价值密度较低，即挖掘价值的过程较为困难。困难之处一方面在于对巨量异构数据进行处理的难度；另一方面在于可能缺少合适的算法，这些算法除了需要良好的效果之外，还需要能够支持并行化等处理模式。

在上述特征之外，有人还提出大数据应具有数据全在线（Online）和全集数据等特征。数据全在线即全部的数据都处在可以被使用的状态。全集数据强调使用全部数据而非局部的、抽样的数据，这可以减小由于数据稀疏或不当抽样带来的统计学偏差。在这种观点的影响下，人们需要将大数据装进数据库里，而非离线保存，这使得 NoSQL 在大数据领域产生了重要价值。

1.2.2 大数据场景中的 NoSQL

大数据在技术上，具有数据采集、数据存储和管理、数据查询、数据处理、数据分析和可视化展示等多个环节，不同环节可能需要不同的大数据工具。考虑到数据量大、数据持续增长等因素，大数据工具必须支持以集群方式构建——特别是在数据存储和管理、数据查询、数据处理环节。

由于在分布式环境下，可能出现节点故障、网络故障，以及产生传输瓶颈等问题，此外还需要处理横向扩展、负载均衡等问题，因此集群系统的建设难度远大于单机系统。而充分发挥集群性能、屏蔽分布式环境的复杂性，向用户提供易用接口是所有大数据工具的必备特性。

很多 NoSQL 系统均可以实现集群化部署，并将大数据均匀分布到多个节点之上，通过分片、多副本等机制实现负载均衡和高可靠性，提供高效率的分布式查询能力，以及通过横向扩展存储更多数据等能力。同时，NoSQL 大多能提供易用接口，例如：利用 Shell 脚本或类似 SQL 语句的方式完成数据增、删、改、查操作，以及提供专门工具来进行分布式集群的部署和维护等。

总之，大多数 NoSQL 系统都是典型的大数据系统。NoSQL 系统的分布式设计、易用性设计和接口设计等，均能够很好地满足大数据领域的业务要求和性能要求，可以用在大数据的存储、管理和查询等阶段。但 NoSQL 的数据处理、统计与分析能力通常较弱，可能需要和其他大数据工具配合使用，来解决这一问题。例如：著名 NoSQL 系统 HBase 本身不负责底层数据的存储，只负责数据表的管理和查询。HBase 会将数据交给 HDFS（Hadoop Distributed File System，Hadoop 分布式文件系统）进行管理，自身只负责数据库表的操作，需要读写文件时则调用 HDFS 接口。

HBase 也没有数据处理功能，它向上提供数据接口，使得 MapReduce 等大数据处理框架可以对数据进行存取和处理。而 HBase、HDFS 和 MapReduce 具有相似的结构，均可以支持"计算本地化"策略（参见 2.5.1 节），因此彼此之间既可以独立工作，也可以很好地配合使用。

1.2.3 NoSQL 的典型应用场景

NoSQL 可以作为数据库应用于业务系统当中，也可以作为数据仓库应用于数据统计与挖掘系统当中，且一般应用于数据量巨大，以及数据异构、数据结构复杂等情况下。NoSQL 的典型应用场景如下。

（1）网站或网络应用系统中的数据存储或缓存。

例如，互联网中的网页和链接可以看作点和线的关系，这样可以把互联网中网站和网页的关系抽象为有向图。NoSQL 中有一类"图数据库"，专门对这种数据结构进行了优化。

又比如，股票数据中所谓的"F10"数据，即企业背景信息，该信息包含相对静态的企业概况信息，也包含动态的公告信息、股本结构变动信息等。这些背景信息的格式是不确定的、变化的，而且数据格式之间可能存在列的嵌套等情况。这种数据结构虽然也可以用关系模型描述，但采用 NoSQL 的文档型模型描述，则会更加简单、易用。此外，在互联网系统中，为了提升查询速度，可能需要将大量表格数据缓存到多台服务器的内存当中，而一些基于键值对的 NoSQL，例如 Redis、Memcached 等，就提供了集群化的数据缓存功能。

（2）海量日志数据或监控数据的管理、查询和统计。

例如，管理电商网站或 App 的用户访问记录、交易记录，采集并管理工业物联网中的数据采集与监视控制系统（Supervisory Control And Data Acquisition，SCADA）数据。这些数据一般会被持续采集，不断累积，因此数据量极大，可能无法通过单机管理。另外，这些数据的数据结构简单，且缺乏规范，例如，从不同业务服务器或不同工业设备所采集的数据的数据格式可能是不同的，这使利用关系型模型描述数据变得困难。NoSQL 采用键值对、无模式的数据模型处理这类数据会简单一些。

此场景和第一种场景的差别在于，这些数据不是对最终用户可见的，而是由运维或运营人员处理的。并且除了进行一般查询之外，还会大量进行数据聚合和统计操作，甚至在预处理后进行机器学习等操作。

（3）作为 OLAP/OLTP 系统的数据支撑。

联机分析处理（Online Analytical Processing，OLAP）可以看作一种基于数据仓库系统的应用，一般面向决策人员和数据分析人员，针对特定的商务主题对海量数据进行查询和分析等，其中查询主要和检索能力有关，分析则可能需要遍历数据，常用于"分组求和"等数据聚合场景。

OLAP 业务还可能延伸出数据挖掘业务。数据挖掘是从大量数据集中发现有用的新模式的过程。数据挖掘可能会通过机器学习算法进行，例如 k 均值、逻辑回归等。在大数据领域，数据挖掘通常也是分布式实现的。

NoSQL 通常可以提供强大的检索能力，此外大多也能提供数据遍历能力和简单的数据聚合能力，这意味着 NoSQL 系统一般能够完成基本的 OLAP 业务。但 NoSQL 通常缺少数据预处理能力和对复杂机器学习算法的支持。一般需要将 NoSQL 与 MapReduce、Spark 等分布式处理框架结合使用，从而实现数据的复杂聚合和数据挖掘等。

与 OLAP 相对的概念是联机事务处理（Online Transaction Processing，OLTP），即业务系统中的数据处理，主要会对数据进行增、删、改，以及事务处理等。传统的 NoSQL 一般能够提供基本的增、删、改操作，但可能无法支持复杂的 OLTP 业务，主要是由于在分布式架构下缺乏有效的事务机制，以及数据频繁更新时，系统的处理性能较差。但当前一些新型或新版本的 NoSQL 系统通过改进设计，逐步提高了 OLTP 性能，并开始支持分布式事务。

1.3 云计算与 NoSQL

云计算（Cloud Computing）是一种 IT 资源的使用、运营和提供方式。简单地说，云计算是指将 IT 资源（如计算、存储、网络或软件功能等）部署在远程的数据中心当中，用户通过网络对资源进行申请和使用，而无须在本地进行部署和维护。用户在使用 IT 资源时，可以不再关心自身和资源所在的具体位置和实际状态，宛如资源在虚无缥缈的"云"上，但可以随时随地地使用。

2006 年 8 月，谷歌公司提出了"云计算"的概念，其含义既涵盖现在的云的概念，如亚马逊、阿里云等提供的服务，也包含现在大数据的内容，如 Hadoop 系统、MapReduce 架构等。大约在 2011 年以后，大数据的概念逐渐"升温"，大数据和云计算成为两个截然不同的名词，它们的内涵也逐渐固定下来——云计算强调通过网络和租用方式使用 IT 资源，大数据则强调对数据内容进行价值挖掘。

美国国家标准与技术研究院（National Institute of Standards and Technology，NIST）对云计算的定义为：云计算是一种模型。基于该模型，用户可以通过网络实现对可配置共享资源（包括网络、服务器、存储、应用和服务等）的访问，这种对资源的访问方式是无处不在的、便利的和按需而定的。这些资源可以被迅速地提供和发布，而用户只需要进行少量的管理配置或（界面）交互工作即可。

NIST 强调云计算本身是一个不断发展的范式（Paradigm），即云计算本身也处在不断地发展当中。例如：当前云计算的概念中又衍生出了边缘计算（Edge Computing）、算力网络（Computing Network）等新的 IT 资源模型。

1.3.1 云计算的特征和模式

云计算包含 5 个基本特征、3 种服务模式和 4 种部署模式。

云计算的基本特征如下。

（1）按需自助服务（On-demand Self-service）：用户可以根据自身需求，自行配置资源的类型、数量和使用时间，而无须和云服务商进行过多交互。例如：用户可以在云服务商提供的页面中选择使用一台虚拟服务器，该虚拟服务器有两个虚拟中央处理器（Central Processing Unit，CPU）核心、4 GB 内存、40 GB 存储和 1 Gbit/s 的网络带宽。用户还可以在页面上选择这台虚拟服务器的使用时长，并进行一些基本配置，例如配置虚拟机中的防火墙规则等。

一般情况下，云计算服务商可以在用户完成需求描述后的几分钟内交付资源，用户即可通过远程访问等方式对资源进行使用，并根据实际使用时长、资源种类和数量等要素进行计费，类似移动通信中的话费或流量费。

（2）广泛的网络访问（Broad Network Access）：一般情况下，用户可在任何时间、地点，利用多种终端（如手机或计算机）通过网络和标准的网络协议[例如超文本传送协议（Hypertext Transfer Protocol，HTTP）、安全外壳（Secure Shell，SSH）协议等]访问资源。但在实际情况中，还需要考虑用户和云之间是否存在通畅的网络通路，以及是否存在网络安全机制的限制等。

（3）资源池化（Resource Pooling）：一般情况下，主流的云服务商会集中大量的 IT 资源（例如构建大型数据中心），进行统一管理和使用，即构建资源池，并同时为多个用户提供服务。资源的提供是动态的、可重新分配的。例如：当前某个用户将其租用的虚拟机退租之后，该资源（虚拟机）会被收回，并重新为其他用户提供服务，而用户无须关心资源提供的具体细节。

资源池化强调了资源的集中化和多租户模型。资源的集中化的好处在于，资源越集中，单位资源的管理和使用成本就越低。例如：将大型数据中心建立在寒冷且人烟稀少的地方，可以节省地价和降低制冷成本；通过技术创新，可以让少量人员管理上万台服务器，从而使得单台服务器的管理成本更低，这样用户有可能以更低的价格使用资源。而只拥有少量服务器的机构可能无法获得这种成本优势。

多租户模型则能进一步提升 IT 资源的利用率，并且提供更快速、灵活的服务。例如：如果一名租户独占一台服务器，则需要承担较高的单价；如果多名租户共享一台服务器，则费用可以平摊，且资源利用率更高。在很多业务场景中，用户对 IT 资源的使用是少量且间歇性的。例如：一些大型集团公司的办公系统，可能由很多个子服务构成，这种子服务一般对资源需求不高，且一般不会同时出现较大的并发访问。如果将这些子服务部署在独立的服务器上，则会产生较大的资源浪费和更高的管理成本；如果以多租户模型将子服务部署到云上，只需要少量服务器即可支撑，且用户体验不会明显下降。

（4）快速和弹性（Rapid and Elasticity）：是指用户的资源能够快速交付，且进行弹性扩展。即用户申请完 IT 资源之后，可以根据需求的变化以手动或自动的方式调整资源，例如：将申请的云存储资源从 40 GB 扩展到 60 GB 等，而这种资源调整一般也可以在几分钟内交付。

（5）可度量的服务（Measured Service）：即云服务的使用和计费是透明、精确且细粒度的。用户可以根据资源单价和资源的使用日志计算或核对账单。例如：用户租用云存储服务时，单价和存储类型、存储容量有关，总价则为单价与使用时长的乘积。用户申请、使用和释放资源的实际情况都能被监控和汇报。此外，一些主流的云服务商也会对资源故障情况进行监控。当出现注入资源无法访问，或存储数据丢失等故障情况时，云服务商会根据服务条款对用户给予折扣或赔偿，这也可以看作可度量的服务的一个方面。

云计算的 3 种服务模式如下。

（1）软件即服务（Software as a Service，SaaS）：即以云方式提供的软件，多指企业软件。服务商一般为软件开发商，是用户通过网络和浏览器等即可使用软件。SaaS 具有在线购买、在线使用和弹性扩展功能与用户数量等能力。SaaS 显著提高了供需双方的效率，降低了成本：用户即买即用，开发商也无须到用户办公场地进行部署和维护。

（2）平台即服务（Platform as a Service，PaaS）：即云上的（通用软件）平台，其用户主要是网站、App 后台或其他在线应用的开发人员和运维人员。PaaS 提供了在线开发工具、通用功能（例如在线地图、数据库等）和业务系统的承载运行环境。用户可以基于 PaaS 构建自己的应用系统，再将其运行在 PaaS 之上，PaaS 具有简化开发、简化部署、简化维护等效果。

（3）基础设施即服务（Infrastructure as a Service，IaaS）：即云上的基础 IT 资源，其用户可能是各类型的开发人员、科研人员等。IaaS 提供计算、存储和网络等通用的、基础的 IT 资源，用户则可以基于这些资源满足各种类型的业务需求。

IaaS 不一定能简化业务开发，因为其服务内容不涉及通用软件。但 IaaS 解决了基础资源的交付和运维问题。例如：如果用户将服务器部署在自己的办公环境中，需要考虑场地、供电、制冷、网络和可靠性等一系列问题，但用户使用 IaaS 时，这些问题就由云服务商解决，且用户的使用成本可能更低。云计算的 3 种服务模式如图 1-3 所示。

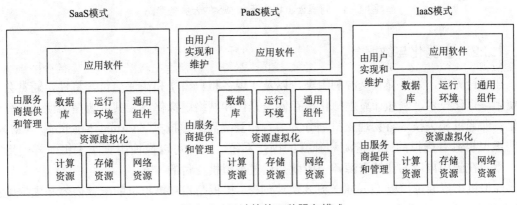

图 1-3　云计算的 3 种服务模式

用户在使用某种类型的云服务时，并不会关心其底层是如何实现和维护的，即服务的实现细节是被屏蔽的。此外，SaaS、PaaS 和 IaaS 之间可以具有层次化的支撑关系，也可能是相互独立的。例如：知名的 PaaS Heroku，是运营在亚马逊的 IaaS（AWS）之上的。而知名厂商 Salesforce，其服务内容主要为企业级的 SaaS 和 PaaS，这些服务是独立开发和运营的，不借助外部的 IaaS，其自身也没有提供 IaaS。

云计算的 4 种部署模式为：公有云、私有云、社区云和混合云。一般来说，公有云面向社会公众提供服务；私有云一般面向某个组织机构提供服务；社区云一般面向多个组织机构组成的"联盟"或"社区"提供服务；混合云则是多个或多种云的资源结合起来提供服务。

知名的公有云服务商如阿里云、华为云、AWS 等，他们通常以提供 PaaS 与 IaaS 为主。但云服务商一般不会基于这 3 种服务模式分类产品，而是按照计算、存储、数据库、大数据等应用类型进行分类，这样更便于用户选择，如图 1-4 所示，从左到右依次为阿里云、华为云、AWS。

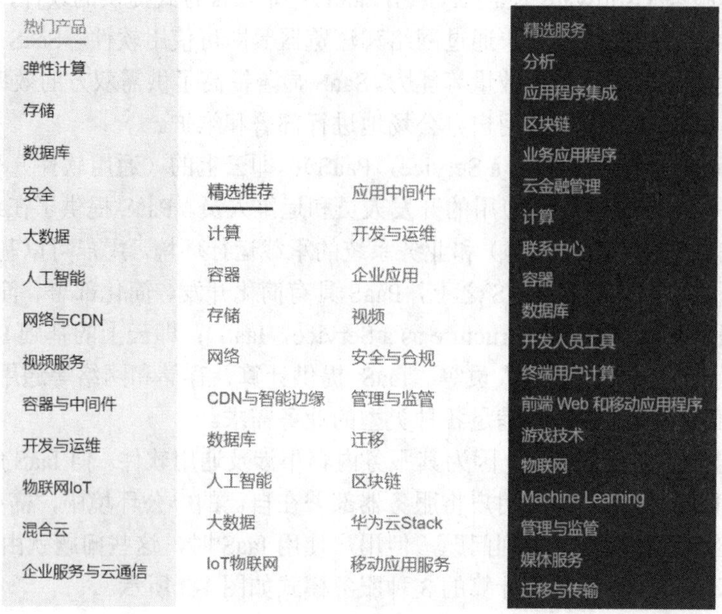

图 1-4　阿里云、华为云和 AWS 的云服务产品

1.3.2　容器化与微服务

在云计算中，为了提升资源利用率，以及实现多租户模型和快速交付等特性，通常会大量使用虚拟化技术，例如计算虚拟化、存储虚拟化和网络虚拟化等。其中典型的就是计算虚拟化，即通过相关技术将物理主机划分为多台相互隔离的虚拟机（Virtual Machine，VM）。这些虚拟机具有虚拟的硬件资源和独立的操作系统，用户可以像使用真实主机一样使用它们。用户在云中申请的计算资源，一般就是通过虚拟机交付的。

虚拟机可以通过模板（Image）方式快速创建。模板是指将虚拟机的配置内容和虚拟硬盘（已安装虚拟机的操作系统和软件、用户数据等）以文件方式进行打包存储。将模板复制到其他主机并基于虚拟化引擎运行，即可得到一个新的虚拟机。由于模板中包含操作系统等内容，其容量可能达到数 GB 甚至更大。

近些年来，一种新的轻量级虚拟化技术逐渐兴起，即容器化技术。容器化可以看作一种应用虚拟化技术或沙盒（Sandbox）技术，可以将应用及其所需的组件进行打包。打包后的容器可以在和打包环境相同的任何位置进行部署和运行（基于相同的容器引擎），部署过程可以看作简单的下载和解压缩。由于容器中只含有必要的软件组件，不含操作系统，因此其打包容量较小，一般只有几十到几百 MB。虚拟机模型和容器模型的结构对比如图 1-5 所示。

和虚拟机相比，容器具有轻量级、易于部署等优势，如果借助编排管理工具（如 Kubernetes、Mesos 和 Docker Swarm 等）和集群监控工具，还可以实现更多高级特性。例如：可以将容器化打包的 Web 服务、后台业务服务和 NoSQL 数据库下载到合适位置，再通过预先写好脚本等方式对其网络连接情况进行配置，从而实现自动部署。当数据量激增时，用户可以下载、部署新的 NoSQL 容器，从而实现自动横向扩展。当发现某个容器出现故障时，用户可以通过重新部署一个相同容器的方式实现自动故障恢复。

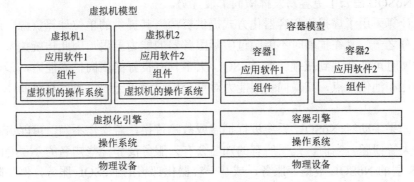

图 1-5　虚拟机模型和容器模型的结构对比

当前较为流行的容器化工具为 Docker。Docker 是由 dotCloud 公司在 2013 年推出的基于 Linux 容器（Linux Container，LXC）的开源容器引擎。和类似技术相比，Docker 具有更好的易用性和更高的资源利用率等优势，因此自其诞生以来，就获得了业界的广泛关注。

包括 NoSQL 系统在内的诸多软件系统，均支持以 Docker 方式部署，这在一定程度上可以降低软件的部署和维护难度，并由此产生了"容器云"的服务模式。当前很多公有云都提供了容器云，且容器化趋势又催生了微服务、云原生（Cloud Native）等新概念。

微服务是一种分布式应用的架构模式，通常会以容器为载体。微服务将整个应用拆分为一组小的服务，每个服务独立构建，之间没有公共组件；每个服务独立运行，服务之间松散耦合，相互只能通过应用层网络接口进行通信；每个服务均被独立维护，包括修改、升级和横向扩展等，调用服务的实体不会关心服务内部是如何实现的。

云原生可以理解为充分发挥云计算优势的应用开发模式。云原生集成了容器化、微服务、自动化管理、持续集成和持续交付等概念。在云原生的理念下，用户可以实现更快速的开发、更灵活的调整和更频繁的版本迭代等，在互联网等行业中，这些特性意味着更强的创新能力和竞争能力。NoSQL 具有灵活的数据组织方式和良好的横向扩展能力，其很容易以容器化方式封装，以微服务方式部署，并在云原生体系中充分发挥价值。

1.3.3　基于云的 NoSQL 服务

在经历多年发展之后，云计算目前已经获得社会各界的广泛认可，在互联网和物联网等领域得到了广泛应用。如今云计算已经成为一个发展迅速、规模巨大的产业。以公有云为例，一些调研机构的数据显示，2020 年全球公共云服务市场收入总计 3120 亿美元，同比增长 24.1%，而 2021 年上半年中国公有云服务整体市场规模达到 123.1 亿美元。

云计算对 NoSQL 的发展起到了很大的促进作用。例如：AWS 是世界上较早出现的公有云服务，其早期的数据库服务中没有关系型数据库，只有一种 NoSQL 服务，即 DynamoDB。

首先，云计算简化了 NoSQL 的部署和维护，提升了其扩展能力。

NoSQL 具有出色的横向扩展能力，大多可以支持集群化部署，即由多个节点构成的分布式系统。但分布式系统通常也具有较高的部署和维护难度。而云计算借助虚拟化技术，可以实现基于模板进行批量部署和快速配置，大大降低了部署难度。此外，使用云计算还可以免去对底层硬件资源的准备和维护。

其次，NoSQL 在云中更容易发挥横向扩展优势。

由于云计算采用了虚拟化和容器化方式提供资源，其提供的单位计算资源一般只有实际服务器的几分之一，且在扩展时不能超过实际服务器的能力上限，因此传统关系型数据库在进行横向扩展时可能会遇到瓶颈。而 NoSQL 大多具有良好的横向扩展能力，云计算由于其资源的集中化和池化特点，其横向扩展能力对单个用户近乎无限，更容易帮助 NoSQL 进行横向扩展。

此外，如果手动对 NoSQL 系统进行扩展或故障替换，若操作不当，可能造成数据库停机或数据丢失等问题。当前，几乎所有的知名公有云服务商和一些知名的 NoSQL 厂商，都提供了 PaaS 层的 NoSQL 数据库服务，或基于容器化部署的 NoSQL 服务，例如阿里云、华为云、腾讯云和 AWS 等，如图 1-6 所示。他们的很多产品还能够支持自动部署、自动扩展、自动优化，并具有良好的可靠性。用户可以快速便捷地使用这些 NoSQL 服务，仿佛在使用一个无限容量、无须维护且永远状态良好的数据库。

图 1-6 阿里云（左）和华为云（右）提供的 NoSQL 数据库服务

当然，在构建非互联网应用时，可能需要在私有云（通常是 IaaS）或非云环境下自主部署和维护 NoSQL 集群，甚至自主开发新的 NoSQL 系统。此时，基于 Docker 进行部署和维护成为一种可行的选择。

长期以来，NoSQL 的部署和维护一直是难点，维护不当的 NoSQL，可能存在性能低下、可靠性差和缺乏安全性等问题，并不能充分发挥优势。而对 NoSQL 进行部署维护，要求运维人员掌握一定的计算机网络、操作系统（特别是 Linux）和分布式计算等知识，以及需要一定时间的经验积累。

云计算和容器化的兴起，使 NoSQL 的使用门槛大大降低，也使 NoSQL 在互联网等领域得到越来越广泛的应用。推荐读者在学习 NoSQL 开发的同时，尝试在公有云计算环境中使用 NoSQL，以及学习一些 Docker 的基本知识，尝试以容器化方式部署和维护 NoSQL。

小结

首先，本章介绍了数据库的相关概念，描述了 NoSQL 的起源、技术特点、发展现状和趋势等。其次，本章介绍了大数据的特点，以及 NoSQL 在大数据场景中的主要用途。最后，本章介绍了云计算、虚拟化和容器化等概念的技术特点与发展趋势，介绍了云计算和容器化在简化 NoSQL 部署与维护方面的巨大价值。

思考题

1. 从发展趋势上看，NoSQL 是否可以取代关系型数据库？
2. 如何看待 NoSQL 与 SQL 语句的关系？
3. NoSQL 和关系型数据库在设计目标上有何主要区别？
4. 请简要总结一下 NoSQL 的技术特点。
5. 请结合网络资料，列举 10 个以上 NoSQL 系统，并简单描述其基本特点。
6. 云计算有助于解决 NoSQL 使用中的哪些难题？
7. NoSQL 可以解决大数据技术体系中的哪些问题？

第 2 章 NoSQL 数据库的基本原理

本章介绍 NoSQL 的重要机制和原理，以及 NoSQL 的常见数据模型。首先对关系型数据库进行介绍，以便在后续章节将其和 NoSQL 进行对比，以此突出 NoSQL 的技术特点，并说明 NoSQL 和传统的关系型数据库不能相互替代，它们是针对不同场景的数据库管理工具。读者可以根据自身需要，对介绍关系型数据库原理的部分进行学习或复习，但这一部分不作为本章重点。

NoSQL 数据库的
基本原理

本章的重点在于对 NoSQL 的数据模型、分布式部署机制、弱一致性原理、通信和事务机制等进行介绍，强调 NoSQL 为了实现分布式部署和数据多副本，以及高效的大数据管理，对数据查询的灵活性、事务和 ACID 机制等进行了妥协。后续章节在介绍具体 NoSQL 系统时，会将这些原理结合软件的具体实现方式进行说明。

NoSQL 的常见数据模型包括键值对模型、文档模型、面向列模型以及图模型等。本章对这些模型进行介绍，说明这些模型和关系模型的差异，简述它们各自的特点和适用场景，详细的分析将在后续章节结合具体软件给出。

2.1 关系型数据库的原理简述

本节对关系型数据库的技术特点进行"复习"。关系型数据库原理是理解 NoSQL 原理的重要对照组。对照关系型数据库的技术特点和设计理念，我们可以更好地理解 NoSQL 与关系数据库在设计理念、使用方法和适用场景上的各种差异。在这个背景下，关系型数据库与 NoSQL 中需要关注的几个特点如下。

（1）关系模型。NoSQL 一般不构建关系型数据库的面向行的二维表，这造成关系型数据库的应用设计方法无法完全适用于 NoSQL 的应用设计。

（2）完整性和设计范式。大部分实际的 NoSQL 系统被称为面向聚合的数据库，或者无模式的数据库，因此对于完整性要求和常见的数据库设计范式，NoSQL 并不会遵守。

（3）事务和 ACID。支持事务和所谓强一致性，是关系型数据库的重要优势，同时也是 NoSQL 的劣势。为了实现分布式部署和数据多副本，NoSQL 对事务和所谓强一致性进行了妥协，形成了适合自身的设计理念。

（4）分布式。关系型数据库虽然也可以进行分布式部署，但限制较多，无法提供和 NoSQL 一样大规模、易横向扩展的集群部署能力。

2.1.1　关系模型

数据模型是对现实世界的抽象。关系模型将现实世界定义为实体、属性和联系，主要存在如下抽象概念。

（1）实体（Entity）：指现实世界中的具体或抽象的事物。例如：一名学生、一名教师、一门课程。

（2）实体集（Entity Set）：一组具有相同特征的实体构成实体集。例如：全体学生、全体教师、全部课程。实体集可以分为强实体集和弱实体集。

（3）实体类型（Entity Type）：具有共同要素的实体特征的集合。

（4）属性（Attribute）：指对实体特征的描述，例如学生的学号、班级、姓名等。属性一般要求具有原子性，即不可再分割。属性具有值域和数据类型两种特性。

（5）实体标识符：能够唯一标识一个实体的属性称为实体标识符，例如学生的学号，即数据库中的键（Key）的概念。如果实体集中的全部标识符的来源是独立的，则该实体集为强实体集；如果实体集中的部分标识符来自其他实体集（是其他实体集的属性），则该实体集为弱实体集。

（6）联系（Relation）：指实体之间的关系，以及实体内部属性之间的关系。

其中实体、属性和联系等概念与数据库中的数据表及行和列对应如下。

① 关系：即数据表的概念。

② 元组（Tuple）：可以看作实体属性的集合，即数据表中的一行。

③ 列：对应实体或联系的属性，具有原子性，列中的属性元素具有相同的类型和值域（Domain）。

在数据表设计中，用户需要确定所需的实体。实体是由若干固定的属性描述的，这些属性形成了数据表中列的概念。在使用数据表时，列需要提前设计好，列不可分割，属性具有原子性，列的类型和值域是固定的，即实体的属性的特点是固定的、较少变化的。

此外，在关系型数据表设计中，一般认为实体集中所需的属性个数是有限的，且该实体集中的多数实体都具有这些属性值，即空值的情况是较少的。由于关系型数据库会为空值保留存储空间，因此较大数量的列数和较多的空值可能导致存储空间的浪费和数据库性能下降等问题，且用户有可能无法在数据表设计之初确定所有所需的属性。

在常见的 NoSQL 系统中，上述原则可能被打破，属性（列）的数量和格式是不固定的，甚至是无限的、无格式的。用户不需要在数据表设计之初就确定所有的属性，且数据库系统也不会为空值保留存储空间。

其次，实体之间具有较为固定的联系。联系可能是一对一、一对多或多对多等多种情况。联系可能是严格的，并存在自己的属性。联系的存在产生了数据依赖问题，或者说参照完整性问题，即一个数据表中的数据依赖于另一个数据表中的某个列。这种联系和依赖造成两个重要影响，一方面，关系型数据库会对完整性进行控制和约束，以保持其数据处于正确的状态；另一方面，用户可以在关系型数据库中使用连接查询，例如利用 SQL 语句中的 join 方法同时查询两个相关联表格的数据。

NoSQL 通常会打破二维的"关系"，形成自己的数据结构。并且在 NoSQL 中，联系和依赖通常是弱化的，这意味着 NoSQL 的完整性约束机制较弱，同时连接查询功能较难实现。

2.1.2　关系型数据库的完整性约束

关系型数据库具有完整性约束机制，在数据插入、修改或更新时会对数据进行检查，使数据库中的数据和联系保持一致性。其完整性约束机制一般包含域完整性、实体完整性、参照完整性、用户定义的完整性，分别介绍如下。

域完整性：指对列的值域、类型等进行约束。

实体完整性：实体集中的每个实体都具有唯一性标识，或者说数据表中的每个元组是可区分的，这意味着数据表中存在不能为空的主属性（即主键）。例如学生表中存在学号属性，可以唯一地标识一个学生实体，则学号属性就是学生表的主键。

参照完整性：表明表 1 中的一列 A 依赖于表 2 中被参照列的情况。例如成绩表（包括学号、课程号、成绩、学期）中，学号和课程号依赖于学生信息表（包括学号、姓名……）和课程信息表（包括课程号、课程名……）。

用户定义的完整性：是用户根据业务逻辑定义的完整性约束。例如，定义学生成绩不能低于 0 分或高于 100 分等。

关系型数据库会通过完整性约束机制，使数据始终处于正确的状态。

由于 NoSQL 中的联系和依赖机制较弱，因此完整性约束机制也较弱，甚至其在数据变动时不会进行完整性约束控制，这些特性为 NoSQL 带来更多的灵活性和更高的效率。

2.1.3　关系型数据库的事务机制

并发是指多个用户同时存取数据的操作。关系型数据库会对并发操作进行控制，防止用户在存取数据时破坏数据的完整性，造成数据错误。

事务机制是关系型数据库的重要机制。事务机制可以保障用户定义的一组操作作为一个不可分割的整体提交执行，这一组操作要么都执行，要么都不执行。当事务执行成功时，我们认为事务被整体"提交"，则所有数据改变均被持久化保存，而当事务在执行中发生错误时，事务会进行"回滚"（Rollback），返回到事务尚未开始执行时的状态。事务还可以被中止（Kill）或重启（Restart），以实现更有效的事务控制。

事务机制也是关系型数据库进行并发控制以及故障恢复的基本单元。

1. ACID 要求

ACID 是指关系型数据库事务机制中的 4 个基本属性，包括原子性（Atomicity）、一致性（Consistency）、隔离性（Isolation）和持久性（Durability）。

（1）原子性：整个事务中的所有操作，要么全部完成，要么全部不完成，不可以停滞在中间某个环节。事务在执行过程中发生错误，会被回滚到事务开始前的状态，就像这个事务从来没有执行过一样。

（2）一致性：事务在开始执行之前和全部完成或回滚之后，数据库的完整性约束没有被破坏，无论同时有多少并发事务或多少个串行事务接连发生。

（3）隔离性：多个具有相同功能的事务并发时，通过串行化等方式，使得在同一时间仅有一个请求用于同一数据，这会使每个事务所看到的数据只是另一个事务的结果，而非另一个事务的中间结果。

（4）持久性：在事务完成以后，该事务对数据库所做的更改保存在数据库之中，不会被回滚，不会受到其他故障或操作的影响。

ACID 是关系型数据库事务机制最重要的特性之一，可以看作一种强一致性要求，但强一致性在 NoSQL 中则是重点弱化的机制。原因是当数据库保持强一致性时，很难保持良好的横向扩展性或系统可用性。

2．并发控制和封锁机制

由于数据库应用可能是多用户的，当多个用户同时执行事务时，就产生了并发调度和并发控制等问题。并发调度指将多个事务串行化，并发控制则强调解决共享资源并发存取过程中产生的各类问题，问题如下。

丢失更新：如果两个事务对读取的同一数据进行修改，则后提交的修改可能覆盖前面提交的修改，使得前一个事务的修改提交丢失。

不可重复读或幻读：当第一个事务读取某个数据时，第二个事务对该数据进行了修改，使第一个事务再次读取数据时，数据发生了变化，甚至数据条目也发生了变化。

脏读：当第一个事务提交对数据的修改后，第二个事务读取了数据，此时第一个事务又因故撤回了修改，此时第二个事务所读取的数据和当前数据库状态不一致。

封锁是数据库中采用的常见并发控制。封锁是一种软件机制，使当某个事务访问某数据对象时，其他事务不能对该数据对象进行特定的访问。

基本封锁机制有共享锁和排他锁。

共享锁也称为读锁、S 锁（Share Lock）。若某个事务对数据对象加共享锁，则其他事务可以读取该对象，但不能进行修改。其他事务可以对该数据对象继续加共享锁，但不能加排他锁。

排他锁也称为写锁、X 锁（Exclusive Lock）。当某事务对数据对象加排他锁时，则其他事务不能读取或修改该对象，也不能对该对象加任何类型的锁。

从封锁的粒度角度来看，锁可能在数据库、表、页、行等多个级别中存在。粒度小的锁可以提升并发性能，但系统的开销也更大。

从封锁的使用角度来看，锁还可以分为乐观锁和悲观锁。乐观锁依靠数据库而非程序来管理锁，悲观锁则需要程序直接管理锁。

在使用封锁的过程中，需要注意死锁问题。一种典型的死锁情况如下。

假设一个事务需要同时更新表 A 和表 B，为了保持事务原子性，需要同时获得两个表的访问权限，并对两个表进行封锁。但如果出现两个并发订单事务 1、2，事务 1 锁定了表 A，事务 2 锁定了表 B，则两个事务都无法获得足够的资源，并需要一直等待对方释放锁，这使两个事务都无法继续进行下去，如图 2-1 所示。

预防死锁的方法如下。

（1）顺序法：即所有事务都必须按照相同的顺序对资源加锁等。

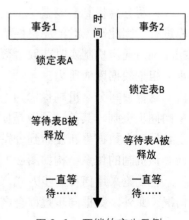

图 2-1　死锁的产生示例

（2）超时法：即当一个事务加锁时间过长时，就判断出现死锁。

（3）等待图法：即利用有向图的方法，将所有事务等待其他事务释放锁的关系表现出来，如果图中出现环路则判断出现死锁。

在使用封锁时，一般还需要约定封锁协议，例如，如何加锁、如何释放等。例如：两阶段封锁（Two-Phase Lock，2PL）是一个常见的封锁协议，它分为封锁和释放两个阶段，在封锁阶段不能释放任何锁，在释放阶段则不能再申请任何锁。

2.1.4　关系型数据库的分布式部署

常见的关系型数据库一般部署在单台主机上。如果出现性能瓶颈，则需要通过提升单机硬件性能等方式解决，例如更换主频更高的 CPU、加大内存和硬盘容量等。这种方式一般称为纵向扩展。这种方式在数据量超大的情况下很容易遇到瓶颈。

在"大数据"的场景下，以主机为基本单位的横向扩展显然是最方便的，即数据均匀分布在各主机上，各主机以通用（网络）接口等方式进行连接，当出现存储和处理瓶颈时，通过增加联网集群的主机数量提升性能。

但常见的关系型数据库产品不擅长进行横向扩展，这主要和关系型数据库的数据模型、事务机制和具体的产品实现等有关。

关系型数据库常见的数据依赖检查、数据索引维护等，如果在数据分布在多台主机的情况下完成，需要向所有节点下达检查指令，并等待检查结束。在事务处理上，还需要保证数据的 ACID 要求，并且采用封锁来进行并发控制，同时防止死锁等情况发生。

此时，如果事务所涉及的数据分布在不同的主机上，则封锁（申请、释放、死锁判断等）、事务提交和回滚、预写日志等机制都需要通过网络来进行控制，当个别节点出现故障或网络丢包、延迟等情况时，可能造成较长时间的系统不可用（等待各台主机反馈事务状态），甚至整个集群瘫痪。

此外，关系型数据库支持各种灵活的联合索引机制进行连接查询。但是当数据表容量较大，且分布在多台主机上时，连接查询的性能会受到很大影响，甚至让人难以接受。

因此，和常见的 NoSQL 系统相比，关系型数据库的分布式部署的实现总是受到较多限制。

一种常见的关系型数据库的分布式部署方式称为读写分离机制。

读写分离机制会设置一个主数据库和多个从数据库。所有对数据库的修改都通过主数据库进行，因此写入时的完整性检查、锁和写事务的 ACID 保障等，都在主数据库进行。从数据库利用同步机制实时获取主数据库数据变化。从数据库通过分担主数据库的读数据请求，来分担主数据库的压力。

这种读写分离机制也称为主从数据库机制，为了减少同步开销，一般会采用从主到从的单向同步机制，其关键问题是如何在主从之间保持数据一致。例如采用"发布/订阅机制"，主数据库将数据更新发布到分发模块，从数据库（集群）通过订阅方式获取感兴趣的数据更新。该机制的体系结构如图 2-2 所示。

但无论采用何种同步方式，用户读取最新数据时，理论上总可能产生暂时的主从不一致情况。此外，数据同步过程会产生较高的数据读写开销。

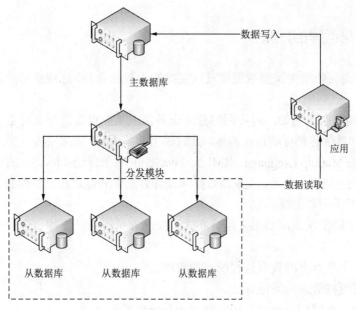

图 2-2　利用分发模块实现主从数据同步

除了读写分离机制，关系型数据库还可以通过分库和分表等方式，将大数据集分割成小的数据集（水平的按行分割或垂直的按列分割），并且将分割后的数据集分布在不同的硬盘或主机上，实现有限度的负载均衡。

还有些解决方案是通过在关系型数据库上开发分布式中间件的方式来实现的，例如 MySQL Fabric 以及阿里巴巴集团的 Cobar 等。用户可以在不同主机上分别部署成熟的关系型数据库产品，中间件根据设计策略将数据分别部署在各台主机上，各主机上的关系型数据库只管理自身存储的数据，对全局情况并不了解。

中间件实现数据集群管理、统一访问、数据分片以及分布式故障恢复等功能，可见其复杂度甚至不亚于一个完整的 NoSQL 系统，这种解决方案也可以看作关系型数据库和 NoSQL 思想的结合。分布式中间件实现关系型数据库的分布式部署的系统架构如图 2-3 所示。

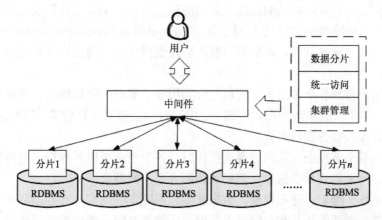

图 2-3　分布式中间件实现关系型数据库的分布式部署的系统架构

2.2 分布式数据管理的特点

NoSQL 主要面向传统关系型数据库难以支撑的大数据业务。这些业务的数据一般存在如下特点。

（1）数据结构复杂。例如，对不同的业务服务器或工业设备进行实时数据采集，其数据结构、属性维度和单位等都可能存在差异。此时采用非关系型的数据描述方法，例如可扩展标记语言（Extensible Markup Language，XML）、JavaScript 对象标记（JavaScript Object Notation，JSON）等可能会更加方便。此外，关系型数据库设计方法中的范式和完整性要求等，在 NoSQL 数据库设计中一般不会被遵循。

（2）数据量大的情况下，必须采用分布式系统而非单机系统支撑。此时 NoSQL 需要解决以下问题。

① 如何将多个节点上的数据进行统一的管理。

② 如何尽可能将数据均匀地存储。

③ 如果增加节点或减少节点，如何使整个系统自适应。

④ 考虑到节点和网络可能发生错误，如何确保数据不丢失、查询结果没有缺失。

⑤ 如何尽可能提高数据管理能力和查询效率，如何尽可能提高系统的稳定性。

⑥ 如何提高系统的易用性，使用户在无须了解分布式技术细节的情况下，使用 NoSQL 系统。

为解决上述问题，NoSQL 通过降低系统的通用性，以及牺牲关系型数据库中的某些优势，如事务和强一致性等，以换取在分布式部署、横向扩展和高可用性等方面的优势。

本节从数据分片和数据多副本两个重要机制入手，解释分布式数据管理的技术特点与主要策略。

2.2.1 数据分片

为了处理大数据业务，NoSQL 可能运行在分布式集群上，通过增加节点的数量实现分布式系统的横向扩展。目前，常见的做法是利用廉价、通用的 x86 服务器或虚拟服务器作为节点，利用局域网和传输控制协议/互联网协议（Transmission Control Protocol/Internet Protocol，TCP/IP）实现节点之间的互联，即集群一般不会跨数据中心、通过广域网连接（除非作为异地备份）。

将数据均匀分布到各个节点上，可以充分利用各个节点的处理能力、存储能力和吞吐能力，也可以利用多个节点实现多副本容错等，但同时也会带来数据管理、消息通信、一致性，以及如何实现分布式事务等问题。

数据分布在多个节点上，当执行查询操作时，各个节点可以并行检索自身的数据，并将结果进行汇总。为了实现并行检索，需要解决两方面的问题。

（1）数据被统一维护、分布存储。数据能够按照既定的规则分布存储到各个节点上。用户可能不知道整个集群的拓扑和存储状态，但由于数据是统一维护的，因此用户的查询可能这样被执行。

① 用户首先访问一个统一的元数据管理节点或集群，查找自己所需的数据在哪些节点

上。用户或元数据管理节点再通知相应节点进行本地扫描，HBase 或 HDFS 都采取了这种机制。

② 用户访问集群中的特定或任意节点，节点再向自身或其他节点询问数据的存储情况，如果所询问节点不知道相应的情况，则再利用迭代或递归等形式向别的节点询问，Cassandra 等 NoSQL 数据库采用了类似的机制。

（2）数据是均匀存储的，即数据平均分布在所有节点上，也可以根据节点性能进行调整。数据均匀存储有利于存储和查询时的负载均衡，但均匀性与存储策略、业务逻辑有很大关系。

假设一个存储集群中存在 3 台服务器，分别存储了北京、上海和广州 3 地的商品销售日志。如果用户查询"A 商品的销售情况"，那么 3 台服务器都会查询自身的数据，并将所有结果汇总到用户接口，此时的效率是比较高的。但如果用户查询"北京 A 商品的销售情况"，则只有存储北京数据的服务器开始执行，其他两台服务器不起作用，因为它们并没有存储相关的数据。

这种将数据"打散"，实现均匀分布的做法称为数据分片或数据分块，目的就是将大数据集切分成小的数据集，并均匀分布到多个节点上。

分片一般针对数据表进行，一些 NoSQL 数据库中可能没有明确的表的概念，但会有类似分片的概念。分片的依据通常是某个字段的分布，这个字段称为片键。

常见的分片策略有范围分片、哈希分片和基于前缀的分片等。

（1）范围分片。

先将片键的可能取值范围划分为 n 份（不一定是等分的），n 的值为数据存储实例的数量。再根据文档的片键字段取值，将其归属到某个分片当中。因此片键在分片内和分片间的分布是有序的。

假设某分片集合中，片键的取值空间为 1～100，则范围分片的示例如图 2-4 所示。

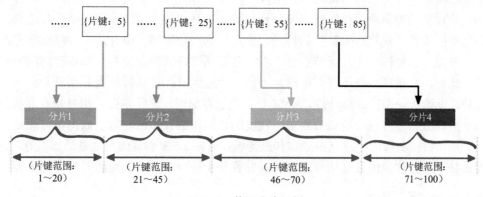

图 2-4　范围分片示例

在一些情况下，片键在取值范围内的分布可能是不均匀的，或者分布规律不能提前预测，这会为分片区间的确定带来难题，如果分片区间设置不合理，就可能产生数据倾斜的情况，如某个分片过大。为了防止数据倾斜产生，一般希望范围分片的片键具有如下特性。

① 支持细分（高基数）。例如：如果只用性别、年级等字段作为片键，则数据量大时，即便增加节点数量，也无法支持更多的分片，因为这些字段的取值空间有限。

② 分布均匀。例如：如果只对文本型字段的首字母进行分片，则可能无法保证分片的均

匀性，因为单词首字母的分布是不均匀的。

③ 非单调性。例如：对于日志数据使用时间戳进行分片，则新数据都集中在最后的分片中，这会导致一些随机查询的效率降低。

（2）哈希分片。

根据哈希函数的计算结果进行分片。哈希函数可以将输入内容映射为固定长度的散列值，且散列值的分布通常会比较均匀。因此可以先对某个哈希函数结果的取值空间进行平均划分，再将片键通过哈希函数计算后，映射到相应分片。这种分片更加均匀，但分片后的片键不再保持原始的顺序性。哈希分片示例如图 2-5 所示。

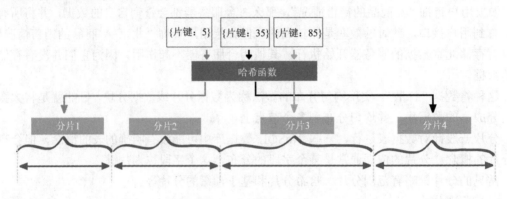

图 2-5　哈希分片示例

（3）基于前缀的分片。

即不再用整个字段进行分片，而是用字段的一部分（通常是前缀）进行范围分片或哈希分片。

不同数据库中支持的具体策略各有不同。在使用 NoSQL 数据库时，用户一般可以对分片大小、分片算法等策略进行配置。但分片功能一般是自动实现的，这包括分片边界、存储位置等信息的维护；根据写入数据的特征，决定数据该归属哪一个分片，并将数据写入负责该分片的节点；当集群中加入新节点后，将分片范围进行调整，使各个节点存储的数据保持平衡等。此外，数据库系统还需要考虑当个别分片过大时，将其拆分为多个分片。

此外，无论是否进行数据分片，NoSQL 在底层存储时，还经常会采用分块存储机制，即将全部数据或数据分片进一步切分为更小粒度的数据块进行存储，每个数据块可能是一个物理文件。并在数据块层面上建立多副本和过滤器（例如 2.5.3 小节的布隆过滤器）等。该机制的好处是易于对分片范围进行切分或调整，并且易于进行多副本之间的复制和同步等。

2.2.2　数据多副本

分布式集群可能经常存在两方面的问题：局部网络故障和节点故障。局部网络故障包括暂时的网络拥塞或者网络设备的损坏等，节点故障包括节点的暂时故障或存储数据的永久损失等。

一方面，NoSQL 在进行分布式部署时，集群规模可能达到上百或上千个节点。假设每个节点的无故障概率是 99%，则在长期运行时，集群中出现故障节点的情况会经常发生。

另一方面，大数据领域的一些数据处理方法，会产生大量的网络数据传输，此时很有可能造成网络的拥塞，甚至造成某些节点暂时性的无法通信，使得该节点上数据处理的结果或中间结果丢失。

例如，分布式处理模型 MapReduce 的 Shuffle 过程，需要将 Map 阶段所有节点的数据分发到所有执行 Reduce 任务的节点上，假设有 n 个节点进行 Map 处理，m 个节点进行 Reduce 处理，则所谓的 Shuffle 过程会产生 $n \times m$ 个网络链接，而雅虎公司曾经在 3000 多个节点上执行 MapReduce 任务，Shuffle 过程的网络开销可想而知。

考虑到 NoSQL 系统大多支持分布式部署和大数据业务场景，NoSQL 一般会将出错看作常态，而非异常，这就要求分布式部署的 NoSQL 系统能够做到容错和故障恢复。为此，NoSQL 通常会支持多副本，即将一个数据或数据分片复制为多份，并复制到多个节点上，当出现节点故障或局部网络故障时，可以访问其他副本，使数据仍保持完整，让数据的查询和处理任务能够正确返回所有结果。如果一个副本出错，则可以参照其他副本进行数据恢复。

需要注意的是，数据分片和数据多副本是两个独立的机制，在一些实际的 NoSQL 系统中，可以由用户选择是否使用数据分片机制或配置数据副本的数量，也可以进行联用，即先对数据进行分片，再对一个分片或全部分片配置多副本存储。

用户在配置多副本时，可能需要解决两个问题。

（1）存储策略问题，即需要多少副本，如何存储这些副本。传统应用可能采用 RAID 1（磁盘镜像）或 RAID 5（采用 $N+1$ 备份的方式）进行数据容错，但这些机制都运行在单机上，只能应对磁盘错误，无法应对系统故障或网络故障。NoSQL 等大规模分布式系统一般不会或不仅采用这种单机容错机制，而是将数据跨节点备份。在复制份数上，一般会采用可调整的数据副本策略，即支持用户根据业务需求调整副本数量，但系统一般会给出一个默认数量或推荐副本数量。

举例来说，在 HDFS 中，默认采用 3 个副本。在存储策略上，采用一种叫作机架感知的策略，将数据存储在本地（即数据第一次被写入的节点）、本机架的另一个节点，以及另一个机架上的节点。有关这种机制的详细内容将在后文进行介绍。

（2）数据写入策略与副本同步策略。当追加数据时，一般会先将数据写入一个副本，并将该数据复制足够的副本数；当修改数据时，也会先修改一个副本，再将修改同步到所有副本，使得所有副本的状态保持一致。这需要解决如下问题。

① 当用户发起写入和修改时，是可以向任意副本写入和修改，还是只能写入和修改指定副本？前者可以看作一种对等模式，后者可以看作一种主从模式。

② 当用户写入和修改时，需要所有副本状态一致，才判定写入和修改成功，还是一个副本写入和修改成功就判定写入和修改成功？前者可以确保副本状态一致，但会产生低效率问题。后者可以提高写操作的响应速度，但如果在数据复制、同步的过程中出现故障，有可能导致不同数据副本状态不一致。

③ 当用户读取数据时，是否需要对比不同副本之间的差异？如果发现差异如何处理？处理方法如何兼顾数据质量和读取效率？

对于上述问题，不同的系统会采用不同的策略，有些系统则将其作为配置项交给用户进行取舍，但可能很难得到一个完美的解决方案，需要根据具体情况在诸多因素之间进行取舍。

2.2.3　一次写入多次读取

一次写入多次读取（Write Once Read Many，WORM）可以看作一种组织数据的方式，而并非指某种特定的技术。很多分布式存储系统或 NoSQL 系统都采用 WORM 机制组织数据，这些系统不支持对已存在的数据块中的记录进行更新、改写和删除，只是有限度地支持数据追加。所谓有限度，指系统可能不支持将记录追加到已有数据块的末尾，而是只支持将数据写入新的数据块，一旦数据块关闭，则不再支持追加。

这些机制看起来局限性很大，但考虑到很多大数据业务面对的是采集到的日志、网页、监控信息等数据，这些数据确实在采集（以及预处理）后不再进行修改，但可能进行各种各样的查询和分析，即符合一次写入多次读取的特征。

通过弱化数据更新和删除操作，NoSQL 在查询性能、数据持续分片能力和数据多副本维护等方面有所改善。

首先，NoSQL 一般会在一个数据块内对数据先排序再进行持久化存储，这使块内的查询效率更高。由于 NoSQL 不支持数据改写，因此一旦存储完成，则不再需要保证数据块内的顺序性。

其次，如果希望将一个数据块拆分为两个小块（并存储到不同节点上），只需要从中间合适的位置拆分即可，不需要进行额外的操作。

最后，数据块的多个副本状态一致后，一般不会再出现不一致的状态，因为相同 ID 的数据块不会再发生变化。

虽然很多 NoSQL 在底层是一次写入多次读取的，但是在用户层面，可能仍然支持常规的增、删、改、查操作，这主要是通过数据多版本的追加来实现的。例如，用户写入一个数据 a，假设其版本为 v1，该数据记录为：

```
(key,a,update,v1)
```

如果用户将该数据（相同 key）的数值从 a 改成 b，则可以追加一条记录：

```
(key,b,update,v2)
```

当进行查询时，系统会遍历所有数据，将相同 key 的数据都查询出来，但只将版本号最大的数据呈现给用户。

如果用户删除该数据，则可以再追加一条记录：

```
(key,b,delete,v2)
```

也就是为该记录标注一个删除标记。

考虑到数据块中可能存储了过多的历史版本，或者过多的已被标注删除标记的数据，因此需要定期对数据块进行维护。维护的方法是将数据块整体读取，过滤掉不需要的记录，再整体写入新的文件中，该过程仍然是一个有限度的数据追加过程。

一次写入多次读取的另一个潜在的好处是提高机械磁盘的输入/输出（Input/Output，I/O）性能和可靠性。这是因为，在数据块的写入过程中，（机械磁盘的）磁头是顺序访问磁盘的。如果支持随机改写和记录删除，且磁盘中有多个数据块（文件），则磁头每次写入需要首先访问文件分配表（File Allocation Table，FAT）获取文件所在扇区，再进行具体条目的改写或删除。这在数据操作频繁的情况下，可能造成 I/O 瓶颈，以及磁盘加速老化。

当进行数据读取时，由于数据块都是内部有序的，因此只需要对相关的数据块进行顺序遍历即可。显然这种顺序遍历的查询方法也存在局限性，但可以通过过滤器等技术提升遍历的效率，例如 2.5.3 小节介绍的布隆过滤器。

2.2.4 分布式系统集群的可伸缩性

大数据强调数据持续采集、数据全在线，因此分布式系统集群可能会逐渐出现容量和性能瓶颈。NoSQL 强调采用横向扩展的方式解决问题，即通过增加节点的方式提升集群的数据存储与处理能力。在集群扩展上需要解决如下问题。

（1）更新节点状态。即系统中的已有节点能够发现新加入的节点，并使其发挥作用。

（2）数据重新平衡。新节点加入后，数据存储系统需要重新评估集群的现状，将旧节点上的数据酌情转移到新节点上，使得数据在所有节点上均衡存储。此外，还需要解决重新平衡之后的数据查询和管理等问题。

一些 NoSQL 数据库可能会对数据进行分片，此时还需要考虑如何对分片进行重新规划，例如将比较大的分片进行再次切分等。

（3）对业务影响小。在应用中，一般强调集群扩展时对业务的影响最小，甚至做到集群在不停止运行的情况下，可以动态地增加节点、平衡数据。此外对业务影响小还包含方便性的考虑，即升级时所用的硬件是通用的，配置过程是简单的。

另外，如果集群中出现故障节点，需要将其移除。考虑到系统可能采用了多副本机制，在移除故障节点之后，必然出现部分数据副本数量不足的情况。此时仍然需要解决 3 个问题。

（1）更新节点状态。系统能够定位失效节点，数据写入和查询请求不会再依靠失效节点。

（2）数据重新平衡。系统将原本应存储在失效节点上的数据副本转移到其他健康的节点上。由于此时节点可能已经失效，因此需要从数据的其他副本复制得到新副本。

（3）对业务影响小。这主要理解为系统具有分区容错性，当出现故障节点以及移除故障节点之后，分布式系统仍然可以持续运行。

可见，当设计分布式系统集群的伸缩功能时，需要从集群状态维护、数据平衡和高可用性 3 个方面考虑。

复制数据需要占用节点和网络资源，此时可能会影响正在运行的业务，因此很多大数据系统会限制数据副本平衡时的资源占用。

2.2.5 异步通信机制

在分布式系统中，节点之间需要进行大量的网络通信，如下。

① 在数据多副本机制下，节点之间要持续监测数据的变化，并进行数据同步。

② 在数据分片时，数据可能需要在各个节点之间传递，例如进行数据的负载均衡。

③ 当用户进行数据查询或处理时，需要通过"路由"机制，定位所需数据所在的节点列表，并进行访问和交互。

④ 节点之间要相互持续探测心跳，如果发现某个节点宕机，或者集群中加入了新节点，则需要调整数据多副本或数据分片的策略。

网络通信方式有同步方式和异步方式两种。

同步方式是指消息的发送方在完成发送之后，会以阻塞的方式等待反馈消息，在收到反馈消息之前，不再处理其他事务。同步方式在进程间通信等时延小、可靠性高的场景下使用并无不妥。然而，考虑到网络具有时延、拥塞和故障等情况，在网络中使用同步方式进行通信，可能造成发送方长时间处于等待状态，无法处理其他事务——哪怕和本次通信无关的事务。

举例来说，分布式系统中的监控节点需要轮询其他节点的心跳消息，如果采用同步方式，当某个节点宕机时，由于得不到反馈消息，该轮询任务会卡死，无法再获取后续节点的消息。而在业务上，其实并不需要等待一个节点的反馈之后，再查询其他节点。

异步方式是指消息的发送方在完成发送之后，不再阻塞等待反馈信息，而是继续处理其他事务，等未来接收到反馈信息之后，再继续处理与之相关的事务。这种方式在网络通信时显然更加有效，因为能够防止网络问题造成的阻塞时间过长问题出现，但如何确保接收方一定能接收到消息也是一个问题。

一个比较可靠的做法是，设计一个消息缓存和收发机制，即消息队列。发送方只要确认将消息发送到消息队列，则认为发送完成，不再进行阻塞等待。由于消息队列只负责消息的缓存和收发，不进行业务处理，因此理论上反馈速度较快，发送方确认发送成功时的阻塞时间很短。接收方通过推送、轮询等机制，从消息队列中获取与自己相关的消息，如果需要发送反馈，也可以将消息发回队列当中，让发送方在合适的时间接收。

只要消息队列中的消息不丢失，即使接收方处于临时异常状态，也可以在恢复正常后查询并取回消息。而为了保证消息不丢失，以及提升消息收发的效率，消息队列也会引入数据多副本、数据分片等机制，可以说，消息队列本身就是一种（通常是以键值对模型构建的）NoSQL 系统。

第 1 章提到的亚马逊的公有云服务 AWS，在早期刚推出消息队列服务（名为 SQS）时，将其归类于"云存储"，即认为可靠和高性能的存储，是消息队列最重要的能力之一。

不过异步通信机制产生的延迟，可能会带来一些新问题。特别是在多副本机制下，节点之间采用异步方式进行数据同步，则必然有一段时间数据版本是不同的，虽然这段时间可能极短，但是在高并发读写的场景下，这种情况还是可能造成不同用户读取的数据版本不同，甚至多个副本之间发生"分裂"。

举例来说，如果某人在社交网络中反复修改头像，则可能在一小段时间内，不同好友看到的头像是不同的。这是因为修改头像的消息可能未及时传递到每个缓存系统或分支业务系统。

如果想确保数据副本之间的高一致性，则要延长阻塞等待的时间。例如，当用户修改头像时，必须确认所有分支业务系统和缓存系统都收到并执行了修改指令，才向用户反馈修改成功。但这样显然会降低系统的可用性（用户等待时间过长）。从原理上看，这个矛盾无法从根本上解决（即 2.3.1 小节描述的 CAP 理论），但是可以从业务等层面对其进行设计和权衡。

还有，为了方便使用，以及区分不同的消息类型，消息队列一般会使用发布/订阅机制，其主要原理为：消息队列将不同类型的消息归属于不同的频道（一般由通信双方定义频道），节点可根据自身需求订阅（Subscribe）某些频道，并通过推送、轮询获取该频道中的消息；相应地，节点也可以向一些频道发送消息，其他订阅者可接收到这些消息。

NoSQL 系统可能基于通用的异步通信系统或模块进行通信，也可能自行设计异步通信机制，并将其和自己的数据库产品紧密结合。此外，很多 NoSQL 数据库在设计客户端访问方式时，也同时设计了同步访问方式和异步访问方式，一般来说同步访问方式相对简单，而异步访问方式具有更大的性能潜力。

2.3　分布式系统的一致性问题

在关系型数据库理论中，一致性存在于事务的 ACID 要求中，表示在事务发生前后，数据库的完整性约束没有被破坏。

在分布式系统中，"一致性"这个词包含两方面内容。

（1）数据的多个副本内容是相同的（也可以看作一种完整性或原子性要求）。如果要求多个副本在任意时刻内容都是相同的，这也可以看作一种事务要求，即要求数据的更新要同时发生在多个副本上，要么都成功，要么都不成功。

（2）系统执行一系列相关联的操作后，系统的状态仍然是完整的。

举例来说，用户 A 和 B 同时更新数据 D。设原始数据为 D1.0，正确的顺序是 A 先修改数据得到 D2.0，B 在 A 的基础上更新，形成 D3.0。但由于 A 和 B 同时更新数据，则可能 A 和 B 都是基于 D1.0 更新的数据。此时，后写入成功的数据会覆盖先写入的数据（而不是基于先写入的数据）。如果 A 和 B 分别向不同的副本写入数据，则会出现两个相互冲突的数据：D2.a 和 D2.b。

单机环境下的关系型数据库可以很好地解决上述问题，这也是关系型数据库的优势之一，即能够保证数据在任何时候都是完整的、是强一致性的。如果 NoSQL 要提供同样的特性，就必须在分布式架构和数据多副本情况下实现事务、封锁等机制。考虑到分布式系统可能面临网络拥塞、丢包或者个别节点系统故障等情况，分布式事务可能带来系统的可用性降低或系统的复杂度提高等难题。例如：某个解封锁的网络消息出现丢包，使得被封锁数据一直处在不可读状态，导致用户一直等待。

需要说明的是，分布式系统的一致性问题经常在两个典型场景下被讨论，一是大型网站设计，二是 NoSQL 大数据应用。这两种场景对一致性的讨论重点有一定差异。考虑到常见的大数据应用并不是非常需要传统的强一致性事务机制，很多实际的 NoSQL 数据库软件并不支持分布式事务，或者需要通过复杂的二次开发来实现分布式事务。此时，一致性问题仅涉及多副本的同步。

2.3.1　CAP 理论

CAP 是指分布式系统中的一致性（Consistency）、可用性（Availability）、分区容错性（Partition Tolerance）3 个特性。CAP 理论是指在分布式系统中，CAP 的 3 个特性不可兼得，只能同时满足两个。

CAP 理论最早出现于 1998 年。2000 年在波兰召开的可扩展分布式系统研讨会上，美国加州大学伯克利分校的埃里克·布鲁尔（Eric Brewer）教授在题为"Towards Robust Distributed Systems"的演讲中，对 CAP 理论进行了讲解。2002 年，美国麻省理工学院的赛思·吉尔伯特（Seth Gilbert）和南希·林奇（Nancy Lynch）发表了论文"Brewer's Conjecture and the Feasibility of Consistent，Available，Partition-Tolerant Web Services"，证明了在分布式系统中，CAP 的 3 个特性不可兼得。

一致性是指分布式系统中所有节点都能对某个数据达成共识。具体到 NoSQL 系统中，主要表现为关注数据的多个副本内容是否相同，在吉尔伯特和南希·林奇的论文中也称之为原子性，以便和 ACID 中的术语相贴近。此外，NoSQL 数据库还会关注一致性的"强度"，比如是否允许数据在短时间内不一致。

可用性通常是指客户端提交读写请求后，系统反馈的及时程度。

无论是在单机系统还是分布式系统中，如果数据只有一个副本，那么共识可以轻易达成，或者说不存在数据不一致的可能。此时，一致性和可用性之间不存在矛盾，例如传统的关系型数据库。

但是在分布式、多副本情况下，一致性和可用性之间可能存在矛盾。系统要在数据写入、读取等过程中设计一致性策略，以权衡二者的关系。

例如：在数据写入时，是写入一个副本就向用户反馈写入成功，然后后台进行数据同步，还是等待所有副本都同步成功后再向用户反馈写入成功；在数据读取时，如果只读取一个数据副本的信息，则该副本可能还未得到及时同步，因此数据版本较旧；如果读取多个数据副本，则能够避免该问题。读写涉及的副本数量越多，则读写的一致性越好。但读写涉及的副本数量越多，可能造成等待时间就越长，可用性就会变差。

分区容错性也可称为分区保护性。分区可以理解为系统发生故障，部分节点不可达或者部分消息丢包，此时可以认为系统分成了多个区域。分区容错是指在部分节点发生故障，或出现消息丢包的情况下，集群系统仍然可以提供服务，完成数据访问。

分区容错性和集群规模、副本数量有关，特别是副本数量。如果数据副本多且在网络上分布均匀，则发生网络故障后，每个分区仍可能保持全部的分片，即全量数据。但副本数量多，又会造成可用性和一致性的矛盾加大。如果每个数据（分片）只有一个副本，则可解决可用性和一致性的矛盾问题。但在分布式系统中肯定无法保证分区容错性，因为分区后每个分区的数据都是不全的。

CAP 理论认为分布式系统只能兼顾 CAP 的 3 个特性中的两个特性，即 CA、CP 和 AP 这 3 种情况，如图 2-6 所示。兼顾 CA 则系统不能采用多副本，或者不要分布式部署；兼顾 CP 则必须容忍系统响应迟缓；兼顾 AP 则需要容忍系统内多副本数据可能出现不一致的情况。

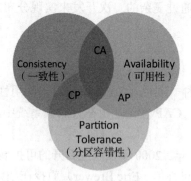

图 2-6 CAP 理论

举例来说，当用户读写数据时，一致性原则要求系统需要同时写入所有数据副本，或检查所有数据副本的数据是否一致；可用性原则要求系统快速完成上述操作并给用户反馈。但如果此时出现部分节点不可达，则不可能保证所有数据都一致，如果强制要求所有数据都一致，则系统在故障恢复之前都无法给用户一个操作结果的反馈。

在实践中，CAP 理论不能理解为非此即彼的选择，一般会根据实际情况进行权衡。而如何在 CAP 理论中进行权衡，是软件设计的问题，也是软件使用策略的问题。在 NoSQL 系统中，设计者可能在整体架构或不同模块中，使用不同的权衡策略，并且将使用策略以配置项的方式交给用户，例如，让用户自行决定副本的数量、副本的读写一致性策略等，这在后续 NoSQL 系统的介绍中会体现出来。

布鲁尔曾经举过一个例子，某台自动柜员机（Automated Teller Machine，ATM），与银行主机房发生网络故障，此时是否允许 ATM 出钞？如果允许则造成数据不一致，可能造成服务滥用和经济损失，不允许则造成服务不可用，影响用户体验，有损银行形象。在实际应用中，银行可以给 ATM 规定一个失联时出钞的上限，在可接受的数据不一致（损失可控）的情况下，提升一些用户体验。

2.3.2　BASE 理论

根据 CAP 理论，我们可以看到在分布式系统中无法得到兼顾一致性、可用性和分区容错性的完美方案。因此在 NoSQL 数据库的设计中会出现如下难题。

（1）强一致性是传统关系型数据库的优势，体现在 ACID 方面。很多人认为数据库就应该是强一致性的，但是在 NoSQL 中是否仍要维持这样的特点？

（2）可用性（这里可以看作响应的延迟）是很多分布式系统中非常重要的指标。例如，知名电子商务公司亚马逊根据统计数据得出结论：网页响应延迟 0.1 s，客户活跃度下降 1%。NoSQL 的设计需求和大型电商网站的有所差异，如果将其应用在此类大型电商网站的后端，则需要保证即便操作超大的数据集，响应时间也要非常短。

（3）分区容错性则是很多 NoSQL 必然要考虑的。人们把大数据看作"资产"，必然要求数据不能丢，并且数据要全在线，不能离线保存，这样才能利用数据创造价值。因此支持分布式、多副本是大多数 NoSQL 系统的必选项。

为了解决上述难题，分布式系统需要根据实际业务要求，对一致性做一定妥协，此时并非放弃分布式系统中的一致性保障，而是提供弱一致性保障。具体要求可以通过 BASE 一词，从 3 个方面进行描述。

（1）基本可用性（Basically Available）：允许分布式系统中部分节点或功能在出现故障的情况下，系统的核心部分或其他数据仍然可用。例如，某些电商会在"双十一"等交易繁忙的场景下，暂时关闭商品评论等非主要功能。

（2）软状态/柔性事务（Soft State）：允许系统中出现"中间状态"，在 NoSQL 中可以体现为允许多个副本存在暂时不一致的情况。

有人认为软状态的描述和最终一致性的相似，因此将"S"解释为可伸缩性（Scalability），即要求在分布式场景下提供对一致性和可用性的支持。

（3）最终一致性（Eventual Consistency）：允许系统的状态或者多个副本之间存在暂时的不一致，但随着时间的推移，总会变得一致。这种不一致存在的时间一般不会过长，但要视具体情况而定。最终一致性类似于通过银行进行非实时转账的场景，转账者的钱被划走后，可能需要 24 h 才能到达接收者的账户，在此期间，用户账户状态在转账前后是不一致的。

最终一致性可以看作 BASE 理论的核心，即通过弱化一致性要求，实现更好的可伸缩性、可靠性（多副本）和响应能力。NoSQL 和关系型数据库在一致性上的取舍差异，也体现出二者不能相互替代的特点。

2008 年，eBay 的架构师丹·普里切特（Dan Pritchett）撰写了论文"BASE:An Acid Alternative"，对 BASE 理论进行了解释。该论文主要面向大型 Web 应用（Web Applications），而非 NoSQL，但它们所面临的问题是相似的。另外，BASE 一词的提出具有一定的宣传目的，因为在英文中，"Acid"一词表示酸，"Base"一词表示碱，提出者是为表达两种理论要求的对立性，刻意凑出这个缩写，并非严谨的概念描述，这和 NoSQL 一词情况类似。

在实际应用中，ACID 和 BASE 并非绝对对立，用户需要根据实际情况，在分布式系统的不同模块、子系统中采用不同的原则。对于实际的 NoSQL 软件，由于它们大多数放弃了对分布式事务的支持，因此其关注点更多是在多副本的最终一致性方面，即允许数据副本在短时间内或者故障期间出现不一致情况，但最终各个副本的数据会同步，这和网站等场景有一定区别。

2.3.3 分布式共识与 Paxos 算法

在分布式系统中，有时会需要多个节点就某个问题达成共识，这些共识需要在异步通信机制的基础上达成，因此是有延迟的、可能遭遇网络故障的，即这种共识一般是基于最终一致性模型达成的。分布式共识常见的应用场景如下。

（1）分布式事务，即多个节点共同完成一组操作，要么全部成功，要么全部回滚。当一个节点发起事务时，会向其他相关节点发送异步消息，指示要完成的操作。各个节点可能收到消息，也可能因为网络问题收不到消息；收到消息后，可能能够完成操作，也可能因为数据或业务原因无法完成操作。这些消息会在一段时间后陆续反馈回来，或者因为故障一直无法反馈。此时，需要一种引入超时机制的、异步的分布式事务机制，或者使各个节点对事务能够整体达成共识。

例如，销售数据、用户数据和库存数据分别存储在不同节点上。当要求记录一次销售行为时，需要同时修改销售数据、用户数据和库存数据。此时用户节点需要检查用户是否存在、用户是否有购买权限等信息，而库存节点需要检查库存数量是否能够满足销售需求等。

（2）多个节点共同更新一个属性配置，共同执行一条指令。如果需要运维人员手动进行配置，则效率太低，还可能出现个别节点配置错误等情况，因此需要一种基于异步通信机制的共识或同步机制。

例如，在数据多副本机制下，为了防止数据一致性出现较大冲突，系统可能采用了一主多从的读写分离机制，即一个主节点负责写入数据，其他从节点负责同步数据并提供备份或读取。如果主节点出现故障，则集群无法进行写入操作，此时需要通过选举机制，由多个节点推选一个从节点并将其提升为主节点，其他节点再向它同步数据。这里所谓的"选举"，可以理解为相关节点达成"共识"，即都承认原来的主节点不再可用，根据某些规则，某从节点成为主节点。

当前最著名的分布式共识算法之一为 Paxos 算法。Paxos 算法是由莱斯利·兰波特（Leslie Lamport）提出的一种基于消息的一致性算法，也被称为分布式共识算法，该算法被认为是同类算法中非常有效的，其主要目的是令某个提议在多个节点之间达成共识。其基本思想可以通过其作者在 1998 年发表的论文"The Part-Time Parliament"进行深入了解。Paxos 算法存在很多改进版本，较为著名的有 Fast Paxos 算法，该算法也是由 Paxos 算法原作者莱斯利·兰波特在 2005 年提出的。Fast Paxos 通过简化通信过程和修改节点的角色权限等方式，使算法的收敛速度更快。

利用 Paxos 算法实现的著名系统有谷歌公司的 Chubby 和 Apache 软件基金会（Apache Software Foundation，ASF）维护的开源软件 ZooKeeper 等。其中 ZooKeeper 在 Hadoop 和 HBase 等知名大数据工具中有广泛应用，其实现了主节点高可用性（监控与选举）、集群配置管理等功能。此外，很多 NoSQL 中的数据多副本一致性、主节点选举等功能也是基于 Paxos 的思想实现的。

2.4　NoSQL 的常见数据模型

对于关系型数据库，虽然存在多种实际产品，但基本模型都来自基础的关系模型，大多实现了前文所述的 SQL 语句支持、事务机制、完整性保护等功能，针对不同数据库产品的设计方案也是相通或相近的。但 NoSQL 数据库有很大不同，如第 1 章所述，NoSQL 一词可以看作各种分布式非关系型数据库的统称，并没有一个统一的模式。

NoSQL 在数据模型上的共同点是不会采用传统意义上的行列结构，例如 NoSQL 会采用嵌套的列结构（不满足列原子性要求）、没有固定的列名和值域（不满足域完整性要求）、不会预先定义表结构等。

常见的 NoSQL 数据模型具有以下几种形式：键值对模型、面向列模型、文档模型和图模型。其中键值对模型、面向列模型和文档模型的应用更加广泛，通常被称为面向聚合的数据模型，以区别于传统面向关系的数据模型。在实际应用中，这几种模型可能是相互配合的关系，并无绝对的界限。

此外需要注意的是，NoSQL 是为了满足大数据场景下的数据分布式查询与管理而产生的，和关系型数据库相比，NoSQL 在通用性、事务能力上都存在较大劣势，但在分布式部署和大数据检索等方面具有优势。因此，NoSQL 不能看作关系型数据库的替代品，并且无论何种 NoSQL 数据模型，都不能看作"更好"的模型，其优势和劣势都客观存在，需要根据业务场景和需求扬长避短、灵活运用。

2.4.1　键值对模型

键值对模型也就是 Key-Value 模型。在这种模型中，数据表中的每个实际行只具有键（Key）和值（Value）两个基本内容。值可以看作一个单一的存储区域，其中存储的可能是任何类型的数据，一些软件也允许存储数组等类型的数据。也可以理解为每个值可能都有不同的列名，不同键所对应的值，可能有完全不同的内容（没有固定的属性）。因此，表结构（列的集合、值域等）无法提前设计好，也就是说键值对模型的表是无结构的。

在键值对模型中，键也可以理解为具有唯一索引的"主键"。如果将键值对模型部署在分布式集群上，可以根据键的全部内容或键的一部分内容、键的哈希值等将数据进行分片。因此，键值对模型适合按照键对数据进行快速定位，也就是说以键为条件来进行查询的效率很高，哪怕是在 10 亿条以上的记录中。

但如果对值内容进行查找，则需要进行全表的遍历，这在大数据场景下效率较低。同时，这也使得关系型数据库中常见的复杂条件查询、跨表查询等很难高效实现，因此很多键值对模型数据库只提供简单查询功能，不提供复杂的查询功能。此外，由于值内容的不确定性，一般该类型 NoSQL 数据库也不会对值建立索引。

比较有名的键值对模型数据库有 LevelDB 和 Redis 等。此外，在 Java、C#等编程语言中，会用到哈希表这种数据结构，其实际也是采用了键值对模型。哈希表通常以变量形式加载到内存中，以实现快速查找。

2.4.2 面向列模型

面向列模型也可以称为面向列的存储模型，区别于关系型数据库中面向行的存储模型，这种模型主要用在 OLAP、数据仓库等场景。

在面向行的存储模型中，数据以行（或记录）的方式整合在一起，数据行中的每个字段都在一起存储。但在面向列的存储模型中，属于不同列或列族（Column Family）的数据存储在不同的文件中，这些文件可以分布在不同的位置上，甚至在不同节点上。行存储和列存储的对比如图 2-7 所示。

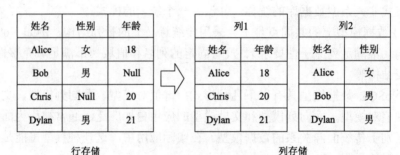

图 2-7　行存储和列存储模型的对比

在执行某些查询时，面向列模型更加有效。例如，查询某个列的前 1000 行数据，此时数据库只需要读取相应列的存储文件即可，不相关的列则不需要检索。如果采用关系型数据库，则相关行所有的字段都要被扫描或装载到内存中。上述处理方式对于检索行列数超大（如 10 亿条数据以上或几千个列以上）的稀疏宽表（列很多的表）非常有效。但如果数据量较小，则并不具备明显优势。

在面向行的存储模型中，数据表中的每一行，所涉及的列或字段都是相同且不可分的。但在面向列模型中，每一行所涉及的列都可以是不同的。

例如在一个 n 行 m 列的二维表中，每一行只有其中的一列有值，其他的列大多为空值，即这个表是稀疏的，必然出现大量的空值。在面向行的关系数据库中，如果出现空值，则数据库通常会预留空间以便后续有值写入，但这对于稀疏宽表则会造成低效率的存储。在列存储中，如果出现空值，则数据库不会为其预留空间。如果执行 INSERT 或 UPDATE 操作，面向行的存储模型则更加容易做修改和插入，因为数据库会预留存储空间，面向列模型则一般通过数据追加（Append）的方式实现。此外，利用面向列模型还可以通过数据字典（表）的方式实现数据压缩。例如：将某个列或某些列的值空间做成数据字典，在存储列值时，只需要存储数据字典中值的序号即可。

面向列模型一般是不预先定义结构的，这一点和键值对模型类似。值得注意的是，面向列模型可能会通过列族的方式来组织数据，列族是若干列的集合，其数量和名称都是随意的。

在软件实现上，一般使用面向列模型的数据库，底层仍是键值对模型，但由于引入了列或列族的概念，因此键值对的构成更加复杂。例如：键值对的值是列名+列值的结构，也就是每条记录都会存储自己的列名，因此每条记录的列名也可以各有不同，这就可以解释上文中关于"稀疏宽表"的例子。列族则一般可以通过文件方式实现，即不同的列族存储为不同的数据文件。

由于存在列的概念，在一些使用场景下，会有用户希望对特定的列建立索引。实际是希望对键值对的值建立索引，这就是 NoSQL 数据库中的二级索引问题（键可以看作具有一级索引），一些 NoSQL 数据库可以通过二次开发的方式实现二级索引解决方案，但其实现和维护，特别是在集群环境下的维护较为复杂。

比较有名的面向列模型的 NoSQL 数据库有谷歌公司的 BigTable 和 Dremel，以及 M. 斯通布雷克（M. Stonebraker）提出的 C-Store 等。此外，一些基于文档式和键值存储的数据库如 Cassandra 和 HBase 也同时运用了面向列模型。

2.4.3　文档模型

文档（Document）模型和键值对模型具有一定的相似性，但其值一般为半结构化内容，需要通过某种半结构化标记语言进行描述，例如通过 JSON 或 XML 等方式来组织其值，键值对模型则一般不关心值的结构。不同的元组对应的文档结构可能完全不同。文档中还可能会嵌套文档，以及出现不定长的重复属性，因此文档模型也是无法预先定义结构的。

和键值对模型相比，文档模型强调可以通过关键词查询文档内部的结构，而非只通过键来进行检索。此外，由于文档允许嵌套，因此可以将传统关系型数据库中需要连接查询的字段整合为一个文档，这种做法理论上会增加存储开销，但是会提高查询效率。在分布式系统中，连接查询的开销较大，文档模型的嵌套结构的优势更加明显。

例如：

```
{
  "firstname": "billie",
  "lastname": "jean",
  "emailaddrs": [
    {"type": "work", "value": " billie @mycompany.com"},
    {"type": "home", "value": " jean @myhome.net"}
  ],
   "telephones": [
    {"type": "work", "value": "12345678"},
    {"type": "home", "value": "87654321"},
    {"type": "mobile", "value": "138×××5678"}
  ],
  "addresses": [
    {"type": "work", "value": "abcd"},
    {"type": "home", "value": "xyz"}
  ],
}
```

上述文档描述了一个通讯录条目，在这个条目中嵌套记录了多个邮件、电话号码和地址，并且条目数量是不确定的，邮件、电话号码和地址的结构是嵌套的。如果利用关系型数据库，类似的结果有可能需要建立多个表格，并利用联合多表进行查询。而利用文档结构，可以在一个表中查询到所有信息，当用户添加新的地址或电话号码时，可以直接利用文档的嵌套和循环结构完成操作。

比较有名的文档式数据库有 MongoDB 和 CouchDB 等，这些数据库可以在分布式集群上实现文档式数据存储和管理。文档式数据库的另一个优势在于可以对文档中的字段建立索引，因此可以支持复杂一些的条件查询，并提供实时性较高的结果反馈能力。

文档模型通常会采用 JSON 或类似 JSON 的方式描述数据。一些基于面向列模型的 NoSQL 也会利用 JSON 描述应用层数据。

JSON 是一种轻量级的数据交换语言。JSON 最被熟知的应用之一，是作为 JavaScript 语言中的对象和数组，这从它的英文名中也可以看出。JSON 也被用来在 RESTful 风格的 Web 接口中进行数据交换。

JSON 的数据组织方法和 XML 类似，独立于语言，具有自我描述性，但是比 XML 更简洁，对结构的要求也没有那么严谨，如下面的例子。

```
{"mail":
    {"from":"Alice","to":"Bob"},
    {"head":"This is an email",
    "body":"Hello! This is an email.",
    "attachment":"Hello! This is an attachment."}
    {"comment":"This is a comment"}
}
```

JSON 中的元素可以看作一种键值对的描述方式，以 ":" 为间隔，前面是键，后面是值，键需要用双引号标注。

JSON 支持如下简单的数据类型。

整型或浮点型：{Price:9.98}或{Price:199}。

字符串：{"year":"2018"}。

对象：{"year":"2018"，"month":"Jan"，"dayofmonth":"1"}。

逻辑值：{"IsHoliday":true}。

空值：{"IsHoliday":null}。

数组：{"week":["Mon","Tue","Wed","Thu","Fri","Sat","Sun"]}。

一般认为，描述相同的数据结构，JSON 比 XML 更加简洁，JSON 的存储和处理效率更高。JSON 支持一些简单的数据类型，因此在描述数据时更加方便。JSON 没有保留字，不要求严格的树形结构。用 JavaScript、Python 等常见高级语言，可以非常方便地解析 JSON 数据。

2.4.4 图模型

图模型来源于图论中的拓扑学。图模型是一种专门存储顶点（Vertex）和边（Edge）之间的连线关系的拓扑存储方法。顶点和边都存在描述参数，边是矢量，即有方向的，可能是单向或双向的。例如，对于"顾客 A 购买了商品 1"这个信息，可以将"顾客 A"和"商品 1"理解为顶点，这两个顶点存在一个单向边（关系）"购买"。这种拓扑关系类似于 E-R 图，但在图模型中，"关系"和顶点本身就是数据，而在关系型数据库中，"关系"和 E-R 图描述的是数据结构。一个简单的图关系示意如图 2-8 所示。

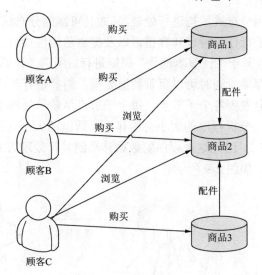

图 2-8　一个简单的图关系示意

　　在图模型中，顶点和边本身都是作为数据存储的。如图 2-8 所示，"顾客"和"商品"作为顶点被存储起来，"购买""浏览"和"配件"作为边被存储起来，在存储边时，还需要记录边的起止顶点等信息。

　　在图模型中，每个顶点都需要有指向其所有相连对象的指针，以实现快速的路由。因此图模型比传统关系型数据模型更容易实现跨越多个顶点的路径检索和处理。一些图数据库中还会对顶点和边建立索引，实现对顶点和边的快速查询。在一些领域中需要对顶点和边进行分析和聚合，这种需求被称为图计算，例如 Apache Spark 中的 GraphX 模块。

　　图模型可以用在搜索引擎排序、社交网络分析和推荐系统等领域。常见的图数据库（或者图结构分析引擎）有 Neo4j 以及 Apache Spark 的 GraphX 模块等。

2.5　NoSQL 的其他相关技术

　　NoSQL 一般基于分布式系统实现数据管理与查询。为了使数据管理与查询功能能够良好运行，以及扩展更多的功能，还需要使用更多的技术手段。本节主要介绍以下技术机制。

　　（1）如何在分布式数据管理的基础上进行分布式数据处理，特别是非实时任务处理。

　　（2）如何确保各个节点的系统时间是一致的。

　　（3）如何提升大数据场景下的遍历查询速度。

2.5.1　分布式大数据处理

　　在一些大数据业务场景中，需要对大数据进行预处理、统计分析和数据挖掘等，这些工作需要对全集数据进行读取和处理，并需要耗费较长时间、非实时完成。而 NoSQL 一般是用于大数据查询，特别是实时性要求较高的查询，可能无法有效完成处理工作。虽然一些NoSQL 系统开始提供数据聚合和统计等功能，但是从目前来看，和专门的大数据处理系统（如Hadoop、Spark 等）相比，NoSQL 的数据处理能力仍相对较弱——这主要反映在功能、效率、可靠性、灵活性等多个方面。

大数据一般需要利用分布式架构进行处理,高效且可靠的分布式处理需要解决 3 个问题:选择合适的处理模式,进行任务管理和容错,以及提供易用性接口。

在处理模式上,一般基于"计算本地化"原则进行。所谓"计算本地化",是指集群中的子节点,既负责数据的存储,同时可以负责数据处理。需要进行处理时,客户端（通过主节点）将分析程序和参数分发到各个子节点,每个子节点尽量只处理本节点或临近子节点的数据。由于大数据场景下,分析程序的大小会明显小于数据的大小（例如数据可能有几 TB,但分析程序只有几十 MB）,因此这种程序随数据移动的并行处理方式,显然比将数据移动到程序所在位置更加高效,如图 2-9 所示。

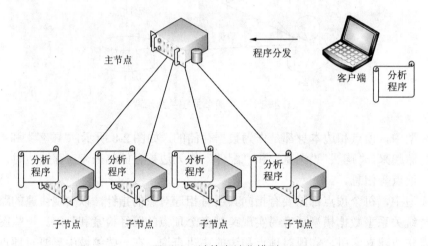

图 2-9　计算本地化模型

在任务管理等方面,由主节点的任务调度模块将处理任务分解和分发,进而主节点监控各个子节点和子任务的状态,对出错的节点或子任务采取措施,例如指示其他子节点重新执行子任务等,即需要考虑任务的容错机制。良好设计的分布式处理系统可以在部分节点出现故障的情况下,仍然保质保量地完整处理任务,并不会造成结果的缺失或误差。

在易用性方面,分布式处理系统需要向用户提供简化的编程接口、任务提交接口和任务监控接口,用户只需要描述业务流程即可,不需要关心任务调度与执行过程中的细节问题。

NoSQL 和分布式处理系统形成了分工,NoSQL 负责数据管理和实时查询,分布式处理系统负责进行预处理、统计分析和数据挖掘等非实时任务。当 NoSQL 和分布式处理系统结合时,NoSQL 需要对部署方式和数据存取接口等进行适配,使分布式处理系统能够对 NoSQL 的数据表进行存取。

2.5.2　时间同步服务

在分布式应用中,经常需要确保所有节点的系统时间是一致的。例如,假设某分布式交易系统中存在多个业务处理节点,每个节点都会接收用户的交易请求。如果某用户连续发出多个订单,而这些订单可能被负载均衡服务发向不同业务处理节点,则这些节点需要根据订单的时间戳（Timestamp）确定交易的顺序。当出现用户余额不足的情况时,只有时间戳较早的部分订单会被成功受理。但如果业务处理节点之间的时间不是一致的,则可能造成业务逻辑的混乱。

NTP（Network Time Protocol，网络时间协议）是一种常见的分布式时间同步机制。NTP 可以被用在内网环境中，也可以用在互联网等公网环境中。NTP 的基本机制是设置一个时间同步服务节点，其他节点作为客户端与其核准时间，并根据需要改写自身时间。

NTP 已经发展到版本 4，其精度可以达到毫秒级，并且已经成为国际标准（IETF RFC 5905）。Windows 系统和大多数 Linux 系统均支持 NTP，既可以部署 NTP 客户端，也可以部署 NTP 服务端。部署 NTP 客户端或服务端通常可以通过系统自带程序或开源软件实现。此外，在互联网上也存在很多提供 NTP 时间同步服务的站点（称为 NTP 池），通过 NTP 池可以很方便地实现公网环境下的时间校准。

在分布式的 NoSQL 环境下，一般也需要通过 NTP 等方式实现时间同步。如果各个节点之间的时间差异过大，分布式系统可能无法正常运行，甚至无法正常启动。一般情况下不需要将各个节点的系统时间与标准时间精确同步，只需要各节点之间保持时间同步即可。

2.5.3 布隆过滤器

布隆过滤器（Bloom Filter）是由布隆（Burton Howard Bloom）在 1970 年提出的，其目的是检查某个元素是否存在于集合（如数据块中）。布隆过滤器的优点是可以显著提升检索速度，缺点则是存在一定的误报率，且需要额外占用一定的存储空间存储二进制向量。

布隆过滤器会为每个集合建立一个二进制向量，通过将待查询元素的哈希值与该二进制向量的特殊位进行对比，即可判断元素是否存在于该集合中。当布隆过滤器认为某元素存在于该集合时，该元素可能存在也可能不存在，但如果布隆过滤器认为某元素不存在于该集合，则该元素肯定不存在。因此在进行遍历查询时，可以先利用布隆过滤器过滤掉一定数量的无关集合，该过程即便存在一定误报，但仍可以显著提升遍历查询的效率。

布隆过滤器由一个定长的二进制向量和哈希函数构成。其基本思想如下所示。

（1）通过哈希函数将数据块中存在的元素映射为二进制向量中的一个二进制位。

（2）二进制向量的长度一般是定值，但具体值可以根据用户需求调整。

（3）元素与二进制位的映射关系是多对一的。

（4）如果某个二进制位有对应的值，则该点为 1，否则为 0。

布隆过滤器的基本思想如图 2-10 所示。

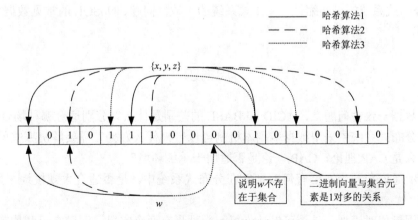

图 2-10 布隆过滤器的基本思想

当需要查询某元素是否存在于数据块中时，需要先将该元素进行哈希运算，根据运算结果找到二进制向量中对应的二进制位，看该位置的比特值。如果该值为 0，则被查询元素肯定不存在于该数据块中。如果该值为 1，则被查询元素有可能出现在该数据块，但无法肯定，因为该比特值可能对应的是其他元素。显然，当二进制向量长度一定时，误报率随数据块的增长而增大，而如果能够进一步减小误报率，则查询效率会变得更高。

降低误报率的方法之一是采用多个独立的哈希算法同时进行映射。在查询时如果其中一个算法发现对应位置数值为 0，则说明被查元素不存在。方法之二是增大二进制向量的大小。简单来说，增加二进制向量的大小可以减少一个二进制位可能对应的元素个数，但这种方法会增加占用空间，特别是在实际系统中，为了提高检索效率，可能会将二进制向量整体读入内存。

布隆过滤器的误报率 p、哈希算法的个数 k、二进制向量的大小 m 以及数据总量 n 之间的关系可以通过一组公式描述：

$$p \approx (1 - e^{-kn/m})^k$$

在实际系统中，数据块的大小和哈希算法的个数一般是给定的，而误报率可以由用户配置，例如 0.1 或 0.01，此时 m 的数值相差约一倍。

在后续将介绍的 NoSQL 系统中，如 HBase、Cassandra 和 MongoDB 等，在底层存储中都采用了布隆过滤器机制，以提升数据查询效率。另外需要注意的是，布隆过滤器不支持删除数据，这是因为二进制向量无法同步更新，但考虑到大数据场景通常是一次写入多次读取的，不支持删除数据的影响不大。

小结

本章首先回顾了关系型数据库的基本原理，重点讲述了关系模型、事务机制、ACID 等，分析了关系型数据库的分布式部署能力。读者在学习 NoSQL 数据库原理时可以与其进行技术对比。

然后，本章介绍了 NoSQL 数据库中的常见技术，包括分布式数据管理中的数据分片和多副本、分布式系统的可伸缩性、分布式系统的一致性问题、NoSQL 的常见数据模型以及其他相关技术。

思考题

1. 在数据一致性问题上，ACID 和 BASE 的差别是什么？分别适合哪种场合？
2. 在分布式系统中采用数据多副本机制可以带来什么好处？需要解决哪些问题？
3. 什么是 CAP 理论？CAP 理论是否适用于单机环境？
4. 异步通信和同步通信有何差别？在分布式系统中，是否适合大规模地采用同步通信机制？
5. 采用键值对模型，是否可以认为每行数据只有两个字段，即键字段和值字段？
6. 如果将单机环境下的数据封锁机制移植到分布式环境下，可能会遇到什么问题？

第 3 章　MongoDB 的原理和使用

本章以 MongoDB 为例，介绍文档式数据库的原理和基本使用方法。

MongoDB 是最知名的文档式数据库之一。经过长期发展，MongoDB 拥有了较强的可靠性，支持多种类型的应用场景，得到了诸多数据库开发人员的青睐。

MongoDB 的原理
和使用

MongoDB 使用基于文档的存储模型。和其他 NoSQL 数据库相比，文档式存储模式可以描述更复杂的数据结构，例如在一列中嵌套其他列，或者在文档中嵌套其他文档，这使得 MongoDB 具有很强的数据描述能力。

在部署方式上，MongoDB 可以进行单机部署，也可以实现数据分片和多副本（复制集），还可以实现在单机上部署多个实例。

MongoDB 提供了丰富的操作功能，并提供了基于命令行客户端和图形化客户端的访问方式，还支持多种编程语言，但其语法规则略显烦琐。

3.1　概述

文档式数据库采用类似 JSON 的方式存储数据，因此可以建立比二维表更复杂的数据结构[称为富数据模型（Rich Data Model）]、可以实现字段的嵌套和循环等，这是文档模型相比键值对模型、面向列模型等数据模型的主要优势。文档式数据库一般也有支持分布式架构、强横向扩展性、弱一致性、弱事务等特点，这和其他 NoSQL 数据库是类似的。

1．发展历程和现状

MongoDB 创立于 2007 年，是当前最为知名的文档式 NoSQL 数据库之一。一些知名公司如百度、阿里巴巴、Adobe、EA 等都是 MongoDB 的用户或合作伙伴。MongoDB 最初是由美国的一家互联网广告服务商 DoubleClick 的技术团队创建的，目前由独立公司（MongoDB 公司）维护，近几年一直保持稳定的发展态势，每年都会发布新的版本。

当前 MongoDB 公司主要维护了 4 条产品线，即 MongoDB 的社区版（开源免费版本）、企业版（付费的商业版本）、MongoDB Altas（云服务），以及可用于移动应用开发的 Realm 版本。

对于社区版，目前 MongoDB 公司维护着 5.x、4.x 以及一些更早期版本。新版本提供更多的新特性，但核心功能和主要操作手段与早前版本是基本一致的。例如，5.0 版本可以更好地提供对时序数据的支持，但同时也移去了对一些老旧操作系统版本的支持；4.x 版本支持的操作系统版本多一些，且由于发布时间较长，稳定性也相对好一些。

另外，4.x 版本也被广泛用于云服务。目前，大多数公有云服务商都提供了 MongoDB 的云服务产品。然而 MongoDB 公司在 2018 年 10 月修改了社区版产品的开源协议，新协议要求将 MongoDB 用于商业化云计算服务时，其代码也必须开源，否则就必须购买 MongoDB 的企业版。但如果只是将 MongoDB 作为商业应用的后台数据库，受到的限制会较少。

开源协议修改导致很多云服务商不再提供 MongoDB 4.x 以上的云服务产品，或者对较早的 4.x 版本进行改造，并赋予其一个新名称再提供云服务，并注明"兼容 MongoDB"。截至本书写作时，知名云服务商中，只有阿里云（以及 MongoDB Altas）明确可以提供 MongoDB 5 的云服务产品。

2. MEAN 开发模式

MongoDB 对 JavaScript 语言的支持非常好，并由此诞生了一种新的 Web 开发模式——MEAN。MEAN 实际上代表了 4 种软件的首字母：MongoDB、Express、AngularJS 和 Node.js。

基于 MEAN 开发模式诞生了开源的开发框架 MEAN.JS。在 MEAN.JS 框架中，AngularJS 为前端框架，Node.js 为后台运行环境，Express 为后端框架（基于 Node.js），MongoDB 为数据库，如图 3-1 所示。其优势在于利用一种编程语言即可完成前端、后端和数据库的开发，且这 4 种软件具有易用性好、灵活性高、扩展能力强等优点。

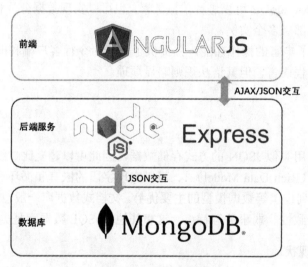

图 3-1　MEAN.JS 框架

MEAN 是著名的 LAMP（Linux、Apache、MySQL 和 PHP）开发模式的有力竞争者。

MEAN.JS 是 MongoDB 的一个重要应用场景，而在构建其他 Node.js 应用时，也可以考虑选择 MongoDB 作为后台数据库。有兴趣的读者可以从 JavaScript 和 MEAN.JS 的角度出发深入学习 MongoDB。

3. 支持 Docker 部署

在部署方面，MongoDB 的社区版和企业版均支持独立部署，也支持基于 Kubernetes 和 Docker 进行容器化部署。

4．其他文档式数据库

除了 MongoDB 之外，知名的文档式数据库还包括 CouchDB 和 Couchbase 等。

CouchDB 是著名开源组织 ASF 旗下的产品。ASF 在大数据领域具有很强的影响力，旗下具有诸多大数据领域开源软件，如 Hadoop、Spark、HBase 等，这些软件相互配合，形成了强大的"生态圈"。CouchDB 的核心特性和 MongoDB 的非常相似，但影响力和用户数量等不及 MongoDB。相对于 MongoDB 不断扩展出新特性、新功能，CouchDB 较为简洁，并且和 ASF 旗下其他大数据软件兼容得较好，在一定程度上可以看作 MongoDB 的替代品。

Couchbase 可以看作 CouchDB 和缓存数据库 Membase 的结合体，因此 Couchbase 更像是一个文档式的缓存数据库。

3.2　MongoDB 数据格式

本节介绍 MongoDB 使用的两种数据格式。首先介绍 MongoDB 中的数据组织方式，即文档和集合，以及文档中使用的 BSON 数据格式。其次介绍 MongoDB 配置文件使用的 YAML 格式。严格地说，这是一种文件格式，具有直观、易读取等优点，该格式也被其他一些 NoSQL 系统或软件使用。

3.2.1　集合与文档

1．集合与文档的概念

MongoDB 是典型的无模式 NoSQL 数据库，MongoDB 会采用"文档"来表示描述数据的结构。一个文档相当于关系型数据库中的一"行"（Row），而一组文档被称为"集合"（Collection），相当于关系型数据库中的"数据表"（Table）。

但 MongoDB 中的集合是无模式的，不同结构的文档可以归属于一个集合，相当于每"行"数据都可以有完全不同的字段，或者认为"表"中存在非常多的字段（宽表），但每"行"数据只有极少数字段上有值（数据是稀疏的），即 MongoDB 可以用一种紧凑的方式存储稀疏宽表。对于大多数应用场景，MongoDB 会在一个集合中存储结构相同或相似的文档，这有助于提高查询效率。

2．BSON 格式

MongoDB 采用 BSON（Binary JSON，二进制 JSON）格式来进行文档型数据存储与编码传输。BSON 可以看作 JSON 的扩展和二进制表示，主要作为底层存储结构使用。BSON 通过改进存储结构，使检索速度更快。例如，BSON 在实际存储时会将各个字段长度存储在字段头部，因此在遍历数据时更容易跳过不需要的数据，使检索速度加快。此外，和 JSON 格式相比，BSON 格式可以描述更多类型的内嵌数据结构，内嵌数据结构的常见类型（别名，即在语句中使用的名称）如下。

（1）objectID：对象 ID，即每个文档必须拥有的唯一主键，一般显示为"_id"。MongoDB 可以自动生成对象 ID，一般为 12 B 的二进制数据，其内容包括 4 B 的时间戳、3 B 的设备 ID、

2 B 进程 ID 和 3 B 的计数器；用户也可以自行指定对象 ID，此时仅要求唯一性，格式可以是数字或字符串等。

（2）string：UTF-8 编码的字符串，在文档中使用引号引用。

（3）boolean：布尔型，true 或者 false，在文档中不使用引号引用。

（4）integer：整型，在文档中不使用引号引用。整型具有 32 位（int）和 64 位（long）两种类型。

（5）double/Decimal：浮点型，在文档中不使用引号引用。如果使用 128 位浮点型数据，则可以使用 Decimal 类型。

（6）object：嵌入文档，即嵌入到文档中的文档。

（7）arrays：数组或者列表。可以支持在数组中嵌套文档。

（8）null：空值（在语句中应使用）。

（9）timestamp：时间戳。

（10）minkey/maxkey：BSON 中的最小值和最大值。

（11）date：UNIX 格式的日期或时间。

（12）binaryDate：二进制数据，别名为 BinData。

（13）regex：正则表达式。

JSON 和 BSON 的对比如表 3-1 所示。

表 3-1   JSON 和 BSON 的对比

	JSON	BSON
数据格式	字符串、布尔型、数值、数组	更多数据类型
可读性	用户和设备可读取	设备可读取
编码方式	UTF-8 编码	比特型

3．文档的结构

虽然文档的存储结构为 BSON，但展示时会转换为 JSON 结构。用户在使用 MongoDB 时，可以直接以 JSON 方式定义文档，通过引入 MongoDB 函数描述更多数据类型。例如下面的文档。

```
{
    "_id": 1,
    "name": "apple",
    "tags": ["red","sweet","big"],
    "qty" : NumberLong("100000"),
    "place":{"province": "shandong", "city": null},
    "records":[
    {"date":Date("2022-1-1"),"sales":10, "price":1.5},
    {"date":Date("2022-1-1"),"sales":12, "price":1.5},
    {"date":Date("2022-1-1"),"sales":11}, "price":1.5]
}
```

上述文档由若干键（字段）值对构成。

_id 字段为该文档的唯一主键。name 字段为文本（字符串）格式。place 为一个嵌套字段，其内容是一个子文档，且包含一个空值 null。tags 为一个数组。qty 为数值，利用函数强制将其转为长整型，NumberLong() 为 MongoDB 的函数。records 是一个嵌套文档数组（Object Array），嵌套文档内容为由销售日期、销售额和价格组成的文档。其中 sales 和 price 字段为数值格式，一般不需要过于区分整型或浮点型。Date() 为 MongoDB 的函数，该函数可以将字符串格式转换为日期格式。

　　该文档可以直接作为"一行"存储到集合当中。如果利用关系型数据库存储该文档，可能会将"apple"的基本信息与销售记录（"records"）分别存储为两个数据表，并通过外键建立关联。MongoDB 则利用数据嵌套的方式，在一个集合中描述全部数据关系，使得在查询时不必使用 join 语句，在单表中即可完成查询，且易于进行水平分片和分布式存储。

3.2.2　YAML 格式

　　以 MongoDB、Cassandra 为代表的诸多 NoSQL 数据库采用了 YAML 格式构建配置文件，此外还有很多软件采用 YAML 格式进行业务编排。

　　YAML 的全称是 YAML Ain't Markup Language，是一个递归缩写，目前常用的是 1.2 版本。YAML 最初于 2001 年被公布，具有直观、易读取、易于和脚本语言（如 Python、Perl、Ruby 等）交互等优点，且语法比 XML 简单。下面简单介绍 YAML 的语法规则。

1．基本原则

　　① YAML 对大小写敏感。

　　② 每行记录一个元素。如果第一个字符是"#"，则表示该行为注释。

　　③ 字符串可以不使用引号标注，但如果字符串中含有特殊字符，例如"："，则需要用单引号或双引号整体标注。

　　④ 采用缩进表示层级关系，但缩进不允许使用制表符，只允许使用空格。缩进时使用的空格数并不重要，但相同的空格数表示相同层级的元素（即同层级元素要左对齐）。

　　YAML 有两种常见结构：对象、数组。

2．对象（也称字典）

　　对象以键值对形式表示其名称和值，键、值之间采用冒号加至少一个空格隔开。例如：

```
name: apple
```

也可以采用下面的形式表示一组对象：

```
{name: apple, color: red, place: Shandong qingdao}
```

或者采用下面的嵌套形式：

```
fruit:
    name: apple
    color: red
    place: Shandong qingdao
```

以上表示 fruit 对象是由一系列子对象构成的。注意，相同层级对象左对齐，且必须使用空格而非制表符。

　　如果需要定义布尔型对象，可以采用如下形式：

```
inStock: yes|no
inStock: TRUE|true|True
```

3. 数组（也称序列、列表）

数组指一组按次序排列的值，用一个"-"和一个空格来表示其成员，所有成员必须有相同的缩进级别。例如：

```
fruit:
    - Apple
    - Banana
    - Cherry
```

如果要描述成员的属性，可以采用下面的方式：

```
fruit:
    - name: Apple
      price: 5.00
    - name: Banana
      Price: 6.00
    - name: Cherry
```

3.3 安装配置 MongoDB

MongoDB 可以安装在多种操作系统上，包括多种类型的 Linux 系统、Windows 系统和 macOS 等。为方便读者学习操作和编程，本章先以 Windows 系统为例进行讲解，并在第四章介绍 Linux 系统下的安装配置方法，以及集群配置方法。

3.3.1 在 Windows 下安装 MongoDB

首先在 MongoDB 官网下载合适的版本，本书以 4.4.12 社区版为例。安装界面使用英文，建议选择"Complete"方式进行完全安装。

在安装过程中可以看到图 3-2 所示的界面。该界面默认将 MongoDB 的服务端（mongod）安装为系统服务（"Install MongoD as a Service"）。如果保持选择该选项，则后续可以利用"控制面板"→"Windows 工具"→"服务"对 mongod 服务进行管理，例如：在修改配置文件后，需要将 mongod 服务重启，才能使新的配置内容生效。

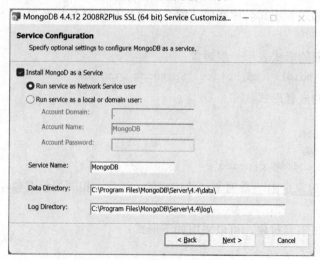

图 3-2　MongoDB 安装选项

此外该界面还询问了默认的数据存储位置和日志存储位置，但这两个选项只在"Install MongoD as a Service"被选择时才有效，此时这些内容会被写入默认配置文件。

默认安装位置为 C:\Program Files\MongoDB\Server\4.4\，主要文件位于安装位置的 bin 目录下，如下所示。

mongod：即实际的 MongoDB 数据库组件，负责实际的数据管理和存储。

命令行客户端工具（mongo）：可以连接到任何 mongod，并对其进行数据库表操作和数据读写命令行操作等。

路由工具（mongos）：负责在分片集群中进行路由等。

配置文件（mongod.cfg）：默认配置文件。当 mongod 以服务方式启动时，默认读取该文件。

此外，在安装过程中，还会询问是否安装 MongoDB Compass，这是一个很有用的客户端工具，建议进行安装。

mongod 进程会以后台服务形式启动，在控制面板的服务管理组件中可以看到启动参数为：

```
"C:\Program Files\MongoDB\Server\4.4\bin\mongod.exe" --config "C:\Program Files\
MongoDB\Server\4.4\bin\mongod.cfg" --service
```

3.3.2 MongoDB 的配置文件

默认配置文件为安装目录下的 bin/mongodb.cfg，主要负责对服务端进行配置，由 mongod 进程（服务）读取。该文件为 YAML 格式，进行配置时需要遵循相关格式规范，比如注意空格缩进等。配置内容分为几组，基本信息如下。

```
storage: #存储位置和存储引擎等
    dbPath: d:\nosql\mongodb\data\ #存储位置（目录）
    journal:
        enabled: true #是否允许存储 journal 日志，journal 日志可用于存储数据恢复
    engine:  #MongoDB 的 3 类存储引擎的配置信息
        mmapv1:
        wiredTiger:
            engineConfig:
                journalCompressor: none #wiredTiger 使用的存储压缩选项，可选择 none、snappy
或 zlib 等
        inMemory:
net: #网络连接选项，例如监听地址和端口等
    port: 27017
    bindIp: 127.0.0.1
systemLog: #系统日志的相关信息
    path: d:\nosql\mongodb\og\mongod.log#日志存储文件
```

在 MongoDB 中，mongod 进程采用的默认端口号为 27017。此外，当需要远程访问 MongoDB 或进行集群化部署时，需要将 bindIp 设置为节点的真实外部 IP 地址。

其他配置选项还包括复制集、数据分片、安全配置等信息。

3.4 命令客户端操作

在 Windows 下可以采用两种方式进行数据查询和处理，一个是命令行客户端工具 mongo，另一个是图形化客户端工具 MongoDB Compass。比较而言，前者的功能更丰富，而后者更加易用。例如：在命令行客户端 Shell 工具中需要根据语法输入完整的语句，而在 MongoDB Compass 中则可使用片段化的语句和按钮。

本节先对命令行客户端下的数据查询、操作的完整语法进行讲解，3.6 节对图形化客户端进行说明。

3.4.1 命令行客户端

如果访问本机的 mongod 服务，在安装目录下直接双击 mongo.exe 即可。或者在系统命令行窗口中输入下面任意一条命令，但需要注意程序路径。

```
C:\> mongo
C:\> mongo --port 27017
C:\> mongo --host 127.0.0.1:27017
```

mongo 连接的默认地址为 127.0.0.1:27017。

如果需要连接远程数据库，则需要指定远程地址：

```
C:\> mongo --host mongodb0.example.com:28015
C:\> mongo --host 192.168.0.100:28015
```

或者使用连接字符串形式：

```
C:\> mongo "mongodb://mongodb0.example.com:28015"
```

连接字符串以 "mongodb://" 开头，在不进行用户名及密码验证的情况下，后续填入地址（IP 地址、主机名或域名）和端口即可。如果连接正常，则可以进入图 3-3 所示的环境。

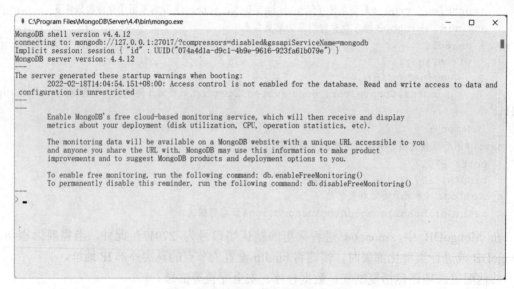

图 3-3 MongoDB 命令行客户端环境

连接字符串的完整格式为：

```
"mongodb://[username:password@]host1[:port1][,host2[:port2],…[,hostN[:portN]]]
[/[database][?options]]"
```

在第 4 章还将对 mongo 的集群连接方法以及安全连接方法进行讲解。

在不同操作系统中，客户端中的命令都是通用的。例如执行以下指令：

```
> help
```

可以获取帮助主题列表，如图 3-4 所示。

```
命令提示符 - "C:\Program Files\MongoDB\Server\4.4\bin\mongo.exe"
> help
        db.help()                       help on db methods
        db.mycoll.help()                help on collection methods
        sh.help()                       sharding helpers
        rs.help()                       replica set helpers
        help admin                      administrative help
        help connect                    connecting to a db help
        help keys                       key shortcuts
        help misc                       misc things to know
        help mr                         mapreduce

        show dbs                        show database names
        show collections               show collections in current database
        show users                      show users in current database
        show profile                    show most recent system.profile entries with time >= 1ms
        show logs                       show the accessible logger names
        show log [name]                 prints out the last segment of log in memory, 'global' is default
        use <db_name>                   set current database
        db.mycoll.find()                list objects in collection mycoll
        db.mycoll.find( { a : 1 } )     list objects in mycoll where a == 1
        it                              result of the last line evaluated; use to further iterate
        DBQuery.shellBatchSize = x      set default number of items to display on shell
        exit                            quit the mongo shell
>
```

图 3-4　MongoDB 命令行客户端中的帮助主题列表

根据帮助主题列表的提示，执行：

```
> db.help()
> db.collection.help()
```

可以查看和 db、db.<collection>相关的帮助信息（命令列表），实际使用时应将<collection>替换为实际的集合名称，如 mycoll，如图 3-4 所示。

MongoDB 的命令行客户端是基于 JavaScript 语言构建的，除了支持 MongoDB 的各项功能，它还支持利用 JavaScript 语法构建自定义函数。例如，定义一个 plus()函数并调用，语句和结果如下：

```
> function plus(a,b){return a+b}
> c=plus(3,4)
7
```

注意，本章所示代码，以"＞"开头的行是语句，不以"＞"开头的行是执行结果。

在 Shell 环境中执行以下两个命令之一，可以退出命令行客户端：

```
> exit
> quit()
```

也可以直接关闭系统的命令行窗口，但在一些情况下这可能导致缓存数据丢失等情况出现。

3.4.2 数据库和集合

MongoDB 中的数据库、集合和文档，对应关系型数据库中的数据库、表和行。

1. 数据库操作

对数据库和集合及进行操作的常见语句如下。

查看当前连接的服务器：

```
> db.getMongo()
```

查看数据库列表：

```
> show dbs
```

在初始情况下，数据库中会包含一些默认数据库，其中 admin、config 和 mongod 的管理和配置有关，不应写入用户数据。

切换（新建）数据库：

```
> use <db>
```

如果<db>指示的目标数据库存在，则切换使用它；如果目标数据库不存在，则新建并切换。刚创建的空数据库可能无法在 show dbs 结果中看到，在数据库中创建集合之后即可看到。

删除当前数据库，并删除相关数据：

```
> db.dropDatabase()
```

显示当前数据库名称：

```
> db
```

2. 集合操作

在执行 use <db>语句后，新建集合的语句如下。

```
> db.createCollection(<collections>)
```

<collections>应替换为实际的集合名称，并用单引号或双引号标注。

```
> db.createCollection("fruitshop")
```

从以上语句可以看出，MongoDB 是"无模式"的，在建立集合（也就是表）的过程中，并未对包含的字段进行规定，也就是说集合中可以包含任何类型、任何名称的字段。

注意，MongoDB 对变量名的大小写敏感：

```
> db.createCollection("fruitshop")
> db.createCollection("FruitShop")
```

如果重复执行其中一条语句，则会报错"集合已存在"；如果依次执行上面两条语句，则不会报错。此外，在语句中，单、双引号的作用是相同的。

查看该数据库中的所有集合：

```
> show <collections>
```

以 JSON 方式显示集合名称：

```
> db.getCollectionNames()
```

如果需要查看当前数据库中更详细的集合信息，可以执行：

```
> db.getCollectionInfos()
```

删除集合：

```
> db.<collection>.drop()
```

其中<collection>需要替换为实际待删除的集合名称。

需要注意的是，数据库只有在集合中有至少一个文档被写入时，数据库和集合才会被真正创建出来，否则只是缓存显示而已。

3. 定长集合

除了指定名称，新建集合语句还可以附加若干可选参数。例如：

```
> db.createCollection("cappedCol",{capped:true,size:10000})
```

该语句建立了一个特殊的集合 cappedCol，可以称之为定长集合（Capped Collection），该集合具有 capped:true 属性，即该集合的容量是固定的，只能容纳 10000 个文档。容量会被循环使用，也就是说当写入第 10001 个文档时，它会覆盖第 1 个文档，以此类推。

定长集合可以用于实时监控（只关心最新状态，不断丢弃过期数据），其顺序插入和顺序查询都非常快。判断一个集合是否具有 capped 属性，可以用下面的语句：

```
> db.<collection>.isCapped()
```

3.4.3　文档插入

1. 插入语句

文档插入（即新增）有单个插入、多个插入等情况。语句为：

```
> db.<collection>.insert(<doc>)
> db.<collection>.insert ([<doc> ,<doc> ,<doc> ,…])
```

或者：

```
> db.<collection>.insertOne(<doc> )
> db.<collection>.insertMany([<doc> , <doc> , <doc> ,…])
```

语句中的<collection>需要替换为实际的集合名称，<doc>为需要插入的文档，可以理解为扩展的 JSON 格式。如果向不存在的集合插入数据，则系统会以默认参数自动新建这个集合。

下面通过实例进行讲解。

首先在合适的数据库下建立并切换到一个名为 fruitshop 的集合，再插入两条数据。语句如下：

```
> use testdb
> db.createCollection("fruitshop")
> db.fruitshop.insert(
    {
        "name": "apple",
        "tags": ["red","sweet","big"],
        "qty" : 100,
        "place":{"province": "shandong", "city": "yantai"},
        "pricelist":[1.5,1.8,1.7]
    }
)
> db.fruitshop.insertOne(
    {
```

```
        "name": "banana",
        "tags": "yellow",
        "qty" : 200,
        "place":{"province": "guangdong", "city": "guangzhou"},
    }
)
```

可以看出，两条执行语句中文档结构并不完全相同，且 tags 字段在两条语句中的数据格式也是不同的，这并不会产生"一致性"问题。实际上，用户可以向集合中插入格式完全不同的文档，但从实际业务角度考虑，一般不会用一个集合存储差异过大的文档。

上面两条语句的执行效果相同，但返回信息的格式不同，insert 语句的返回结果为：

```
WriteResult({ "nInserted" : 1 })
```

insertOne 语句的返回结果为：

```
{
        "acknowledged" : true,
        "insertedId" : ObjectId("6217627ff88b7640322b693e")
}
```

两条语句的返回信息不同，但分别可以从 nInserted 字段或 acknowledged 字段获知执行结果，本书在 3.4.7 小节将对返回信息内容进行总结。

查看当前集合中的全部文档：

```
> db.fruitshop.find()
```

输出效果类似于：

```
{ "_id" : ObjectId("62175da5f88b7640322b6937"), "name" : "apple", "tags" : [ "red",
"sweet", "big" ], "qty" : 100, "place" : { "province" : "shandong", "city" : "yantai" },
"pricelist" : [ 1.5, 1.8, 1.7 ] }
{ "_id" : ObjectId("62175da5f88b7640322b6938"), "name" : "banana", "tags" :
"yellow", "qty" : 200, "place" : { "province" : "guangdong", "city" : "guangzhou" } }
```

_id 为该文档主键，如果用户没有指定，则由系统自动生成，类型为 ObjectId。上面的插入语句可以反复执行，会在集合中插入多个文档，这些文档的内容相同，但_id 不同。

如果用户自行指定_id，则需要保证_id 不重复。例如：

```
db.fruitshop.insert({"_id":1,"name": "apple"})
```

该语句第一次执行时可以正常插入，但重复执行会报错：

```
WriteResult({
        "nInserted" : 0,
        "writeError" : {
                "code" : 11000,
                "errmsg" : "E11000 duplicate key error collection: mycol.fruitshop
index: _id_ dup key: { _id: 1.0 }"
        }
})
```

信息显示"duplicate key error"，即重复的主键。

在插入文档时，用户可以预先定义文档再进行插入，例如：

```
> doc1={
        "name": "apple",
        "tags": ["red","sweet","big"],
```

```
        "qty" : 100,
        "place":{"province": "shandong", "city": "yantai"},
        "pricelist":[1.5,1.8,1.7]
    }
> doc2 =
    {
        "name": "banana",
        "tags": "yellow",
        "qty" : 200,
        "place":{"province": "guangdong", "city": "guangzhou"},
    }
> db.fruitshop.insert(doc1)
> db.fruitshop.insert(doc2)
```

向不存在的集合进行插入时，系统会自动建立集合再进行插入。因此也可以不执行 createCollection，直接插入数据。

可以使用 insert 或 insertMany 批量插入多个文档，参数为一个文档数组，即将文档或预先定义的文档放入方括号内，再以逗号隔开。例如：

```
> db.fruitshop.insert([{"name" : "apple"}, { "name" : "banana"}])
> db.fruitshop.insertMany([doc1, doc2])
```

2. 插入特殊数据格式

参考下面的例子：

```
> db.fruitshop.insert({
    "_id":ObjectId(),
    "name": "apple",
    "qty" : 100,
    "records":[
    {"date":Date("2022-1-1"),"sales":10, "price":1.5},
    {"date":new Date(),"sales":12, "price":1.5},
    {"date":Date(),"sales":11, "price":1.5}]
})
```

其中，ObjectId()可以生成符合 BSON 要求的 ObjectID。

Date()函数可以将字符串格式转换为时间格式，如果无参数使用，则得到当前时间。类似的还有 new Date()和 ISODate()函数，这两个函数是等价的，也都可以返回当前时间，或将字符串格式转换为时间格式，但它们和 Date()函数的时间格式不同，是一种被称为 ISODate 的时间格式。

```
> Date()
Thu Feb 24 2022 19:45:58 GMT+0800
> new Date()
ISODate("2022-02-24T11:46:02.961Z")
```

3.4.4　文档查询

读者在进行练习时，可以先用前面的语句重复插入一些数据，数据格式可以是相似但不相同的。实际查询效果和插入的数据有关。

1．基本语法

使用 find 语句进行查询。不加参数执行，可返回当前集合的全部文档：

```
db.<collection>.find()
```

如果只返回一个文档，可使用：

```
db.<collection>.findOne()
```

2．条件查询

可以在 find 语句中加入查询条件，典型语法为：

```
> db.<collection>.find({
        <field1> :{<operator1>:<value1>},
        <field2> :{<operator2>:<value2>},
…})
```

其中<field>表示字段，<value>表示值，<operator>表示操作符。MongoDB 中的操作符以$开头，多达数十种，包括比较、逻辑等多个门类，可以应用于不同的场景和语句当中。

（1）常见的比较操作符。

$eq/$ne：等于/不等于（以下两条语句是等价的）。

```
> db.fruitshop.find({"name":{$eq:"apple"}})
> db.fruitshop.find({"name":"apple"})
```

$gt/$lt/$gte/$lte：大于/小于/大于等于/小于等于。例如显示 qty 字段大于 7 的文档：

```
> db.fruitshop.find({"qty":{$gt:7}})
```

显示 qty 字段在(70,150)的文档（以下两条语句是等价的）：

```
> db.fruitshop.find({"qty":{$gt:70},"qty":{$lt:150}})
> db.fruitshop.find({"qty":{$gt:70, $lt:150}})
```

$not：非条件。显示 qty 字段不在(70,150)的文档：

```
> db.fruitshop.find({"qty":{$not:{$gt:70, $lt:150}}})
```

用区间方式实现类似的逻辑：

```
> db.fruitshop.find({"qty":{$lt:70},"qty":{$gt:150}})
```

首先，注意边界条件，即$gt 和$gte 的区别。

其次，$not 认为字段不存在也是符合匹配条件的，但区间条件会过滤该情况。例如对于文档：

```
{"name" : "apple", "count" : 100 }
```

上面的$not 语句会显示该文档，但在区间条件下不会显示。

$in/$nin：存在于/不存在于。例如，显示 name 字段为数组中内容的文档：

```
> db.fruitshop.find({"name":{$in:["apple","cherry","orange"]}})
```

（2）常见的逻辑操作符。

常见的逻辑操作符有"与"（$and）、"或"（$or）、"非"（$nor/$not）等，利用这些操作符可以实现组合条件查询，下面通过实例进行讲解。

查询同时满足两个不同条件的文档（以下两条语句是等价的）：

```
> db.fruitshop.find({$and:[{"name":"apple"},{"place.city":{$ne:"chengdu"}}]})
> db.fruitshop.find({"name":"apple","place.city":{$ne:"chengdu"}})
```

注意 place.city 表示对嵌套文档的访问，即使用 place 中的子文档 city 字段作为查询条件。

```
{"name": "apple","place": {"province": "shandong", "city": "yantai" }}
```

查询两个条件满足其一的文档：

```
> db.fruitshop.find({$or:[{"name":"apple"},{"place.city":{$ne:"chengdu"}}]})
```

查询两个条件同时不满足的文档：

```
> db.fruitshop.find({$nor:[{"name":"apple"},{"place.city":{$ne:"chengdu"}}]})
```

3．返回结果控制

可以利用 pretty、sort、limit、skip 等子句对查询结果的显示进行控制。

pretty 子句会以多行方式显示结果，易于直接阅读。对于同一文档的显示，使用 pretty 子句与不使用 pretty 子句的对比如下：

```
> db.fruitshop.find()
{ "_id" : ObjectId("62125a20b768f4b30675942d"), "name" : "apple", "tags" : "red",
"qty" : 10, "pricelist" : [ 1.5, 1.8, 1.7 ] }
>  db.fruitshop.find().pretty()
{
        "_id" : ObjectId("62125a20b768f4b30675942d"),
        "name" : "apple",
        "tags" : "red",
        "qty" : 10,
        "pricelist" : [
                1.5,
                1.8,
                1.7
        ]
}
```

sort 子句能对显示结果进行排序。

```
db.fruitshop.find().sort({"name":1})
```

其中""name":1"表示对 name 字段进行升序排列，""name":-1"则为降序排列。

limit 子句用于限制返回结果的数量，skip 子句用于跳过指定数量的结果。

```
> db.fruitshop.find().limit(10)
 db.fruitshop.find().limit(10).skip(1)
```

上面的语句表示：跳过结果中的第一个文档，从第二个开始显示，结合 limit 子句的效果为显示集合中的第 2—11 条结果数据。limit 和 skip 子句的顺序对显示结果没有影响。

find 语句还可以对返回字段进行约束，例如下面两条语句：

```
> db.fruitshop.find({},{"name":1,"qty":1 })
> db.fruitshop.find({"name":"apple"},{"name":1,"qty":1 })
```

语句参数中，第一个对象{}为条件查询，全部查询则为空。第二个对象为显示字段控制，可以为 0 或 1。1 表示显示这个字段，0 表示排除这个字段。一般情况下选项 1 和 0 不可混用，即要么做"白名单"，要么做"黑名单"。但_id 字段例外，该字段默认显示，无论将其他字段设置为 0 还是 1，均可以将_id 设置为 0。参考下面的示例：

```
> db.fruitshop.find({"name":"apple"},{"name":1,"qty":1 })
{ "_id" : ObjectId("62125a20b768f4b30675942d"), "name" : "apple", "qty" : 10 }
{ "_id" : ObjectId("62125a9bb768f4b30675942e"), "name" : "apple", "qty" : 10 }
```

```
{ "_id" : ObjectId("62125a9fb768f4b30675942f"), "name" : "apple", "qty" : 10 }
> db.fruitshop.find({"name":"apple"},{"_id":0,"name":1,"qty":1 })
{ "name" : "apple", "qty" : 10 }
{ "name" : "apple", "qty" : 10 }
{ "name" : "apple", "qty" : 10 }
```

4. 字段枚举

字段枚举使用 distinct()方法，语法较为简单，示例语句和效果如下：
```
> db.fruitshop.distinct("name")
[ "apple", "banana" ]
```
输出为 name 字段的枚举值数组。

distinct()方法还可以添加比较条件，例如：
```
> db.fruitshop.distinct("name",{"qty":{$gt:7}})
```

5. 计数

计数可以采用下面的语句：
```
> db.<collection>.count(<query> ,<options> )
```
其中<query>和 find 语句中的各种查询条件是相同的。<options>可以对输出内容进行控制，例如利用 limit 条件设置最大计数限制：
```
> db.fruitshop.count({"name":"apple"},{limit:10})
```
如果需要对集合中的全部文档数量进行快速估计，还可以使用：
```
> db.<collection>.estimatedDocumentCount()
```
该语句实际并不会进行计数，而是会根据元数据返回（估算）相应的数量，因此速度很快。

6. 空值和缺失字段处理

null 代表空值，例如执行如下插入：
```
> db.fruitshop.insert({"name" : null, "tags" : "blue", "qty" : 0, "pricelist" :
[ null, null, null]})
```
采用下面两行的条件查询语句都可以命中插入的文档：
```
> db.fruitshop.find({"name": null})
> db.fruitshop.find({"pricelist":null})
```
显示不存在某个字段的文档，下面两条语句是等价的：
```
> db.fruitshop.find({"season": null})
> db.fruitshop.find({"season": {$exists: false}})
```
上面两条语句会命中之前插入的所有文档，因为所涉及字段并不存在。

此外，还可以利用$isNumber 和$type 操作符对字段格式进行过滤。

7. 分页显示与游标（Cursor）

当需要显示的文档结果太多时，find 语句默认会进行分页显示。下面举例说明效果。

利用 JavaScript 语句向集合 testcol 中插入 1000 条实验数据：
```
> db.for(var i = 0;i<1000;i++){
```

```
db.testcol.insert ({"item1":new Date,
                    "item2":"ok",
                    "item3":i,
                    "item4": ["yes","no"]});}
```

其中 new Date（或者用 new Date()）表示向 item1 插入时间戳字符串。

执行查询语句后，会发现系统每次只返回 20 条左右的结果，并提示"Type "it" for more"，输入 it 后继续显示后续结果，效果如下（显示内容进行了省略）：

```
> db.testcol.find({},{"_id":0,"item1":1})
{ "item1" : ISODate("2022-02-20T18:21:47.653Z") }
{ "item1" : ISODate("2022-02-20T18:21:47.653Z") }
{ "item1" : ISODate("2022-02-20T18:21:47.654Z") }
{ "item1" : ISODate("2022-02-20T18:21:47.654Z") }
{ "item1" : ISODate("2022-02-20T18:21:47.654Z") }
{ "item1" : ISODate("2022-02-20T18:21:47.655Z") }
...
Type "it" for more
> it
{ "item1" : ISODate("2022-02-20T18:21:47.660Z") }
{ "item1" : ISODate("2022-02-20T18:21:47.660Z") }
{ "item1" : ISODate("2022-02-20T18:21:47.661Z") }
{ "item1" : ISODate("2022-02-20T18:21:47.661Z") }
...
```

如果首先执行：

```
> DBQuery.shellBatchSize = 10
```

则每次只会返回 10 条结果。

如果希望能够从集合中进行逐个取值，可以先利用下面的方法定义游标（该语句不会产生输出）：

```
> var cursor = db.testcol.find()
```

（依次）读取游标的下一个值：

```
> cursor.next()
```

查看该游标是否还有值（是否已到末尾）：

```
> cursor.hasNext()
```

返回结果为 true 或 false。

3.4.5　文档更新

1. 基本语法

文档更新分为单个和多个两种情况，涉及命令有：

```
> db.<collection>.update((<query> , <update> , <options> )
> db.<collection>.updateOne(<query> , <update> , <options> )
> db.<collection>.updateMany(<query> , <update> , <options> )
> db.<collection>.replaceOne(<query> ,<replacement> ,<options> )
```

update 相当于 updateOne 和 updateMany 的功能之和，在默认情况下相当于 updateOne。参数中，<query>表示匹配条件，语法和 find 语句的基本一致；<update>表示更新方式；

<options>则为附加选项，常用的有 upsert 和 multi 两个参数。

下面举例说明语句效果。

在 fruitshop 集合中插入两条数据（可重复插入多次）：

```
> db.fruitshop.insert([{
    "name": "apple",
    "tags": "red",
    "qty": 100,
    "pricelist": [1.5,1.8,1.7]} ,
{
    "name": "cherry",
    "tags": "pink",
    "qty": 50,
    "pricelist": [2.9,2.8,2.7]
}])
```

对已有字段进行更新，示例如下（后两条语句是等价的）：

```
> db.fruitshop.updateOne({"name":"apple"},{$set:{"qty":100}})
> db.fruitshop.updateMany({"name":"apple"},{$set:{"qty":100}})
> db.fruitshop.update({"name":"apple"},{$set:{"qty":100}},{multi:true})
```

第一条语句将查询到的 name 为"apple"的第一个文档，用$set 操作符将 qty 字段更新为 100。后两条语句则更新所有匹配的数据。注意，如果使用 update 语句更新多个文档，需要在<options>中加入 multi:true 条件。

此外，<options>中的 upsert 参数表示：如果找到匹配的文档则进行更新，如果没找到匹配的文档则进行插入。例如：

```
> db.fruitshop.update({"name":"melon"},{$set:{"qty":122}},{upsert:true})
```

执行结果类似于：

```
WriteResult({ "nMatched" : 0, "nUpserted" : 1, "nModified" : 0 })
```

nMatched 表示符合<query>条件的文档数量，nUpserted 表示更新过程中插入的文档数量，nModified 表示语句更新的文档数量。

如果当前不存在匹配的数据，语句会新建一条数据，只包含 name 和 qty 两个字段：

```
{ "_id" : ObjectId("62178046f56bb1f3f8172f7f"), "name" : "melon", "qty" : 122 }
```

如果在更新方式中，出现原本不存在的字段，则语句会新建该字段（以下两条语句等价）：

```
> db.fruitshop.updateOne({"name": "apple"}, {$set: {"qty": 50},$currentDate:
{"stamp": true}})
> db.fruitshop.update({"name": "apple"}, {$set: {"qty": 50},$currentDate:
{ "stamp": true}})
```

语句的修改内容包括更新已存在的 qty 字段，以及利用$currentDate 操作符向 stamp 字段（如果字段存在则更新，如果不存在则新建）写入当前时间戳。注意，该操作和 upsert 参数的区别在于，一个是建立新文档，另一个是在匹配文档上建立新字段。

2．常用操作符

<update>中常用的操作符如下。

$set：将字段设置为一个新值，可在一个{ }对象中为多个对象赋值，此时字段之间需要用逗号隔开（后面操作的语法也是如此）。

$inc：将数值型字段增加指定的数值，可在一个{ }对象中设置多个字段增加不同数值。

$mul：将数值型字段乘指定的数值，可在一个{ }对象中设置多个字段乘不同数值。

$max/$min：数值型字段中，如果待修改字段的数值小于/大于该值，则将数值进行修改。

$currentDate：将字段设置为当前时间戳字符串。

$rename：将字段改名，可在一个{ }对象中为多个字段改名。

$unset：删除指定字段，可在一个{ }对象中删除多个字段。

下面通过几条依次执行的语句对操作符进行说明（注意 updateOne 语句本身的限制）：

```
> db.fruitshop.updateOne({"name":"cherry"},{$set:{"qty":100}})
> db.fruitshop.updateOne({"name":"cherry"},{$inc:{"qty":3}})
> db.fruitshop.updateOne({"name":"cherry"},{$mul:{"qty":3}})
> db.fruitshop.updateOne({"name":"cherry"},{$max:{"qty":400}})
> db.fruitshop.updateOne({"name":"cherry"},{$min:{"qty":300}})
> db.fruitshop.updateOne({"name":"cherry"},{$rename:{"qty":"count"}})
> db.fruitshop.updateOne({"name":"cherry"},{$unset:{"count":""}})
```

上述语句中，$set 将文档中匹配文档的 qty 字段修改为 100；$inc 将其修改为 103；$mul 将其修改为 309；$max 将其修改为 400；$min 将其修改为 300；$rename 将字段改名为 count（该字段会被移到文档最后）；$unset 删掉了 count 字段。

如果需要整体替换文档，可以使用 replaceOne 语句。

```
> db.<collection>.replaceOne(<query> ,<replacement> ,<options> )
```

该语句会将满足匹配条件的一个文档进行替换。其中<query>是匹配条件，<replacement>是替换的文档。<options>中可以使用 upsert 参数，效果和之前描述的相同。例如：

```
> db.fruitshop.replaceOne({"name":"apple"},{"name":"orange"})
```

结果第一个 name 字段为"apple"的文档被替换为：

```
{ "_id" : ObjectId("6213ad7ddce4efca8f2aec63"), "name" : "orange" }
```

3.4.6 文档删除

文档删除的语句如下：

```
> db.<collection>.remove(<query> )
> db.<collection>.deleteMany(<query> , <options> )
> db.<collection>.deleteOne(<query> , <options> )
```

<query>即为删除条件（即文档查询条件），<options>一般可以忽略。deleteMany 语句与 deleteOne 语句的差别即删除多个或一个文档。

示例语句和执行结果如下：

```
> db.fruitshop.deleteOne({"name": "cherry"})
{ "acknowledged": true, "deletedCount" : 1 }
> db.fruitshop.deleteMany({"name": "apple"})
{ "acknowledged" : true, "deletedCount" : 7 }
```

语句的差别可以从返回结果中的 deletedCount 看出。

3.4.7 写操作及返回信息

随着版本的演进，MongoDB 中的增、删、改操作存在两种风格的语句，一种是 insertOne/insertMany、updateOne/updateMany 和 deleteOne/deleteMany；另一种是 insert、update 和 remove。

为方便描述，暂时称为"One/Many 风格"和"简单风格"。两种风格的返回信息存在区别，以文档插入为例：

```
> db.fruitshop.insertOne(doc1)
{
        "acknowledged" : true,
        "insertedId" : ObjectId("621256b19da1a8c2cec5a721")
}
> db.fruitshop.insert(doc1)
WriteResult({ "nInserted" : 1 })
> db.fruitshop.insertMany([doc1,doc2])
{
        "acknowledged" : true,
        "insertedIds" : [
                ObjectId("621257449da1a8c2cec5a723"),
                ObjectId("621257449da1a8c2cec5a724")
        ]
}
> db.fruitshop.insert([doc1,doc2])
BulkWriteResult({
        "writeErrors" : [ ],
        "writeConcernErrors" : [ ],
        "nInserted" : 2,
        "nUpserted" : 0,
        "nMatched" : 0,
        "nModified" : 0,
        "nRemoved" : 0,
        "upserted" : [ ]
})
```

"简单风格"的语句会返回名为 WriteResult 或 BulkWriteResult 的固定对象，但不同操作返回的字段数量不同，这些字段如下。

nInserted：表示进行插入时，实际插入的文档数量。

nUpserted：表示进行条件更新时，"匹配则更新，不匹配则插入"策略下的文档插入数量。

nMatched：表示进行条件更新时，集合中符合匹配条件的文档数量。

nModified：表示进行更新时，实际修改的文档数量。

nRemoved：表示删除的文档数量，主要用于删除和批量删除。

upserted：表示条件更新下，被插入文档的信息列表。

其他还包括一些出错信息等。

"One/Many 风格"的语句会返回一个操作成功标志（acknowledged），其他信息则和具体操作有关，例如插入语句返回插入文档的"_id"，但更新操作也会返回匹配和修改的文档数量。

通过编程方式操作数据时，这些返回信息都可以获取。

从 MongoDB 的官方网站来看，其在线文档将"One/Many 风格"语句放在更显著的位置。此外，在 Python 语言的类库（pymongo）中，只提供了"One/Many 风格"的函数。

3.4.8　批量写机制

批量写（Bulk Write）机制允许客户端一次性向单表写入大量数据。这种机制不需要每写入一个文档就向客户端进行确认，因此效率更高。这里的写操作包括插入、更新和删除。

批量写的语句示例为：

```
> db.<collection>.bulkWrite([
    {insertOne: {…}},
    {updateOne: {…}},
    {deleteOne : {…}},
])
```

bulkWrite 语句可以一次性插入多个不同类型的增、删、改操作，因此 bulkWrite 语句比 updateMany、deleteMany 等语句更灵活一些。

3.4.9　管道聚合

管道聚合可以实现很多数据处理和统计功能，并且随着 MongoDB 的不断更新，其功能也越来越丰富。这代表了 NoSQL 的一种发展趋势，即 NoSQL 不满足于仅仅做大数据查询工具，也要做大数据处理工具。

管道聚合通过 aggregate 语句实现，支持多种匹配、处理和输出方式。语法为：

```
> db.<collection>.aggregate([{operator},{operator},{operator},…])
```

管道聚合操作中的前一条子句的处理结果可作为后一条子句的输入，从而实现管道化的顺序处理。管道聚合语句的输出为一组新的文档，可以将这些文档存入集合。

语法中的 {operator} 即管道，由管道操作符和相应参数构成。常见的管道操作符包括 $group、$project、$match、$sort、$limit 和 $skip 等。

需要注意的是，管道聚合是一种强大但烦琐的操作，在使用中可能构建出很长的聚合语句，语句中可能包含各式各样的括号嵌套，此时应特别注意括号的匹配。在实际操作时，很多报错都是由于括号匹配错误导致的。

下面仍以前文使用的 fruitshop 集合为例，对常见的管道聚合操作进行介绍。读者在进行实践时，可以根据前面章节的内容酌情增、删一些数据，最终显示效果和数据插入情况有关。

1．$group 与分组计数

$group 表示分组，聚合示例语法如下：

```
> db.fruitshop.aggregate({"$group": {"_id": "$name", "num": {"$sum":"$qty"}}})
```

语句的输出结果为一组文档，文档定义了 _id 和 num 两个字段。

```
{ "_id" : "cherry", "num" : 25 }
{ "_id" : "apple", "num" : 50 }
```

_id 字段为分组条件，其值为 fruitshop 集合中 name 字段的枚举值。num 字段的结果为对 fruitshop 集合中的 qty 字段进行（分组）求和（$sum）所得的值。

上面的语句如果用关系型数据库中的 SQL 语句类比，则类似于：

```
select name, count(*) as num from fruitshop group by name
```

$name 和 $qty 的写法表示并不是要把这两个字符串赋值给输出文档的 _id 和 num 字段，

而是要用字段中的内容赋值。如果去掉$，则聚合语句输出文档的_id 就会变成字符串"name"，num 字段会变成对字符串"qty"求和，且由于无法对字符串求和，因此输出 0，效果如下：

```
> db.fruitshop.aggregate({"$group": {"_id": "name", "num": {"$sum":"qty"}}})
{ "_id" : "name", "num" : 0 }
```

2．$match 与文档匹配

$match 表示聚合的匹配条件：

```
> db.fruitshop.aggregate({$match:{name:"banana"}},{$group:{_id:"$name", num:
{$sum: 1}}})
```

{$sum:1}表示"对 1 求和"，因此该语句实际为进行匹配和分组计数。结果为：

```
{ "_id" : "banana", "num" : 5 }
```

在上面的语句中，$group 的输入是$match 的结果，体现了顺序处理，即"管道"的概念。

在$match 中可以加入范围条件，例如：

```
> db.fruitshop.aggregate({$match:{"qty":{$gt:70,$lt:150}}})
```

该语句和下面的查询语句效果相同。

```
> db.fruitshop.find({"qty":{$gt:70, $lt:150}})
```

此外，以上面几条语句为例，解释两个格式问题。

（1）严格来说，所有语句中，字段名和操作符都应用引号标注，单、双引号都可以。但在很多语句中，省略字段名和操作符的引号并不会报错。

（2）从 aggregate 的语法来看，应该将每个操作放入方括号之内，并用逗号隔开，但实际在命令行客户端下，忽略方括号可能并不会报错。

上述格式问题均在 MongoDB 4.4 环境中讨论。

3．$set 与字段赋值

$set 表示进行字段赋值，如果字段不存在则新建字段。

```
> db.fruitshop.aggregate([{$set:{newitem:1}}])
```

显示结果类似于：

```
{ "_id" : ObjectId("6213ad7ddce4efca8f2aec63"), "name" : "apple", "tags" : "red",
"qty" : 10, " pricelist" : [ 1.5, 1.8, 1.7 ], "newitem" : 1 }
```

注意，聚合语句中的$set 是构造并输出新文档，这和更新语句中的$set 不同，更新语句中是将原有的文档进行修改。

$set 还可以和一些运算操作符结合使用，例如：$add/$subtract/$multiply/$divide（加、减、乘、除）。

```
> db.fruitshop.aggregate([{$set: {newitem: {$add: ["$qty", "$qty"]}}}])
> db.fruitshop.aggregate([{$set: {newitem: {$subtract: ["$qty", 1]}}}])
```

类似的运算操作符还有$log、$pow（指数计算）、$mod（求余数）、$round（取整/保留小数）等。

一些运算操作符使用单个参数，例如$exp（计算字段数值的以 e 为底的指数）：

```
> db.fruitshop.aggregate([{$set: {newitem: {$exp: ["$qty"]}}}])
```

类似的运算操作符还有$abs（求绝对值）、$ln（求自然对数）/$log10、$sqrt（开平方）等。

4. 显示控制

$sort 表示排序，示例语句和执行结果如下：

```
> db.fruitshop.aggregate({$group: {_id: "$name", num: {$sum: "$qty"}}},{$sort:
{num:1}})
{ "_id" : "cherry", "num" : 25 }
{ "_id" : "apple", "num" : 50 }
> db.fruitshop.aggregate({$group: {_id: "$name", num: {$sum: "$qty"}}},{$sort:
{num:-1}})
{ "_id" : "apple", "num" : 50 }
{ "_id" : "cherry", "num" : 25 }
```

$sort 子句对前面聚合结果中的 sum 字段进行排序，参数中的 1 表示升序，-1 表示降序。

$limit 和$skip 表示限制显示结果，以及略过返回结果的前几项。示例语句如下：

```
> db.fruitshop.aggregate([{$limit:2},{$skip:1},{$group:{_id:"$name",num:{$sum:1}}}])
```

语句依次执行$limit 和$skip 之后，再对剩余文档进行分组计数。

$project 表示对显示结果字段进行调整，利用 1 和 0 实现显示开关。示例语句如下：

```
> db.fruitshop.aggregate([{$match: {name: "apple"}},{$project: {_id:0,"name":1,
"qty":1 }}])
```

语句效果和下面 find 语句的相同。

```
> db.fruitshop.find({"name":"apple"},{_id:0,"name":1,"qty":1})
```

类似的效果还可以用$unset 实现，例如：

```
> db.fruitshop.aggregate([{$match: {name: "apple"}},{$unset:["_id"]}])
```

注意$unset 的语法特点：参数为"[ ]"包含的数组（可以包含多个字段）。

5. 聚合运算

（1）$sum/$avg：求和/求均值，它们的语法是类似的。如果对非数字型字段使用，会返回 null。

（2）$min/$max：返回一个极小/极大值。示例语句如下：

```
> db.fruitshop.aggregate([{$group : {_id : "$name", num : {$max:"$qty"}}}])
```

（3）$first/$last：返回第一个/最后一个文档的字段数据。如果没有进行过排序，则按原始顺序取数。例如：

```
> db.fruitshop.aggregate([{$group:{_id :"$name",num:{$first:"$qty"}}},{$sort:
{num: 1}}])
```

（4）$push：将数值插入一个数组中。例如：

```
> db.fruitshop.aggregate([{$group : {_id : "$name", alist: {$push: "$qty"}}}])
```

语句首先以 name 字段为条件进行分组。$push 子句说明输出字段中的 alist 字段为一个数组，数组的每一项为该组中一个文档的 qty 字段取值。输出结果类似于：

```
{ "_id" : "apple", "alist" : [ 100, 100, 100, 100, 100 ] }
{ "_id" : "cherry", "alist" : [ 50, 50, 50, 50, 50 ] }
```

注意，$min、$max 和$push 必须与$group 联合使用。

6. $out 结果输出

将聚合结果写入新的集合。例如：

```
> db.fruitshop.aggregate([{$group : {_id : "$name", num: {$sum: "$qty"}}}, {$out: {db: "testdb", coll: "col_agg"}}])
```

其中$out 子句中的 db 表示数据库名，coll 表示集合名。这个集合可以是存在的，也可以是不存在的。

7. $unwind 管道

$unwind 是一个较特殊的操作符，作用是把一个数组拆分为多个值，这样会将一个文档拆分为多个文档。例如：

```
> db.fruitshop.aggregate([{$unwind:"$pricelist"}])
```

如果存在如下所示的一个文档：

```
{ "_id" : ObjectId("6213ad84dce4efca8f2aec6c"), "name" : "cherry", "tags" : "pink", "count" : 5, "pricelist" : [ 2.9, 2.8, 2.7 ] }
```

将被转换为：

```
{"_id" : ObjectId("6213ad84dce4efca8f2aec6c"), "name": "cherry", "tags": "pink", "qty": 5, "pricelist": 2.9 }
{"_id" : ObjectId("6213ad84dce4efca8f2aec6c"), "name": "cherry", "tags": "pink", "qty": 5, "pricelist": 2.8 }
{"_id" : ObjectId("6213ad84dce4efca8f2aec6c"), "name": "cherry", "tags": "pink", "qty" : 5, "pricelist": 2.7 }
```

注意，结果中 3 个文档的_id 都是一样的，如果需要将其输出到集合，建议不要输出_id 字段，由系统自动生成新的_id，如：

```
> db.fruitshop.aggregate([{$unwind: "$pricelist"}, {$project: {_id:0,"name": 1,"count": 1, "pricelist": 1}},{$out: {db: "test", coll: "col_unwind"}}])
```

3.4.10 索引机制

建立索引可以提高查询效率。默认情况下，MongoDB 会为_id 建立唯一索引，但该索引不能提升查询效率。MongoDB 支持对一个或多个字段建立索引。

1. 单字段索引

建立索引的语法为：

```
> db.<collection>.createIndex(<key and index type specification> , <options> )
```

示例语句为：

```
> db.fruitshop.createIndex({"name":1})
> db.fruitshop.createIndex({"name":1}, {"name": "name_index", "background": true })
```

在{"name":1}的内容中，前者为字段名（key），后者为索引类型（index type），1 表示升序，-1 表示降序。第一条语句没有设置索引的名称，系统会为其自动命名，例如"name_1"。background 表示在后台建立索引。<options>中其他常用的可选参数如下。

unique：布尔型，表示是否建立唯一索引，默认为 false。

dropdups：布尔型，表示是否删除重复记录，默认为 true。

weights：整型，取值为 1～99999，表示和其他索引相比较时的权重。

上述两条语句的执行效果相同：

```
{
        "createdCollectionAutomatically" : false,
        "numIndexesBefore" : 1,
        "numIndexesAfter" : 2,
        "ok" : 1
}
```

可以看出，在建立索引之前已经存在一个索引（numIndexesBefore），即 _id 字段的默认索引，执行语句后多了一个索引（numIndexesAfter）。此外，如果为一个不存在的集合创建索引，则语句会自动创建集合，执行结果中 createdCollectionAutomatically 字段会显示为 true，否则为 false。

此时，如果条件查询中包含 name 字段，则该索引会生效。例如：

```
> db.fruitshop.count({"name":"apple"})
> db.fruitshop.find({"name":"apple"}).sort({"qtr":1})
```

在建立索引时，如果完全相同的索引已经存在，则语句不会有任何效果。但依次执行以下语句：

```
> db.fruitshop.createIndex({"name":1})
> db.fruitshop.createIndex({"name":-1})
```

这会建立两个索引，效果相似但互不影响。

2. 复合索引

MongoDB 还支持对多个字段建立复合索引，最多可以选择 31 个字段；而对于同一个集合，可以最多建立 64 个索引。示例如下：

```
> db.fruitshop.createIndex({"name":1, "tags":1, "qty":-1},{"name": "myindex"})
```

该复合索引并不会和之前单独为 name 字段建立的索引产生冲突。

注意，复合索引中的字段存在顺序关系。该索引会在查询"前缀字段"时生效，"前缀字段"包含下面 3 种组合：name 字段、name+tags 字段、name+tags+qty 字段。

索引也可以支持对 name+qty 字段的组合查询，但此时 qty 字段不满足"前缀字段"条件，只有 name 字段会用到索引，因此查询效率会降低。如果仅对 tags、qty 或二者的组合进行查询，则索引无法发挥作用（称为"后缀字段"）。

如果想对查询结果进行排序，还要求排序结果必须和索引中相关字段的顺序完全相同或完全相反，否则索引无法得到索引的支持。例如，以下两种排序策略均可得到复合索引的支持。

```
db.fruitshop.find().sort( { "name": 1, "tags": 1 } )
db.fruitshop.find().sort( { "name": -1, "tags": -1 } )
```

但下面的查询语句不能得到复合索引的支持：

```
db.fruitshop.find().sort( { "name": -1, "tags": 1 } )
```

复合索引的生效情况，还可以根据本小节后续的"索引效果度量"内容进行分析和验证。

3. 特殊属性的索引

MongoDB 还支持一些特殊属性的索引。

（1）稀疏索引：普通的索引会为空值和不存在的字段建立条目，稀疏索引则不会。如果文档格式比较自由、不同文档之间存储的字段差异较大（所谓的稀疏数据），则可以建立该索引。例如：

```
> db.fruitshop.createIndex({"name": 1 },{"sparse": true } )
```

（2）部分索引：仅对满足筛选条件的数据建立索引，好处是节省索引的存储开销。例如：

```
> db.fruitshop.createIndex({"name": 1 },{"partialFilterExpression": {"count": {$gt: 5}}})
```

（3）TTL（Time To Live），生存时间索引：一般是对 DATE 类型字段建立的单字段索引。TTL 索引会设置一个过期时间，并自动删除到期的文档，这在日志管理中非常有用。下面是语法举例：

```
> db.<collection>.createIndex( { "DateItem": 1 }, { "expireAfterSeconds": 3600 } )
```

假设语句中的 DateItem 是一个 DATE 类型的字段，expireAfterSeconds 则表示这是一个 TTL 索引，过期时间为 3600 s。

（4）隐藏索引：隐藏索引是 MongoDB 4.4 的一个新特性，隐藏是指该索引对于查询不可见（但索引的维护和约束仍然持续）。其目的在于，当用户希望删除一条索引时，可能担心索引删除后会引起查询性能大幅度下降，因此可以先将索引隐藏，如果产生了不良后果，则将其恢复，如果一切正常则再进行删除。

可以将普通索引变为隐藏索引：

```
> db.fruitshop.hideIndex("myindex")
```

使用下面的语句进行恢复：

```
> db.fruitshop.unhideIndex("myindex")
```

也以直接建立隐藏索引：

```
> db.fruitshop.createIndex({"name":1}, {"hidden": true })
```

（5）哈希索引：哈希索引一般是在数据分片后使用。当数据被切分并存储在不同节点时，利用哈希索引有助于用户更快定位数据所在的节点，从而提升查询效率。举例如下：

```
> db.testcollection collection.createIndex( { _id: "hashed" } )
```

注意，不能对列表字段建立哈希索引。

4. 索引的维护

查看集合的索引列表：

```
> db.<collection>.getIndexes()
```

示例和显示效果如下：

```
> db.fruitshop.getIndexes()
[
    {
        "v" : 2,
        "key" : {
            "_id" : 1
```

```
                },
                "name" : "_id_"
            },
            {
                "v" : 2,
                "key" : {
                    "name" : 1
                },
                "name" : "name_index"
            }
        ]
```

显示结果包含索引字段（key）和索引名称（name）。删除索引：

```
> db.<collection>.dropIndex(<index name>)
```

其中<index name>需要替换为实际的索引名称并加引号，如果建立索引时没有指定索引名称，需要通过 getIndexes()命令查询。

删除一个集合的所有索引（_id 索引不会被删除）：

```
> db.<collection>.dropIndexes()
```

利用下面的语句可以查询集合上所有索引的总大小：

```
> db.<collection>.totalIndexSize()
```

特别注意，建立索引会产生额外的处理和存储开销；如果在集群环境下建立和维护索引，还可能带来网络通信的开销和额外的故障风险。

5．索引效果度量

索引的设计策略与生效机制等是较为复杂的问题。为了更好地使用索引，可以通过以下几种方式查看索引的使用和生效情况。

（1）$indexStats 聚合。

```
> db.<collection>.aggregate({$indexStats:{}})
```

该语句会统计集合中所有索引的使用情况。类似下面展示的情况：

```
{ "name" : "_id_", "key" : { "_id" : 1 }, "host" : "DESKTOP-0CDTBT4:27017",
"accesses" : { "ops" : NumberLong(0), "since" : ISODate("2022-02-21T15:19:24.042Z") },
"spec" : { "v" : 2, "key" : { "_id" : 1 }, "name" : "_id_" } }
{ "name" : "name_1", "key" : { "name" : 1 }, "host" : "DESKTOP-0CDTBT4:27017",
"accesses" : { "ops" : NumberLong(2), "since" : ISODate("2022-02-21T20:02:07.600Z") },
"spec" : { "v" : 2, "key" : { "name" : 1 }, "name" : "name_1" } }
```

可以看出该集合有两条索引。第二条索引中，accesses 嵌套文档中的 ops 字段说明，第二条索引被使用了两次。

（2）解释执行。

解释执行是一种强大的操作优化辅助工具，不只用于度量索引。语句格式为：

```
> db.<collection>.explain().<method>
```

例子（对一个条件计数语句进行分析）如下：

```
> db.collection.explain().count({"name":"apple"})
```

在存在合适索引的情况下，语句的部分返回结果如下：

```
{
        "queryPlanner" : {
               "plannerVersion" : 1,
               "namespace" : "test.fruitshop",
                       ...
                              "indexName" : "name_1",
                              "isMultiKey" : false,
                              "multiKeyPaths" : {
                                     "name" : [ ]
                              },
                              "isUnique" : false,
                              "isSparse" : false,
                              "isPartial" : false,
                              "indexVersion" : 2,
                              "indexBounds" : {
                              ...
}
```

其中的 indexName 信息显示，查询语句利用到了名为"name_1"的索引。

3.5 复杂数据格式

3.5.1 数组和嵌套

嵌套是指文档中包含文档的情况，当文档中含有数组和嵌套时，增、删、改、查操作需要遵循一些规则。且对于嵌套文档，有一些针对性的建立索引的方法。

为方便说明，向 fruitshop 集合中插入如下数据：

```
> db.fruitshop.insert([
{"name": "apple",
   "tags": "red",
   "qty": 10,
   "place":{"province": "Shandong", "city": "qingdao"},
   "pricelist": [1.5,1.8,1.7],
   "records": [
       {"date":Date("2022-03-01"),"sales":10, "price":1.5},
       {"date":Date("2022-03-02"),"sales":12, "price":1.8},
       {"date":Date("2022-03-03"),"sales":11, "price":1.7}]},
{"name": "cherry",
   "tags": "pink",
   "place":{"province": "Sichuan", "city": "chengdu"},
   "pricelist": [2.9,2.8,2.7],
   "records": [
       {"date":Date("2022-03-01"),"sales":8, "price":2.9},
       {"date":Date("2022-03-02"),"sales":7, "price":2.8},
       {"date":Date("2022-03-03"),"sales":9, "price":2.7}]}
])
```

这两个文档中包含嵌套字段 place、数组字段 pricelist，以及嵌套数组字段 records。

1. 嵌套文档的处理

条件查询（完全匹配）的匹配条件写为文档形式：
```
> db.fruitshop.find({"place":{ "province" : "Shandong", "city" : "qingdao"}})
```
完全匹配包含文档中元素的顺序。对于前文插入的数据，下面的语句将无法匹配到结果。
```
> db.fruitshop.find({"place":{ "city" : "qingdao","province" : "Shandong"}})
```
对嵌套文档字段的条件查询：
```
> db.fruitshop.find({"place.city" : "qingdao"})
```
即查询条件只涉及嵌套文档中的 city 字段。

同理，也可以用这种方式对子文档的字段进行更新，例如：
```
> db.fruitshop.update({"place.city" : "qingdao"},{$set:{"place.province ":"SHAN
DONG"}})
> db.fruitshop.update({"place.city" : "qingdao"},{$unset:{"place.province":""}})
> db.fruitshop.update({"place.city" : "qingdao"},{$set:{"place.Prov":"SD"}})
```
第一条语句根据匹配条件修改了子文档字段的内容，第二条语句删除了这个修改的字段，第三条语句为子文档增加了一个字段 Prov。该语句的其他用法可以参考文档更新与聚合等内容。

2. 数组的处理

对数组字段进行查询，可以使用$all、$elemMatch、$slice 和$size 操作符。下面是一些示例。

已对列表字段 pricelist 以完全匹配的形式进行查询。
```
> db.fruitshop.find({pricelist:[1.5,1.8,1.7]})
```
显示 pricelist 包含指定元素的文档，注意指定元素不是以数组方式给出的。
```
> db.fruitshop.find({pricelist:1.5})
```
$all 显示 pricelist 包含所有指定元素的文档。
```
> db.fruitshop.find({pricelist:{$all:[1.5,1.6]}})
```
由于需要包含所有指定元素，因此该语句可能没有匹配的结果。

下面两条语句是等价的，只要 pricelist 中有一个元素满足比较条件，即可匹配。
```
> db.fruitshop.find({pricelist:{$gt:1.5}})
> db.fruitshop.find({pricelist:{$elemMatch:{$gt:1.5}}})
```
$slice 返回数组中的子集（前 2 个数值）：
```
> db.fruitshop.find({},{pricelist:{$slice:2}})
```
$size 对列表长度进行匹配。
```
> db.fruitshop.find({pricelist:{$size:3}})
```
下面介绍数组的更新方法：
```
> db.fruitshop.updateOne({"name":"apple"},{$set: {"pricelist.0": 2 }})
```
上面的语句将第一个匹配文档中的 pricelist 的第一个元素（序号从 0 开始）修改为 2。

如果不确定需要修改的值在数组中的位置，可以采用 "$" 通配符。
```
> db.fruitshop.updateOne({"pricelist": 1.8},{$set: {"pricelist.$": 2 }})
```

该语句会在数组字段 pricelist 中搜索 1.8，并将第一个匹配结果修改为 2。"pricelist.$" 表示无论匹配 pricelist 的第几个位置。

如果嵌套文档数组，如前文的 records 字段，可以采用如下形式进行更新：

```
> db.fruitshop.updateOne({"records.sales": 11},{$set: {"records.$.sales": 20 }})
```

即用$表示位置通配符，并且通过点的方式将更新延伸到嵌套文档中的字段。

如果需要对数组中的数值进行统一修改，例如将第一个匹配文档中 pricelist 的所有数值增加 0.5，可以采用 "$[]" 通配符。

```
> db.fruitshop.updateOne({},{$inc: {"pricelist.$[]": 0.5 }})
```

注意，如果将$inc 改为$set，则会将所有数值修改为 0.5。

$pop 从数组的开头或结尾删除一个值。

```
> db.fruitshop.updateOne({"name":"apple"},{ $pop: {"pricelist": 1}})
```

如果将{"pricelist": 1}改为{"pricelist": -1}，则从数组的开头删除。

$pull 将数组中满足条件的数值全都删除，条件可以采用多种比较操作符。

```
> db.fruitshop.updateOne({"name":"apple"},{ $pull: {"pricelist": {$gt:1.8}}})
> db.fruitshop.updateOne({"name":"cherry"},{ $pull: {"pricelist": {$in:[1.8,
2.8]}}})
```

$push 向数组结尾插入新值，使用$each 操作符可以依次插入多个值。

```
> db.fruitshop.updateOne({"name":"cherry"},{$push: {"pricelist": {$each: [2,
3]}}})
```

上面的语句中如果没有$each，则会将语句中的[2,3]作为一个整体插入数组中。

配合$position 操作符可以在指定位置插入数据。

```
> db.fruitshop.updateOne({"name":"cherry"},{$push: {"pricelist": {$each: [2,3],
$position: 0}}})
```

注意，$position 的位置从 0 开始计算，如果取-1，则表示在最后一个元素之前（而非数组结尾）。

配合$slice 关键字对数组长度进行限制。

```
> db.fruitshop.updateOne({"name":"cherry"},{$push: {"pricelist": {$each: [2,3],
$slice: 3}}})
```

当$push 完成插入之后，语句会根据$slice 的数值从数组结尾删除多余的值。如果$slice 的取值为负值，则从数组开头删除多余的值。

配合$sort 操作符可以实现结果排序，这通常用在嵌套文档数组中，以前文的 records 字段为例：

```
> db.fruitshop.updateOne({"name":"cherry"},{$push: {"records": {$each:[{'date':
Date ("2022-03-04"),'num':10, price:2.6}],$sort: { num: -1 }}}})
```

注意，$sort 必须和$each 配合使用，以数组方式插入文档，哪怕插入的文档只有一个。

此时相应文档的 records 会变成：

```
"records" : [
{ "date" : ISODate("2022-03-04T00:00:00Z"), "num" : 10, "price" : 2.6 },
{ "date" : ISODate("2022-03-03T00:00:00Z"), "num" : 9, "price" : 2.7 },
{ "date" : ISODate("2022-03-01T00:00:00Z"), "num" : 8, "price" : 2.9 },
{ "date" : ISODate("2022-03-02T00:00:00Z"), "num" : 7, "price" : 2.8 }]
```

即不再以原本的 ISODate 字段排序，而是以 num 字段排序。

类似的操作符还有$addToSet，向数组中插入一个值，但插入的值必须是数组中原本不存在的。

```
> db.fruitshop.updateOne({"name":"apple"},{$addToSet: {"pricelist": 2 }})
```

也可以配合$each 操作符依次插入多个值。但上面的语句如果执行两次，则第二次不会有效果，这是$each 和$push 的主要区别。

3. 嵌套索引和通配符索引

可以为嵌套文档创建如下两种形式的索引：

```
> db.fruitshop.createIndex({"place.province": 1 } )
> db.fruitshop.createIndex({"place": 1 } )
```

对于第一种索引，查询条件中包含 place.province，则索引即可生效。例如：

```
> db.fruitshop.find({"place.province": "Sichuan" }
> db.fruitshop.find({"place.province": "Sichuan" ,"place.city": "chengdu" } )
```

对于第二种索引，查询条件中将 place 作为一个整体时索引才会生效。例如：

```
db.testcollection.find({place: {province: "Sichuan",city: "chengdu" } } )
```

此外，在 MongoDB 4.2 以上的版本中还会支持一种新型索引格式，即通配符索引（Wildcard Index），以应对无模式带来的文档格式的不确定性。这种索引在嵌套文档中使用较多。

为方便演示，建立一个 testcol 集合，并插入文档：

```
> db.testcol.insert([
{"userdata": {"likes": ["dogs", "cats"]}},
{"userdata": {"dislikes": "pickles"}},
{"userdata": {"age": 45}},
{"userdata": "inactive"}])
```

不同记录中的 userdata 内容各不相同，没有规律。这种情况在实际应用中是可能出现的，例如某网站记录用户偏好，其数据来源很多，如浏览行为分析、合作网站的数据交换、多种在线问卷等。这也是 MongoDB 的无模式特性的体现。

这种情况下可以利用通配符"$**"，为 userdata 字段建立通配符索引。

```
> db.testcol.createIndex({"userdata.$**": 1})
```

下列查询可以利用到该索引。

```
> db.testcol.find({"userdata.likes": "dogs"})
> db.testcol.find({"userdata.dislikes": "pickles"})
> db.testcol.find({"userdata.age": {$gt: 30}})
> db.testcol.find({"userdata": "inactive"})
```

如果需要为全表建立通配符索引，可以使用下面的语句。

```
> db.testcollection.createIndex( { "$**" : 1 } )
```

3.5.2　全文检索

支持全文检索是 MongoDB 的一大特色。MongoDB 支持对字符串的检索以及建立对应的索引。

1. 全文索引

为方便演示，建立一个 avengers 集合，并插入文档：

```
> db.avengers.insert(
  [
    { _id: 1, name: "Robert Downey Jr.", role: "Tony Stark / Iron Man" },
    { _id: 2, name: "Chris Evans", role: "Steve Rogers / Captain America" },
    { _id: 3, name: "Mark Ruffalo", role: "Bruce Banner / The Hulk" },
    { _id: 4, name: "Chris Hemsworth", role: "Thor" },
    { _id: 5, name: "Scarlett Johansson", role: "Natasha Romanoff / Black Widow
" }
  ]
)
```

需要注意，插入语句为_id 字段进行了赋值，如果重复插入会发生主键冲突。

对字符串型（包括字符串数组型）的字段建立 text 型的全文索引：

```
> db.avengers.createIndex({"name":"text"})
```

全文索引可以针对多个字段建立，例如：

```
> db.avengers.createIndex({"name":"text","role":"text"})
```

注意，每个集合只能建立一个全文索引，多个全文索引会产生冲突，只能保留一个。

2. 全文检索

利用$text 和$search 可以对集合进行全文检索：

```
> db.avengers.find({$text:{$search:"Chris"}})
```

检索的字段和全文索引的建立方式有关，如果只对 name 字段建立全文索引，则全文检索不会对 role 字段生效。如果在没有建立全文索引的集合上执行全文检索，则会报错："text index required for $text query"。

检索文档，要求包含多个词语其中之一（词语之间是或的关系）：

```
> db.avengers.find({$text:{$search:"Chris Man"}})
```

返回结果为任意字段（取决于全文索引包含的字段）包含"Chris"或"Man"其中之一的文档。

```
{ "_id" : 4, "name" : "Chris Hemsworth", "role" : "Thor" }
{ "_id" : 2, "name" : "Chris Evans", "role" : "Steve Rogers / Captain America" }
{ "_id" : 1, "name" : "Robert Downey Jr.", "role" : "Tony Stark / Iron Man" }
```

下面的语句用"-"检索包含"Chris"，但不包含"Thor"的记录（"-"和后面的词语之间不能有空格）：

```
> db.avengers.find({$text:{$search:"Chris -Thor "}})
```

结果为（去除了包含"Thor"的文档）：

```
{ "_id" : 2, "name" : "Chris Evans", "role" : "Steve Rogers / Captain America" }
```

检索包含完整词组的记录（$search 条件中词语前后不要有空格）：

```
> db.avengers.find({$text:{$search:"\"Chris Hemsworth\""}})
> db.avengers.find({$text:{$search:"\"Tony Stark\""}})
```

全文检索默认是对大小写不敏感的，可以通过$caseSensitive 设置其对大小写敏感：

```
> db.avengers.find({$text:{$search:"chris",$caseSensitive: true}})
```

此时 "chris" 和 "Chris" 不能匹配。

3. 混合的索引与检索

将全文检索和普通查询相对比。普通查询时,只有当 name 字段中存在完整的 "Chris Evans" 时,才会被匹配:

```
> db.avengers.find({name: "Chris Evans"}})
```

也可以将全文检索和普通查询结合使用。下面的语句对 name 字段进行普通查询,并同时对 "America" 字符串进行全文检索,两个查询的条件必须同时满足:

```
> db.avengers.find({name: "Chris Evans",$text:{$search:"America"}})
```

为了提高上述查询的效率,也可以在建立全文索引时,将其建立为混合索引。

```
> db.avengers.createIndex({"name":1,"role":"text"})
```

这条语句为 name 字段建立了普通索引,为 role 字段建立了全文索引。注意,这条混合索引仍然属于全文索引,集合中存在其他全文索引时会报错。

4. 权重与评分

在为多个字段建立全文索引时,可以为每个字段设置权重(Weight),如下面的例子:

```
> db.avengers.createIndex({"name":"text","role":"text"}, {weights: {name: 10}})
```

没有赋值的字段权重默认为 1,权重的设置可能影响结果的评价和排序。

举例来说,先建立如下索引:

```
> db.avengers.createIndex({"name":"text","role":"text"}, {weights: {name: 10,role: 5}})
```

执行下面的查询语句:

```
> db.avengers.find({$text: {$search: "Chris Man"}},{score: {$meta: "textScore"}}).sort({"score": -1})
```

上面语句中的 score 字段,内容为{$meta: "textScore"},可以看作一个固定搭配,返回值是相关度评分。MongoDB 并没有详细说明评分细节,但根据评分可以实现排序和过滤等功能,这在返回结果过多时很有用。查询语句的返回结果为:

```
{ "_id" : 4, "name" : "Chris Hemsworth", "role" : "Thor", "score" : 7.5 }
{ "_id" : 2, "name" : "Chris Evans", "role" : "Steve Rogers / Captain America",
"score" : 7.5 }
{ "_id" : 1, "name" : "Robert Downey Jr.", "role" : "Tony Stark / Iron Man", "score" :
3.125 }
```

如果重新建立索引,改变字段权重:

```
> db.avengers.createIndex({"name":"text","role":"text"}, {weights:{name:5,role:10}})
```

此时对同一集合执行相同的查询语句,评分和排序都会发生变化:

```
{ "_id" : 1, "name" : "Robert Downey Jr.", "role" : "Tony Stark / Iron Man", "score" :
6.25 }
{ "_id" : 4, "name" : "Chris Hemsworth", "role" : "Thor", "score" : 3.75 }
{ "_id" : 2, "name" : "Chris Evans", "role" : "Steve Rogers / Captain America",
"score" : 3.75 }
```

5．其他特性

此外，全文索引也支持建立通配符索引。例如：

```
> db.<collection>.createIndex({"$**": "text"})
```

全文检索默认采用英文，也能够通过参数支持其他一些拉丁化语言，并且在建立索引时，可以根据语言类型实现"停用词"（在索引中去掉介词、冠词等没有意义的词）等，但目前不支持中文。

3.5.3 地理空间数据

支持地理空间数据也是 MongoDB 的一大特色。MongoDB 支持两种地理空间数据操作与索引方法。这两种方法没有官方名称，为了便于区别，本小节暂时将这两种方法称为球面方法和平面方法。

球面方法的数据格式为一种国际通用的地理空间格式，称为 GeoJSON，并且支持将地球作为一个球面（Sphere）进行操作。其索引形式称为 2dsphere 索引。

平面方法支持在传统的欧氏平面上建立位置坐标，并进行地理空间数据操作，这是 MongoDB 早期使用的地理空间数据操作方法，其索引形式称为 2d 索引。由于地球是球体，且纬度差异所代表的实际距离会随着纬度高低而不同，在欧式平面中的计算必然存在误差，但是当两点距离较近时误差较小，这种粗略的估算方法有利于快速返回结果。

1．GeoJSON 格式

从名称可以看出，GeoJSON 在 JSON 的基础上进行了定制。典型空间的表示方法为：

```
{ type: "Point", coordinates: [40, 5]}
{ type: "LineString", coordinates: [[40, 5], [41, 6]]}
{type: "Polygon", coordinates: [[[0, 0], [3, 6], [6 ,1 ], [0 ,0]]]}
```

其中 type 表示空间类型，包括点（Point）、线（LineString）和面（Polygon）。coordinates 描述了图形坐标，其中 Point 由一组坐标构成，LineString 由多个 Point 连接而成，Polygon（严格来说应该叫多边形）由 4 组以上的 Point 及之间的 LineString 依次围成。Polygon 应形成闭环，即第一个坐标和最后一个坐标是相同的。基于 GeoJSON 的多边形表示如图 3-5 所示。

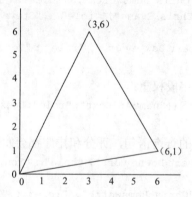

图 3-5　基于 GeoJSON 的多边形表示

除上述常见类型之类，type 还支持点集合（MultiPoint）、线集合（MultiLineString）、面集合（MultiPolygon）以及地理信息类型（GeometryCollection），其中一个 GeometryCollection 集合可包含若干点、线、面的集合。

下面是一个 GeometryCollection 示例，其中包含了一个点集合和一个线集合。

```
{
  type: "GeometryCollection",
  geometries: [
    {
      type: "MultiPoint",
      coordinates: [
        [ -73.9580, 40.8003 ],
        [ -73.9498, 40.7968 ],
        [ -73.9737, 40.7648 ],
        [ -73.9814, 40.7681 ]
      ]
    },
    {
      type: "MultiLineString",
      coordinates: [
        [ [ -73.96943, 40.78519 ], [ -73.96082, 40.78095 ] ],
        [ [ -73.96415, 40.79229 ], [ -73.95544, 40.78854 ] ],
        [ [ -73.97162, 40.78205 ], [ -73.96374, 40.77715 ] ],
        [ [ -73.97880, 40.77247 ], [ -73.97036, 40.76811 ] ]
      ]
    }
  ]
}
```

上文提到的英文单词均为固定用法，不能改变。此外，LineString 类型在坐标之外还有一层方括号，Polygon 类型在坐标之外还有两层方括号。使用时应注意格式准确。

MongoDB 使用 WGS84 参考系统对 GeoJSON 对象进行地理空间查询，这是一种基于球面（地球）的参考系统。结合实际的地球模型，参考系统中的坐标可以理解为经纬度，经度（Longitude）在前，数值在 $\pm180°$ 之间；纬度（Latitude）在后，数值在 $\pm90°$ 之间。

2．GeoJSON 数据的操作

为方便演示，新建 places 集合，并插入包含地理空间信息的文档数据。

```
> db.places.insertMany([
  {name: "Central Park",
    location: { type: "Point", coordinates: [-73.97, 40.77]},
    category: "Parks"},
  {name: "Sara D. Roosevelt Park",
    location: { type: "Point", coordinates: [-73.9928, 40.7193]},
    category: "Parks"},
  {name: "Polo Grounds",
    location: { type: "Point", coordinates: [-73.9375, 40.8303]},
    category: "Stadiums"}])
```

可以看出其中的 location 字段为一个嵌套内容，以 GeoJSON 格式描述了一个点位置。

如果需要查询该信息，则需要先建立地理空间索引，MongoDB 称之为 2dsphere 索引。

```
> db.places.createIndex({location: "2dsphere"})
```

其中 location 为字段名，2dsphere 为索引类型。每个集合只能有一个地理空间索引。

建立索引后，可以进行临近查询：

```
> db.places.find({
    location: {$near:
        { $geometry: { type: "Point",  coordinates: [ -73.9667, 40.78 ] },
          $minDistance: 1000,$maxDistance: 5000
        }}})
```

其中$near 表示检索临近的地方，$geometry 表示参考位置，$minDistance 和$maxDistance 表示距离限制，在实际经纬度环境下，距离限制的单位为 m，1000 m 即 1 公里。MongoDB 将自动计算（或估算）坐标之间的实际距离。和$near 相似的语句还有$nearSphere，它们在当前用例中的效果是相同的。

另一个例子是范围查询：

```
> db.places.find({location: { $geoWithin: { $geometry: { type : "Polygon" ,
coordinates: [ [ [ -70, 40 ], [ -70, 45 ], [ -75, 45 ], [ -75, 40 ] , [ -70, 40 ] ] ]}}}})
```

$geoWithin 表示范围查询，$geometry 中的信息为一个矩形，即查询该矩形范围内的点。

还可以使用聚合方法，例如：

```
> db.places.aggregate({
    $geoNear: {
        near: { type: "Point", coordinates: [ -73.99279 , 40.719296 ] },
        distanceField: "dist.calculated",
        maxDistance: 20,
        query: { category: "Parks" },
        includeLocs: "dist.location",
    }})
```

$geoNear 表示在一定条件下，按参考位置由远及近的顺序显示相关文档。该语句具有较多参数，这里用到的有如下几种。

near：参考点，用文档中的位置信息计算与该点的距离，该参数必须存在。

distanceField：（额外）输出的字段，这里输出了距离计算的结果，该参数必须存在。

maxDistance：可选参数，最大距离限制。

query：可选参数，匹配条件，这里的匹配条件为 category 的内容是 Parks。

语句的输出内容如下。输出文档前部为原集合中的文档，最后的 dist 字段中包含计算距离，这是由 distanceField 参数指定的。

```
{ "_id" : ObjectId("621514306a8b44730d664c74"), "name" : "Sara D. Roosevelt Park",
"location" : { "type" : "Point", "coordinates" : [ -73.9928, 40.7193 ] }, "category" :
"Parks", "dist" : { "calculated" : 0.9539931674131209 } }
```

3. 欧式平面中的地理空间操作

平面方法使用 MongoDB 早期版本（2.2 版本）采用的空间数据格式，和球面方法相比，它们的差异如下。

（1）平面方法采用与球面方法不同的数据格式，不是国际通用规范。

（2）平面方法中的索引形式称为 2d 索引，这种索引不支持 GeoJSON（需要使用前面介绍的 2dsphere 索引）。

（3）球面方法中的一些操作符可以混用（实际是继承自平面方法），比如$near，一些不可以混用，比如$nearSphere。平面方法中的指令即便是混用，也只是名称相同，内部原理存在差异。

（4）相比较而言，球面方法更加准确，且数据格式更加规范，MongoDB 官方鼓励使用这种方法。而平面方法相对简洁，存储开销略小，且 MonogDB 官方并未明确表示将会废弃该方法，因此其在小范围和精度要求不高的地方仍可以正常使用。

下面举一些简单的用例。

建立一个 geo_db 集合，并插入包含平面坐标的数据：

```
> db.createCollection("geo_db")
> db.geo_db.insert({"name" : "school", "loc" : [10,20]})
> db.geo_db.insert({"name" : "home", "loc" : [10,100]})
> db.geo_db.insert({"name" : "mall", "loc" : [100,100]})
> db.geo_db.insert({"name" : "park", "loc" : [10,25]})
```

其中最关键的是 loc 字段，内容为一个二维数组，即经纬度信息（经度在前，纬度在后）。

建立地理位置索引（2d 索引）：

```
> db.geo_db.createIndex({"loc" : "2d"})
```

返回文档，并根据距离排序，设定最大距离限制：

```
> db.geo_db.find({loc:{$near:[10,20],$maxDistance:50}})
```

返回结果为：

```
{ "_id" : ObjectId("5b26857f61143a93402fca29"), "name" : "school", "loc" : [ 10,
20 ] }
{ "_id" : ObjectId("5b26859d61143a93402fca2c"), "name" : "park", "loc" : [ 10,
25 ] }
```

查找一个矩形范围内的节点：

```
> db.geo_db.find({"loc":{"$within":{$box:[[1,1],[30,30]]}}})
> db.geo_db.find({"loc":{"$within":{$center:[[30,30],50]}}})
```

$within 表示在范围内，$box 表示查找矩形区域，参数[[1,1],[30,30]]可以看作矩形区域的对角线坐标。第二条语句中$center 表示查找圆形区域，参数[[30,30],50]表示圆心坐标和半径。

3.5.4　GridFS

MongoDB 中限制文档大小的上限为 16 MB。为了支持更大文档（数据）的存储，MongoDB 中提供了一个轻量级的分布式文件系统（或称为存储引擎）：GridFS。

GridFS 并非一个独立的分布式文件系统。GridFS 实际上是将文件拆分为文档（即分块存储，每个文档储存一个数据块），再将其存储到特定的集合当中。MongoDB 利用两个集合存储文件，一个集合是 files，存储文件和分块的元数据。files 集合的结构如下：

```
{
  "_id" :<ObjectId> ,
  "length" :<num> ,
  "chunkSize" :<num> ,
  "uploadDate" :<timestamp> ,
```

```
    "md5" :<hash> ,
    "filename" :<string> ,
    "contentType" :<string> ,
    "aliases" :<string array> ,
    "metadata" :<any> ,
}
```

从字段的英文名称可以看出，字段包括文档 ID、文档长度（单位为 B）、分块大小、（第一个分块的）上传时间、文件 MD5 校验值、文件名、MIME 类型、别名信息和其他元数据等。

另一个集合是 chunk，存储数据分块本身。chunk 集合的结构如下：

```
{
    "_id" :<ObjectId> ,
    "files_id" :<ObjectId> ,
    "n" :<num> ,
    "data" :<binary>
}
```

_id 为文档的唯一 ID，files_id 为文件 ID，n 为当前分块数值（从 0 开始计数），data 为实际数据。GridFS 的分块较小，默认为 255 KB，一般建议直接使用该数值（即 chunk 中"data"的大小），chunk 文档大小的上限仍为 16 MB。GridFS 为 chunk 建立索引以加快查询速度。而对于小于 16 MB 的文件，可以直接采用二进制（Binary）方式将其存储到文档中，而不使用 GridFS。

用户可以通过命令行使用命令行工具 mongofiles 操作 GridFS，无须关注实现细节。GridFS 提供了文件的上传、下载和查询等操作。但 mongo 和 compass 不能直接操作 GridFS。当前，mongofiles 没有包括在 MongoDB 的主体发布包中，需要到官网下载使用。

3.6　图形化客户端操作

MongoDB 提供了一个好用的图形化客户端 MongoDB Compass，使用它可以连接到任何网络位置的 MongoDB 服务实例，甚至包括 MongoDB Atlas（官方云服务）中的服务实例。使用 MongoDB Compass 可以非常直观、便利地进行数据库表管理，以及各类增、删、改、查操作，基本能够替代命令行客户端。

主要差别在于 MongoDB Compass 在进行查询和聚合时，使用的不是完整的语句，而是在界面中的不同位置填入碎片化的语句元素，这样理论上可以降低出现语法错误的风险，并且界面能够对操作符和关键字的使用方法进行提示。但对于熟悉命令行客户端操作的用户来说，这可能需要一段时间适应。

3.6.1　数据库和集合管理

该工具默认安装在当前用户的\AppData\Local\MongoDBCompass 目录下，可以通过开始菜单打开使用。其启动界面如图 3-6 所示。

图 3-6 中给出了默认连接字符串。如果本机以默认的服务方式安装了 mongod，且服务处于开启状态，则可以直接单击"Connect"进行连接。如果需要连接其他的服务端，则需要单

击 "Edit" 对连接字符串进行编辑。一般情况下，指名服务端的地址（IP 地址或域名）和端口即可，例如：

```
mongodb://localhost:27017
```

图 3-6　MongoDB Compass 的启动界面

连接到指定的服务端（mongod）后，可以看到图 3-7 所示的界面。图中左边显示主机、集群和版本信息，以及数据库列表，在该界面可以进行数据库的增、删。在初始情况下，数据库中包含几个默认数据库，其中 admin、config 和服务端的配置有关，不应写入用户数据。

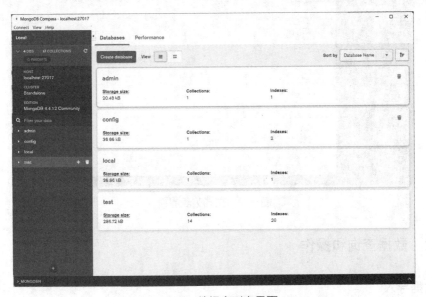

图 3-7　数据库列表界面

单击一个数据库，可进入该数据库的集合列表界面，如图 3-8 所示。此界面可以进行集合的增、删。该界面比较直观，用户根据按钮名称和英文提示进行相应操作即可。

图 3-8　集合列表界面

单击一个集合，进入图 3-9 所示的文档列表界面。这里可以进行具体文档的增、删、改、查，即 3.4 节和 3.5 节介绍过的各项操作。

图 3-9　文档列表界面

3.6.2　数据查询和操作

1. 数据导入

图 3-9 中绿色的"ADD DATA"按钮可以进行数据导入。导入方式可以分为从文件批量导入和单个文档导入。批量导入方式支持以 JSON 格式和 CSV 格式文件进行导入，通过文件导入数据如图 3-10 所示。

图 3-10　通过文件导入数据

以 JSON 格式进行导入时，应遵循 JSON 格式（不是 BSON）的相关规范。例如：字段名应用双引号标注；文档之间不要有逗号；尽量删除不必要的空格；不要在文档中包含 MongoDB 的自定义函数［如 Date()］；等等。

例如，将下面内容写入文本文件，即可以选择以 JSON 格式将其导入。

```
{ "type": "home", "number": "010-1234-1234" }
{ "type": "cellphone", "number": "139-1234-1234" }
{ "type": "office", "number": "010-4321-4321"}
```

以 CSV 格式进行导入时，应将数据组织为逗号分隔的二维表结构，并在首行写入字段名。该方式适合导入结构简单的数据，或者将数据从关系型数据库中导入为 CSV 格式，再将其导入到 MongoDB。

例如，将下面例子写入文本文件，选择以 CSV 格式进行导入。此时将生成三条文档，并具有统一的格式，即 name、tag、qty 三个字段。

```
name,tag,qty
Apple, red,2.5
Banana,yellow,4.5
Cherry,pink,5.5
```

单个文档导入，可以选择以 JSON 格式导入，或者逐字段构建文档，如图 3-11 所示。

图 3-11　导入单个文档

以 JSON 格式进行单个文档导入时，可以不填写_id 字段。注意，字段用双引号标注，不能包含自定义函数，可以使用空格缩进。例如：

```
{
"name": "apple",
    "tags": "red",
    "count": 10,
    "place": {
        "province": "Shandong",
        "city": "qingdao"
    },
    "pricelist": [1.5, 1.8, 1.7],
    "records": [{
        "date": "2022-03-01",
        "num": 10,
        "price": 1.5
    }, {
        "date": "2022-03-02",
        "num": 12,
        "price": 1.8
    }, {
        "date": "2022-03-03",
        "num": 11,
        "price": 1.7}]
}
```

无论采用何种导入方式，MongoDB Compass 都会进行语法检查，并对错误进行提示。

2. 数据删改

令鼠标指针悬浮在文档上，右上角显示的 4 个图标为该文档的更新、复制、克隆（即复制出一个新文档）和删除图标。其中对文档的更新采用逐个字段修改的方式进行，如图 3-12 所示。

图 3-12　数据删改

3. 数据查询

利用界面上方的输入框可以进行条件查询，如图 3-13 所示。

图 3-13　数据查询

在该界面内，用户可以根据提示填入语句"碎片"：FILTER 为匹配条件；COLLATION 可以用于在全文检索时设置语言；PROJECT、SORT、SKIP 和 LIMT 为显示控制，详细语法参见 3.4 节；MAX TIME MS 为游标的超时时间。

图 3-13 中的查询条件相当于下面的语句：

```
> db.fruitshop.find({name:'apple',count:{$gt:5}},{_id:0,name:1,count:1}).sort
({count:1})
```

单击图 3-9 所示界面上方的"Explain Plan"可以查看查询计划，即在 3.4.10 小节中介绍的 explain()方法。

4．数据聚合

在图 3-9 所示的界面中，单击界面上方的"Aggregations"可以进行数据聚合。在图 3-14 所示的界面中，首先通过下拉列表选择管道操作符，例如$group，之后下方的输入框中会出现操作符的参数框架，根据语法填入相应字段即可，即输入聚合语句的"碎片"。

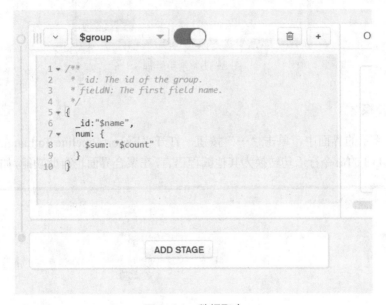

图 3-14　数据聚合

图 3-14 中的输入内容相当于以下语句：

```
> db.fruitshop.aggregate({$group: {_id: "$name", num:{$sum:"$qtr"}}})
```

5．索引管理

在图 3-9 所示的界面中，单击界面上方的 Indexes，进入索引管理界面，如图 3-15 所示。在界面中依次输入索引名称（Choose an index name）、选择索引字段（Configure the index definition），选择索引类型：升序（asc）、降序（desc）、位置索引（2dSphere）、全文索引（text），以及选择选项（Option）。以此为：后台建索引（Build index in the backaround）、建立唯一索引（Create unique index）、建立 TTL 索引（Create TTL）、建立部分索引（Partial Filter Expression）、设置全文检索语言（Use Custom Collation）、支持通配符（Wildcard Projection）

等。在选择字段时，从下拉框中可以选择嵌套文档中的字段。单击 ADD ANOTHERFILED 可以加入新字段。

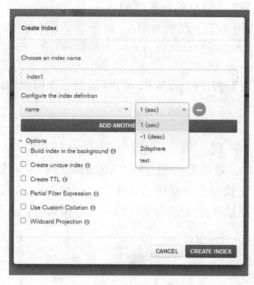

图 3-15　索引管理

6. 语言转换

在图 3-9 所示的界面中，单击"…"按钮，打开"Export Pipeline To Language"对话框，可以将 MongoDB 的命令行语句转换为其他编程语言，在聚合界面也有此功能，如图 3-16 所示。

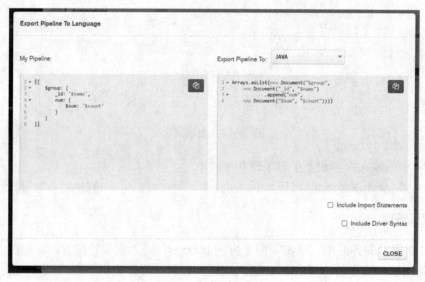

图 3-16　语言转换

3.7　编程访问 MongoDB

　　MongoDB 支持多种编程语言，并在很多语言中提供了同步访问和异步访问接口。本节主要介绍通过 Python 和 Java 语言编程访问 MongoDB 的基本方法。MongoDB 支持的编程语言如图 3-17 所示。

图 3-17　MongoDB 支持的编程语言

3.7.1　基于 Python 的同步访问模式

　　MongoDB 官方为 Python（建议使用 3.x 版本）提供了两个驱动库，即 pymongo 和 motor。pymongo 提供同步访问模式，客户端提交请求之后，以阻塞方式等待服务端反馈。在对性能没有很高要求的情况下，这种机制更加简单。motor 提供异步访问模式，客户端在提交请求后不再等待反馈，而是直接向下运行，后续通过通知、回调等机制处理反馈信息。这种机制在 I/O 密集型场景下，效率明显更高。

1．安装 pymongo

　　pymongo 可以通过 pip 方式进行安装，本书采用的版本为 Python 3.8 和 pymongo 4.0.1：

```
pip install pymongo
```

推荐使用 PyCharm 等集成开发环境进行编程，可以获得较多提示信息。

2．基本代码示例

　　本示例展示一个完整的连接数据库和文档操作过程，以及一些常用的数据库和集合管理方法。

```
#1.导入驱动库
from pymongo import MongoClient
#2.建立连接，注意 IP 地址和端口，字符串中不要有多余的空格
client=MongoClient("mongod://127.0.0.1:27017")
#3.获得并展示数据库列表，返回值可以看作链表结构
result = client.list_databases()
```

```
for i in result:
    print("list_databases:",i)
#4.删掉一个数据库（数据库不存在也不会报错）
client.drop_database("testdb")
#5.切换到指定数据库（testdb），如果不存在则新建
db = client.get_database("testdb")
#6.删掉一个集合（集合不存在也不会报错），显示删除结果，并重新创建
result = db.drop_collection("fruitshop")
print('drop_collection:',result)
db.create_collection("fruitshop")
#7.切换到集合（testcollection），如果不存在则新建
col = db.get_collection("fruitshop")
#8.定义一个 JSON 文档，可以先在任意客户端中对文档格式进行验证
doc={"name":"apple","tags":"red","qty":10,"place":{"province":"shandong","cit
y":"qingdao"},"pricelist":[1.5,1.8,1.7],"records":[{"date":"2022-03-01","num":10,
"price":1.5},{"date":"2022-03-02","num":12,"price":1.8},{"date":"2022-03-03","num
":11,"price":1.7}]}
#9.插入一条记录（insert_one），并输出反馈结果（注意返回值的结构）
result = col.insert_one(doc)
print('insert_one:',result.acknowledged)
#10.查询并返回一条记录，并输出
result_item = col.find_one()
print(result_item)
#11.对当前数据库中的集合以列表形式展示
result = db.list_collection_names()
for i in result:
    print("list_collections:",i)
#12.关闭连接
db.client.close()
```

代码比较直观，即导入驱动库之后，写入连接字符串进行连接。如果没有在服务端开启安全认证，也可以在连接字符串中直接写入 IP 地址和端口：

```
client=MongoClient("127.0.0.1:27017")
```

之后切换到合适的数据库和集合，并进行相应操作即可。如果需要完成对文档的操作，则至少需要依次进行第 1、第 2、第 5、第 7 这 4 个步骤。第 4、第 6、第 11 这 3 个步骤的主要目的是进行展示和管理。第 8、第 9、第 10 这 3 个步骤则是演示文档操作的效果。下面是一些补充说明。

（1）如果需要和 MongoDB 集群连接，可在连接字符串中写入多个地址，参见下面两种风格的写法。

```
client=MongoClient("192.168.209.180: 27017, 192.168.209.180: 27018")
client=MongoClient(host=["192.168.209.180:27020"], replicaset="test_replica_set")
```

（2）切换数据库与集合的语句有两种写法，基本代码示例中的为字典风格，下面为属性风格。

```
db = c.testdb
col = db.fruitshop
```

其中 testdb 和 fruitshop 为数据库和集合的名称。

（3）在实际编程中，应注意对返回信息和异常情况的处理。例如：数据库连接是否超时、数据增删改是否成功等。

（4）第 6 步删除集合后，利用 create_collection() 函数进行了重新创建，在一般使用时无须这么做，后续的 get_database() 函数可以按需创建集合。但如果希望创建时带参数，例如定长集合，则可以使用 create_collection() 显式创建。

```
col = db.create_collection("cappedCol", capped=True,size=1000)
```

3．插入、更新和删除

后续代码介绍以文档操作为主，在操作时应首先完成基本代码示例中的第 1、第 2、第 5、第 7 个步骤。

插入、更新和删除操作的语法和命令行客户端非常相似，包括通配符的使用等（特别是使用属性风格时），只是函数名称上有微小差别。

常用的函数包括如下几种。

插入函数：insert_one() 和 insert_many()。

更新/替换函数：update_one()、update_many()、replace_one()。

删除函数：delete_one()、delete_many()。

注意，pymongo 没有提供和命令行客户端中的 insert()、update() 和 remove() 这 3 个方法对应的函数。

下面是插入、更新和删除的语句示例。

```
db.fruitshop.insertOne(doc)
db.fruitshop.updateOne({"name":"apple"},{$set:{"qty":100}})
db.fruitshop.deleteOne({"name": "cherry"})
```

文档的插入、更新和删除等会触发写操作的函数，可以获得一个返回值。例如：基本代码示例中获取并显示了插入数据的结果信息（acknowledged）。

```
result = col.insert_one(item)
print('insert_one:',result.acknowledged)
```

Python 环境下，写操作可以获得的返回信息和命令行客户端下的基本相同，但读取方式有些差异。

可以参考下面的语句。

```
result = col.update_many({"name":"apple"}, {"$set":{"count_of":30}})
print(result.acknowledged, result.matched_count, result.modified_count)
```

4．批量写入

批量写入可参见下面的示例。

```
from pymongo import MongoClient
from pymongo import InsertOne, DeleteOne,UpdateMany
client = MongoClient("127.0.0.1:27017")
db = client.get_database("test")
requests = [
    InsertOne({"name": "apple", "color": "red", "qty": 10}),
    InsertOne({"name": "apple", "color": "red", "qty": 10}),
    DeleteOne({"name":  "banana"}),
```

```
        UpdateMany({"name":"apple"},{"$pop":{"varieties ":-1}}, upsert=True)]
result = db.fruitshop.bulk_write(requests)
print('result:', result.acknowledged)
print('InsertOne result:', result.inserted_count)
print('DeleteOne result:', result.deleted_count)
print('UpdateMany result:', result.modified_count)
db.client.close()
```

进行批量写入时，首先需要从 pymongo 中导入相应的写方法，支持的方法有 InsertOne()、UpdateOne()、UpdateMany()、ReplaceOne()、DeleteOne()和 DeleteMany()。注意，方法名称和之前使用的函数名称不同，但参数结构相同。其次，将所需的操作写入一个数组，例如代码中的 requests 变量，再通过 bulk_write()函数进行调用。最后，根据需要查看返回结果。

5. 文档查询

常用的查询函数包括 find()和 find_one()。类似还有文档计数与估算计数函数 count_documents()和 estimated_document_count()，以及枚举函数 distinct()。

这些函数在命令行客户端中均有对应指令，前文也大多进行了相应介绍。这些 Python 函数的用法基本和命令行客户端一致，但注意 find()的结果可能包含多个文档，因此需要以递归方式获取。

```
db.fruitshop.find_one({"Text ": "fruits"})
result = db.fruitshop.find({"name": "apple"}, projection={'_id':0,'name':
1,'count': 1}).sort([('count', -1),('name', -1)]).limit(5).skip(1)
for i in result:
    print(i)
```

注意，sort()函数中的参数写法（这里设置了两个排序规则）和命令行客户端中的有一定差异。

查询结果的显示效果和命令行客户端中的一致，即返回一组 JSON 风格的文档。如果需要对文档中的元素进行处理，可以将每一条输出结果看作字典类型（键值对）。例如：

```
#进行查询
result = db.fruitshop.find()
#获得一条查询结果（一个文档）
data =result.next()
#处理方式 1：遍历所有的键值对
for key,value in data.items():
    print(key,value)
#处理方式 2：根据键（key）查看数据（value）
print('name:',data['name'])   #结果可能是字符串 apple
print('pricelist:',data['pricelist'])  #结果可能是列表[1.5, 1.8, 1.7]
```

6. 文档聚合

文档聚合使用 aggregate()函数，语法和命令行客户端中的一致，但语法要求更严格，例如：所有操作符和字段名必须加引号，且所有管道操作必须用方括号标注，并以逗号分隔。文档聚合的返回信息一般是一组文档，读取和处理可参考查询方法。

```
result= db.fruitshop.aggregate([{'$group': {'_id': "$name", 'num': {'$sum':
"$qtr"}}}])
```

```
for i in result:
    print(i)
```

也可以先定义一组管道操作，再将其以列表方式交给函数执行。

```
pipe1 = {"$match": {"name": "apple"}}
pipe2 = {'$group': {'_id': "$name", 'num': {'$sum':"$qtr"}}}
result = db.fruitshop.aggregate([pipe1,pipe2])
```

7．索引管理

索引管理的函数有 create_index()、drop_index()、list_indexes()、index_information()，以及 drop_indexes()等。

这些函数和命令行客户端下有一些差异，主要在于参数不再以字典方式描述，将"{}"改为了"()"。

例如在命令行客户端中建立索引：

```
db.fruitshop.createIndex({"name":1})
```

在 **Python** 中建立索引：

```
db.fruitshop.create_index("name")
db.fruitshop.create_index([("name",1), ("tags",1)],name= "index_1")
```

第一条语句只支持输入字段名。第二条语句支持用数组方式输入多个字段名，即可以建立复合索引，并指示索引顺序和索引属性等信息。

删除所有索引，可以使用 drop_indexes()函数，不需要额外参数。如果要删除指定的索引，可使用 drop_index()函数，参数为索引名字符串。如果该索引不存在，则程序会报异常。

用 index_information()或 list_indexes()函数可以得到集合中所有的索引信息，结果均为 JSON 格式，但返回数据的格式不同。index_information()函数的返回值可以直接读取，list_indexes()函数的返回值需要递归读取。

8．全文检索和地理信息查询

全文检索操作、球面地理空间数据操作和球面地理空间数据操作方法和命令行客户端基本一致。下面将前文命令行客户端中的几个例子进行改写。

全文检索示例代码：

```
from pymongo import MongoClient
client=MongoClient("127.0.0.1:27017")
db = client.get_database("test")
db.avengers.insert_many(
    [
      {"name": "Robert Downey Jr.", "role": "Tony Stark / Iron Man" },
      {"name": "Chris Evans", "role": "Steve Rogers / Captain America" },
      {"name": "Mark Ruffalo", "role": "Bruce Banner / The Hulk" },
      {"name": "Chris Hemsworth", "role": "Thor" },
      {"name": "Scarlett Johansson", "role": "Natasha Romanoff / Black Widow " }
    ]
)
db.avengers.create_index([("name","text"), ("role","text")])
result = db.avengers.find({"$text":{"$search":"Chris"}})
for i in result:
```

```
    print(i)
db.client.close()
```

球面地理空间数据查询：

```
from pymongo import MongoClient
client=MongoClient("127.0.0.1:27017")
db = client.get_database("test")
db.places.insert_many(
[
    {
      "name": "Central Park",
      "location": { "type": "Point", "coordinates": [-73.97, 40.77]},
      "category": "Parks"
    },
    {
      "name": "Sara D. Roosevelt Park",
      "location": { "type": "Point", "coordinates": [-73.9928, 40.7193]},
      "category": "Parks"
    },
    {
      "name": "Polo Grounds",
      "location": { "type": "Point", "coordinates": [-73.9375, 40.8303]},
      "category": "Stadiums"
    }
])
db.places.create_index([("location","2dsphere")])
result = db.places.find({"location": {"$near": {"$geometry":
                { "type": "Point", "coordinates": [ -73.9667, 40.78 ]},
            "$minDistance": 1000,"$maxDistance": 5000}}
        })
for i in result:
    print(i)
db.client.close()
```

9. 中文支持

MongoDB 对中文的支持较好。在 Windows 系统中，MongoDB 在命令行客户端、MongoDB Compass 和 Python 编程环境下均可以正常地读写中文元素。在实际应用时，也可以考虑将中文进行适当编码后再写入。

pymongo 库的详细使用方法可参阅 Pymongo 官方文档。

3.7.2 基于 Python 的异步访问模式

用户可以基于官方的 motor 库，实现以异步访问模式访问 MongoDB。motor 需要和 asyncio 库配合使用，Python 版本必须在 3.4 以上。asyncio 是一个提供并发、异步协程技术的库，其通过引入"协程"等机制，在多任务、高并发时，能够显著提升代码执行效率，且代码风格直观简洁。asyncio 可以应用于高性能 Web 服务器、数据库连接库、分布式任务队列等场景。对 MongoDB 的异步访问模式方法感兴趣的读者，建议首先对 asyncio 的机制和用法进行学习。

下面给出一个简单的示例。

首先通过 pip 方式安装 motor 和 asyncio。

```
pip install motor
pip install asyncio
```

运行下面的演示代码。

```
#1.导入 motor 和 asyncio 库
import motor.motor_asyncio,asyncio
#2.建立服务连接
client = motor.motor_asyncio.AsyncIOMotorClient('127.0.0.1', 27017)
#3.切换到指定的数据库和集合，也可以使用 col= client.testdb. fruitshop 这种风格
db = client['testdb']
col = db['fruitshop']
#4.定义一组协程函数，实现插入协程/更新/查询
async def do_insert():
    item = {"name": "apple", "tags": "red", "qty": 10}
    result = await col.insert_one(item)
    print('acknowledged: %s, inserted ID: %s' %(result.acknowledged,result.
inserted_id))
    async def do_update():
    result = await col.update_one({"name": "apple"}, {'$set': {'qty': 9}})
    print('updated %s document' % result.modified_count)
async def do_find():
    cursor = col.find({"records.num": {'$lt': 11}}).sort("records.num")
    for document in await cursor.to_list(length=100):
        print(document)
#5.执行一组异步任务
tasks = [do_insert(),do_update(),do_find()]
loop = asyncio.get_event_loop()
loop.run_until_complete(asyncio.wait(tasks))
db.client.close()
```

可以看出，在进行数据操作方面，pymongo 和 motor 的函数基本是相同的，实际上 motor 支持 pymongo 中的几乎所有方法，只是在个别之处有微小差异，并且进行网络连接等都是采用协程方式完成的。此外，在使用 pymongo 库时，对数据库和集合的实际连接会在代码实例化时执行，而 motor 则是在第一次尝试操作时执行，即按需连接。

motor 库的详细使用方法，可参阅 Motor 官方文档。

3.7.3　基于 Java 的同步访问模式

和 Python 类似，MongoDB 提供了两种类型的 Java 驱动库，一种为同步访问模式，另一种为反应流式（Reactive Stream）。

MongoDB 推荐利用 Maven 进行组件依赖管理，并提供了相应的配置文件。如果用户希望采用手动的组件管理方式，可能很难在官网找到 JAR 包的下载地址。建议到权威的 Maven 库进行搜索或者从 GitHub 下载源代码进行编译。

本小节主要对同步访问模式进行介绍。

1. 组件的安装与管理

如果采用 Maven 方式管理驱动组件，则需要在项目的 pom.xml 文件中加入如下依赖信息（具体方法可参见附录 1）：

```
<dependency>
    <groupId> org.mongodb</groupId>
    <artifactId> mongodb-driver-sync</artifactId>
    <version> 4.5.0</version>
</dependency>
```

如果采用手动方式管理驱动组件，则至少需要使用以下 3 个 JAR 包（驱动库采用 4.5.0 版本）：

```
mongo-java-driver-sync-4.5.0.jar
mongodb-driver-core-4.5.0.jar
bson-4.5.0.jar
```

mongodb-java-driver-sync 包提供了同步的封装方法，mongodb-driver-core 包提供了底层驱动，bson 包则提供了 BSON 数据结构的操作和封装方法。此外，还会用到外部的 SLF4J 库，但缺少它不影响 Maven 的使用。

2. 基本代码示例

```
//和客户端有关
import com.mongodb.client.MongoClient;
import com.mongodb.client.MongoClients;
//和库表有关
import com.mongodb.client.MongoCollection;
import com.mongodb.client.MongoDatabase;
//和数据操作与数据格式有关
import com.mongodb.client.model.Projections;
import com.mongodb.client.model.Sorts;
import org.bson.Document;
import org.bson.conversions.Bson;
import static com.mongodb.client.model.Filters.*; //包括 lt、gt 等比较操作符
import com.mongodb.client.MongoCursor; //游标

public class mongotest {
    public static void main( String[] args ) {
        //1.采用连接字符串方式连接服务端
        MongoClient mongoClient = MongoClients.create("mongodb://127.0.0.1:27017");
        if (mongoClient == null)
            {return;}
        //2.切换到数据库和集合
    MongoDatabase database = mongoClient.getDatabase("testdb");
    MongoCollection<Document> collection = database.getCollection("fruitshop");
        //3.加入 first()相当于执行 findOne 语句，并显示
        Document doc = collection.find(and(eq("name", "cherry"),(gt("qty",10))))
                .projection(Projections.fields(
                        Projections.include("name", "qty"),
```

```
                    Projections.excludeId())))
            .sort(Sorts.descending("pty"))
            .first();
    if (doc == null) {
        System.out.println("No results found.");
    } else {
        System.out.println(doc.toJson());
        System.out.println(doc.get("name"));
    }
    //4.关闭连接
    mongoClient.close();
    System.out.println("connection closed.");
        }
    }
```

使用 Java 语言编程访问 MongoDB，语法风格和命令行客户端下以及 Python 语言等存在一定差异。

查询语句利用 and 参数，规定了一个复合查询条件，即 name 字段等于“cherry”，且 qty 字段大于 10。查询语句还利用了 projection 子句，规定了显示的字段（Projections.include）和排除_id 字段[Projections.excludeId()]，规定了排序方法[sort()]，最后使用 first()函数完成了 findOne 语句执行的功能。

first()函数的返回结果为文档（Document）类型（doc 变量）。可以采用两种方式显示其内容，一种是通过 doc.toJson()语句将其转换为字符串，之后可以利用其他的 JSON 解析组件获得字段内容；另一种是通过 doc.get()直接获得某个具体字段的内容。

下面基于相同的数据库和集合定义，展示一下其他操作。

后续步骤省略了基本代码示例中的第 1、第 2、第 4 步（建立连接、切换到数据库和集合、关闭连接），相当于替换第 3 步；此外，后续步骤列举的导入包为之前没出现过的包。构建完整代码时可以根据基本代码示例和集成开发环境中的提示进行补全。

3. 数据写入与文档定义

下面的例子展示了单条插入和批量插入操作。

```
//和插入有关的包
import com.mongodb.client.result.InsertOneResult;
import com.mongodb.client.result.InsertManyResult;
//本例和后续例子可能用到的包
import java.util.Arrays;
import java.util.List;
//省略建立连接等步骤
...
//定义一组文档(包括一个嵌套文档)和一个文档列表
        Document doc1 = Document.parse("{\"province\": \"shandong\", \"city\":
\"yantai\"}");
        Document doc2 = new Document("name", "JJJ cherry").append("qty", 30)
                .append("pricelist", Arrays.asList(2.9,2.7,2.6)).append("place",
doc1);
        Document doc3 = new Document("name", "pineapple").append("qty", 50)
```

```
            .append("pricelist", Arrays.asList(1.8,2,2.1));
        List<Document> docList = Arrays.asList(doc2,doc3);
        try {
          //执行单条插入
            InsertOneResult result = collection.insertOne(new Document("name",
"orange")
                    .append("qty", 30)
                .append("pricelist", Arrays.asList(1.5,1.8,1.7)));
            System.out.println(result.wasAcknowledged());
            //批量插入
            InsertManyResult result2 = collection.insertMany(docList);
            System.out.println("Success! id: " + result2.getInsertedIds());
        } catch (MongoException me) {
            System.err.println("Unable to insert due to an error: " + me);
        }
```

代码首先定义了一组文档，并将其写入列表 docList。

定义文档采用了两种方式，一种为变量 doc1 采用的解析方式，即将整个 JSON 文档作为一个字符串输入函数，利用 Document.parse()解析为文档格式，此时需要注意双引号的字符串转义问题。另一种为变量 doc2 和 doc3 采用的新建方式，首先用 new Document()函数定义新文档，再将所需的键值对用 append()方法依次添加。这种方式也支持文档嵌套，例如 doc2 的 place 字段嵌套了 doc1。

注意，如果提前定义好文档，并重复插入，可能导致出现_id 重复错误。可以认为该文档在定义时就已经被预先分配好了_id。

插入函数 insertOne()和 insertMany()的用法和命令行客户端类似，两个函数的返回结果分别为 InsertOneResult 和 InsertManyResult 类型。

4. 数据批量查询

```
//和游标有关的包
import com.mongodb.client.MongoCursor;
...
        MongoCursor<Document> cursor = collection.find(eq("name", "apple"))
                .projection(Projections.include("name", "apple"))
                .sort(Sorts.descending("title")).iterator();
        try {
            while(cursor.hasNext()) {
                System.out.println(cursor.next().toJson());
            }
        } finally {
            cursor.close();
        }
```

数据批量查询和单条查询的主要区别在于，数据批量查询的返回结果为一个游标（MongoCursor），需要通过遍历游标的方式得到返回结果。

其他查询操作还包括计数与估算计数：

```
long estimatedCount = collection.estimatedDocumentCount();
System.out.println("Estimated number: " + estimatedCount);
long matchingCount = collection.countDocuments(query);
```

```
System.out.println("Number: " + matchingCount);
```

5. 数据更新和删除

```java
//和更新有关的包
import com.mongodb.client.result.UpdateResult;
import com.mongodb.client.model.UpdateOptions;
import com.mongodb.client.model.Updates;
//本例用到了 BSON 格式
import org.bson.conversions.Bson;
…
        //构造查询条件
        Bson filter = eq("name", "orange");
        //构造更新条件
        Bson updates = Updates.combine(
                Updates.set("name", "big orange"),
                Updates.inc("qty", 3),
                Updates.addToSet("newitem", 200));
        //构造更新选项
        UpdateOptions options = new UpdateOptions().upsert(true);
        try {
        //执行单条插入语句，进行单条更新
        UpdateResult result = collection.updateOne(filter, updates,options);
        System.out.println("Modified document count: " + result.getModifiedCount());
        } catch (MongoException me) {
            System.err.println("Unable to update due to an error: " + me);
        }
```

　　例子中单条插入语句采用预先构造的查询条件（**filter**）、更新方式（**updates**）和更新条件（**options**），进行了单条更新。上述内容使用了 BSON 格式，和一般的文档格式不同。

　　此外还可以采用和命令行客户端相似的风格，例如：

```java
UpdateResult result = collection.updateOne(eq("name", "orange"), new Document
("$set", new Document("qty", 99)));
```

　　执行批量更新的语法和单条更新的是一样的，此外类似的还有删除语句：

```java
collection.deleteOne(new Document("name", "apple"));
collection.deleteMany(new Document("name", "apple"));
```

6. 批量写入

```java
//和批量写入有关的包
import com.mongodb.bulk.BulkWriteResult;
import com.mongodb.client.model.DeleteOneModel;
import com.mongodb.client.model.InsertOneModel;
import com.mongodb.client.model.UpdateOneModel;
import com.mongodb.client.model.ReplaceOneModel;
…
//定义 2 个 BSON 文档
    Document doc1 = new Document("name", "cherry").append("qty", 30)
            .append("pricelist", Arrays.asList(2.9,2.7,2.6));
    Document doc2 = new Document("name", "pineapple").append("qty", 50)
```

```
                        .append("pricelist", Arrays.asList(1.8,2,2.1));
        try {
            //批量写入
            BulkWriteResult result = collection.bulkWrite(
                    Arrays.asList(
                            new InsertOneModel<> (doc1),
                            new InsertOneModel<> (doc2),
                            new UpdateOneModel<> (eq("name", "orange"),
                                new Document("$set",
                                new Document("qty", 150)),
                                new UpdateOptions().upsert(true)),
                            new DeleteOneModel<> (new Document("name", "banana")),
                            new ReplaceOneModel<> (new Document("name", "orange"),
                                 new Document("name", "pineapple").append("qty",
"88"))
                    ));
            //写入结果
            System.out.println("Result statistics:" +
                    "\ninserted: " + result.getInsertedCount() +
                    "\nupdated: " + result.getModifiedCount() +
                    "\ndeleted: " + result.getDeletedCount());
        } catch (MongoException me) {
            System.err.println("The bulk write operation failed: " + me);
        }
```

上述代码进行了两次插入、一次更新和一次替换操作。

7. 聚合操作

示例代码如下：

```
//和聚合有关的包
import com.mongodb.client.model.Accumulators;
import com.mongodb.client.model.Aggregates;
...
//提前构造聚合条件
Bson mch = Aggregates.match(eq("name", "apple"));
Bson gp = Aggregates.group("$name", Accumulators.sum("count", 1));
//聚合并展示结果
collection.aggregate(Arrays.asList(mch, gp))
    .forEach(doc -> System.out.println(doc));
```

上述代码的作用为统计"apple"的数量，其语法规则为在 aggregate()函数中包含一个 BSON 类型的列表。注意，Aggregates.match()和 Aggregates.group()等管道方法的返回值均为 BSON 类型。

返回结果为文档列表，可以在 forEach()子句中规定每个文档的处理方法或显示方法。本例中 forEach()的用法也适用于批量查询语句。

8. 索引与全文检索

一个简单的示例如下：

```
//和索引有关的包
import com.mongodb.client.model.Indexes;
...
//执行批量导入 5 个文档
List<Document> docList = Arrays.asList(
    Document.parse("{\"name\":\"Robert Downey Jr.\",\"role\":\"Tony Stark / Iron
Man\" }"),
    Document.parse("{\"name\":\"Chris Evans\", \"role\": \"Steve Rogers / Captain
America\" }"),
    Document.parse("{\"name\":\"Mark Ruffalo\", \"role\": \"Bruce Banner / The
Hulk\" }"),
    Document.parse("{\"name\":\"Chris Hemsworth\", \"role\": \"Thor\" }"),
    Document.parse("{\"name\":\"Scarlett Johansson\",\"role\": \"Natasha
Romanoff / Black Widow \" }"));
    collection.insertMany(docList);
    //建立一个复合型的全文索引，返回值为创建结果字符串
    String resultCreateIndex = collection.createIndex(
        Indexes.compoundIndex(
            Indexes.text("name"),
            Indexes.text("role")));
    System.out.println(resultCreateIndex);
    //执行全文检索，并显示命中条目数量
    long matchCount = collection.countDocuments(Filters.text("Robert Tony"));
    System.out.println("Text search matches: " + matchCount);
```

本例首先采用解析的方式，将一些字符串转换为文档类型，并将其放入列表执行批量导入。之后利用 createIndex()函数建立全文索引，正常情况下返回值为索引名。createIndex()构建普通索引时可以直接携带多个字段，但在构建全文索引时，只能携带一个字段。对比如下：

```
collection.createIndex(Indexes.ascending("name ", "role"));
collection.createIndex(Indexes.text("name"));
```

9. 地理信息检索与查询

下面的代码演示了建立球面地理空间索引和执行相应的检索。

```
//和地理空间有关的包
import com.mongodb.client.model.geojson.Point;
import com.mongodb.client.model.geojson.Position;
...
    //定义文档列表，包含 3 个文档
List<Document> docList = Arrays.asList(
        Document.parse("{\"name\": \"Central Park\",\"location\":
{\"type\":\"Point\",\"coordinates\": [-73.97, 40.77]}}"),
        Document.parse("{\"name\": \"Sara D. Roosevelt Park\",\"location\":
{ \"type\": \"Point\", \"coordinates\": [-73.9928, 40.7193]}}"),
        Document.parse("{\"name\":\"Polo Grounds\", \"location\": { \"type\":
\"Point\", \"coordinates\": [-73.9375, 40.8303]}}"));
    //插入文档
    collection.insertMany(docList);
    //建立地理空间索引
    String result = collection.createIndex(Indexes.geo2dsphere("location"));
```

```
System.out.println(result);
//构造基于地理信息的检索条件 filter
Point refPoint = new Point(new Position(-73.9667, 40.78));
double maxDistance = 5000;
double minDistance = 1000;
Bson filter = near("location", refPoint, maxDistance, minDistance);
//根据检索条件 filter，执行条件检索
MongoCursor<Document> cursor = collection.find(filter).iterator();
try {
    while(cursor.hasNext()) {
        System.out.println(cursor.next().toJson());
    }
} finally {
    cursor.close();
}
```

上述代码中建立了球面地理空间索引，并完成了相应的位置检索。

10．构造器的使用总结

前文在进行地理信息检索时，利用了构造器方式，对 filter 变量提前赋予了检索条件，并传入了查询语句。

```
Bson filter = near("location", refPoint, maxDistance, minDistance);
```

对于其他条件检索方式，也可以利用该方式构建检索条件，但需要将 near 改编为其他比较操作符。例如：

```
Bson filter = and(eq("name", "apple"), gt("qty", 50));
MongoCursor<Document> cursor = collection.find(filter).iterator();
```

这种写法相对简洁且直观一些。在前文列出的更新和聚合操作也都使用了提前构造执行条件的方式。

基于 Java 语言可以完成命令行客户端中的绝大部分功能，但其操作语句和参数等与命令行客户端下的语句和参数相比存在一定差别，且存在多种编码风格。如果读者希望进行深入编程，建议仔细阅读相关官方文档。

小结

本章介绍了文档式数据库和 MongoDB 的基本技术原理和特点。首先，本章对 Windows 环境下的 MongoDB 的安装配置和使用方法进行了介绍；其次，分别在命令行客户端和 MongoDB Compass 环境下对 MongoDB 的典型数据使用方式进行了介绍；最后，给出了通过 Java 和 Python 编程访问 MongoDB 的基本方法。

思考题

1．设计一个完整的文档结构，帮助商店存储一些水果的品种、产地、每日价格和销售量等数据，并计算水果的均价、总量和总销售金额等。

2．第 1 题中，假设每日价格和销售量数据以嵌套文档数组方式存储，并且只存储 7 天的数据。尝试分别利用增、删功能，或利用 updateOne()或 replaceOne()等方法实现手动维护，即删除旧数据、增加新数据。

3．第 2 题中，尝试使用 TTL 索引实现自动删除旧数据的功能。思考利用定长数组是否可以实现该功能？

4．尝试将英文电影中的一段对白数据存储到 MongoDB，然后实现搜索某个角色的全部台词，以及对台词实现全文检索。

5．尝试在命令行客户端和 MongoDB Compass 环境下解决上述问题。

第 **4** 章　MongoDB 的管理与集群部署

本章主要介绍 MongoDB 集群化的相关原理和基本集群部署方法，以及对 MongoDB 的一些管理维护方法进行介绍。

作为典型的 NoSQL 数据库，MongoDB 支持多种操作系统和多种部署方式。MongoDB 既可以进行单机部署，也可以进行集群部署，并可以实现数据分区（分片）和多副本（复制集）等复杂机制。MongoDB 可以很好地解决多副本的一致性、分片的均匀性和集群可扩展性等问题，并提供了简单易用的集群部署与管理办法。

MongoDB 的管理
与集群部署

在一些具体机制和策略上，MongoDB 和其他很多著名的 NoSQL 数据库有很多相通之处，例如操作日志的设计等。读者通过对 MongoDB 的集群化机制进行学习，可以更深入地理解 NoSQL 数据库的共同特点和优势。

本章还将对 MongoDB 的安全机制等进行简单介绍。

4.1　概述

MongoDB 可以部署在多个节点之上形成集群，实现数据水平分片和数据多副本。

MongoDB 支持数据多副本，这种机制称为复制集（Replication Set）。此时会有一个主节点（Primary Node）负责数据的写入和更新，若干从节点（Secondary Node）对主节点进行监听，并根据监听内容维护自身数据的更新，使自身和主节点保持基本一致。

MongoDB 将数据水平切分机制称为分片（Sharding），MongoDB 支持对文档的自动分片。分片的依据是片键（Shard Key），片键可以由文档的一个或多个字段构成，分片使得集群中的数据可以在分布式环境下均衡存储和使用。

本章基于单机 Windows 环境，介绍 MongoDB 的集群部署原理和方法，以及对 MongoDB 的安全机制进行简单介绍。

4.2　手动操作 mongod

为了方便进行后续操作，建议读者对 mongod 进程进行手动管理。手动管理模式较为灵活，易于实现单机多实例，进而对分片和多副本等机制进行演示和测试。

1. 控制 mongod 服务

（1）可以在安装 MongoDB 时选择不以服务方式管理 mongod（见图 3-2）。

但需要注意：一些版本的安装程序可能存在 bug。如果选择不以服务方式管理 mongod，则安装过程最后可能报错，安装界面显示类似"服务启动失败"等信息，此时选择忽略（Ignore）即可。

（2）如果已经以服务方式安装了 MongoDB，可通过控制面板的服务组件将 mongod 服务停止，并设置启动类型为"手动"，或者直接删除该服务。

（3）在一般情况下，只要避开 mongod 服务的默认端口（27017），并在手动启动 mongod 进程时指定不同的存储位置和日志文件位置，则 mongod 服务就不会对本章后续操作产生影响。

2．在命令行窗口启动 mongod

在系统命令行窗口执行：

```
C:\> "C:\Program Files\MongoDB\Server\4.4\bin\mongod.exe" --config d:\nosql\
mongod.cfg --dbpath d:\nosql\mongodb\ --logpath d:\nosql\mongodb.log --port 27020
```

其中：--config 指定配置文件，--dbpath 指定数据存储位置（目录），--logpath 指定日志文件位置，--port 指定进程的监听端口。

注意以下问题。

（1）该命令将以阻塞方式运行 mongod。该命令行窗口不能再输入其他内容，且关闭该命令行窗口，mongod 进程也会被关闭。

（2）参数中的配置文件和存储位置必须存在。--logpath 指定的日志文件可以不存在，但其所在目录必须存在。--port 参数指定的端口不能有冲突。

（3）将安装路径的 bin 目录（例如：C:\Program Files\MongoDB\Server\4.4\bin\）写入 Windows 环境变量，即可不带路径直接执行 bin 目录下的 mongod、mongo 或 mongos 命令。

（4）mongod 命令可以带很多参数，通过下面的命令可以查看参数列表。

```
C:\> mongod --help
```

（5）数据存储位置、日志文件位置、监听端口等参数可以写入配置文件，这样在启动 mongod 时直接指定配置文件即可。如果需要的参数已经在命令中显式给出，也可以不指定配置文件，忽略--config 参数。命令中直接给出的参数，会覆盖配置文件中相应内容。

（6）日志文件或系统命令行窗口的输出信息应予以重视，特别是发现服务或集群不能正常工作时。日志信息是文本格式的，可以直接打开查看。如果看到或搜索到"error"或"errmsg"等字符串，则说明服务端存在错误。例如下面的出错信息片段：

```
{"t":{"$date":"2022-03-05T18:51:32.654+08:00"},…,"msg":"Host failed in replica
set","attr":{"replicaSet":"configset","host":"127.0.0.1:27001","error":
{"code":6,"codeName":"HostUnreachable","errmsg":"Error connecting to 127.0.0.1:27001 ::
caused by :: \…}}
```

可以看到在某个时间点出现了"HostUnreachable"错误，即无法连接到主机和端口所描述的实例（Error connecting to 127.0.0.1:27001）。

此外，当日志文件过大或过多时，应及时进行清理。

3．单机多实例

MongDB 支持在单机上部署并启动多个服务端实例，以便在单机情况下对分片、复制集等机制进行验证。

启动多个 mongod 进程，必须为不同进程指定不同的数据存储位置、日志文件位置和监听端口。可以在命令中指派这些参数，并将其他参数写入配置文件，供所有进程使用。在不同的系统命令行窗口依次执行：

```
C:\> mongod --dbpath d:\nosql\db1\ --port 27024 --logpath d:\nosql\db1.log
C:\> mongod --dbpath d:\nosql\db2\ --port 27025 --logpath d:\nosql\db2.log
C:\> mongod --dbpath d:\nosql\db3\ --port 27026 --logpath d:\nosql\db3.log
```

也可以在不同配置文件中写入不同的启动参数（数据存储位置、日志文件位置和监听端口），并指派给不同进程。

```
C:\> mongod.exe --config d:\nosql\mongod1.cfg
C:\> mongod.exe --config d:\nosql\mongod2.cfg
C:\> mongod.exe --config d:\nosql\mongod3.cfg
```

注意，这 3 个进程是相互独立的，并未形成“集群”。

4．管理 mongod 进程

按上述方法在系统命令行窗口启动进程，则服务端实例会以阻塞方式运行。当需要启动多个实例时，需要开启多个命令行窗口，如果希望进程以非阻塞方式运行，则可以在命令前加上“start /b”。

```
C:\> start /b mongod --dbpath d:\nosql\mongodb\data\
```

此时进程会在后台运行，这样可以在一个系统命令行窗口中连续启动多个实例。但此时不能关闭该系统命令行窗口，否则相关实例均会随之关闭。可以通过任务管理器查询到相关进程，如图 4-1 所示。

Windows 命令处理程序 (5)	0.8%	542.5 MB	0.1 MB/秒	0 Mbps
MongoDB Database Server	0.3%	175.5 MB	0 MB/秒	0 Mbps
MongoDB Database Server	0.3%	176.9 MB	0.1 MB/秒	0 Mbps
MongoDB Database Server	0.3%	176.9 MB	0 MB/秒	0 Mbps
控制台窗口主进程	0%	12.4 MB	0 MB/秒	0 Mbps
命令提示符	0%	0.7 MB	0 MB/秒	0 Mbps

图 4-1　利用 Windows 任务管理器查询相关进程

或执行下面的命令查询进程：

```
C:\> tasklist /FI "IMAGENAME eq mongod.exe"
```

显示结果如图 4-2 所示。

```
映像名称                       PID 会话名              会话#       内存使用
========================= ======== ================ =========== ============
mongod.exe                    6940 Services                   0    191,360 K
mongod.exe                   21076 Console                    1    199,496 K
mongod.exe                   25536 Console                    1    197,168 K
mongod.exe                   15672 Console                    1    198,708 K
```

图 4-2　利用系统命令行窗口查询相关进程

注意，图 4-2 中存在一个以服务方式运行的进程和 3 个以命令行方式启动的进程。

此时并不能确定进程号和监听端口的对应情况。可以运行下面两个命令：

```
C:\> netstat -ano |findstr "15672"
C:\> netstat -ano |findstr "27020"
```

查看进程号（PID）对应的网络端口，或者某个网络端口对应的 PID。

如果需要关闭某个 mongod 实例，可以利用 mongo 客户端连接到这个进程，例如：

```
C:\> mongo -port 27020
```

并切换到 admin 数据库，执行停止命令 shutdownServer。

```
> use admin
> db.shutdownServer()
```

或者在命令行客户端下执行：

```
> db.adminCommand({"shutdown" : 1 })
> db.adminCommand({"shutdown" : 1, "force" : true })
> db.adminCommand({"shutdown" : 1, timeoutSecs: 60 })
```

上述命令分别表示关闭服务端、强制关闭服务端和延迟 60 s 关闭服务端。

如果只是进行测试，数据库没有进行重要操作，也可以强制关闭进程。

5．db.runCommand 和 db.adminCommand

命令行客户端下有两个功能强大的命令，即 db.runCommand 和前文用到的 db.adminCommand。

db.runCommand 语句可以完成多种复杂的数据操作和管理操作。

```
db.runCommand(<command>)
```

可使用的<command>命令有数十种，包括增、删、改、查、聚合等数据操作，以及各种数据库维护、管理操作。例如：

```
db.runCommand({find: "fruitshop",filter: {count:{$gt: 10}}})
```

以上等价于（但显示效果不同）：

```
db.fruitshop.find({count:{ $gt:10}})
```

其他支持的命令可以通过下面的语句进行查看。

```
db.listCommands()
```

当利用 db.runCommand 指令执行某些管理命令时，可能需要将当前数据库切换到 admin。而 db.adminCommand 命令相当于强制运行在 admin 环境下的 db.runCommand。即等同于：

```
db.getSiblingDB("admin").runCommand(<command>)
```

或类似于：

```
use admin
db.adminCommand(<command>)
```

其中，getSiblingDB 命令表示执行本条语句时，临时将数据库设置为括号中的数据库。但在执行后续语句时，还回到之前使用的数据库。

4.3　复制集的原理与配置

MongoDB 支持数据多副本机制，称之为复制集（Replication Set）。复制集采用一主多从结构，MongoDB 可以实现自动的主从同步、数据恢复等功能，并且支持多种读写策略。复制集功能大大提升了 MongoDB 系统的可靠性，也在一定程度上提升了性能，特别是读性能。

4.3.1　复制集中的角色与关系

复制集中有唯一的主节点和若干从节点。主节点负责数据的写操作，并将操作信息同步写入操作日志（operations log, oplog）。从节点监听主节点中 oplog 的变化，并根据其内容同步自身数据版本，使自身和主节点保持基本一致。

除了数据同步之外，节点之间还会不断检测心跳信息。当与主节点的通信超时时，各个从节点会检测到该情况，并通过投票方式，将某一个状态良好的从节点提升为主节点，接管对数据的写操作。在投票完成之前，集群无法正常进行写操作。

节点具有两种可能的角色：数据承载节点（包括主、从节点）和仲裁（Arbiter）节点。其中仲裁节点不进行数据存储，只负责对主节点的监控和投票，自身也不能被选为主节点。仲裁节点相当于提供了一个或若干个开销较小的监控服务。

复制集中的角色与关系如图 4-3 所示。

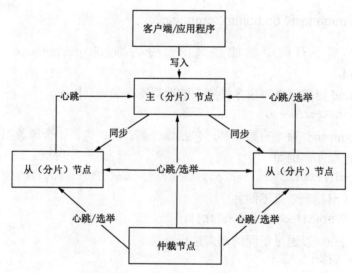

图 4-3　复制集中的角色与关系

4.3.2　复制集中的数据同步方式

主从节点之间的数据同步通过 oplog 进行。

oplog 实际是一个定长集合，可用于数据同步和故障恢复。主节点写入数据时，会将数据操作内容（可以理解为语句内容）和时间戳都写入 oplog。

从节点则根据时间戳决定从哪条数据开始进行同步。如果一个从节点在一段时间内由于故障无法同步数据，当它从故障中恢复之后，还可以从 oplog 中找到上次同步的时间点，并根据 oplog 陆续完成后续数据的同步。也就是说，oplog 具有"幂等性"，根据时间戳信息，即使节点反复进行同步，也不会出现数据重复的情况。这里有个隐含条件，即主、从节点之间的时间应该是同步的。

此外，oplog 可以持久化存储，出现系统宕机时 oplog 也不会丢失，这提升了整个集群的数据同步能力和可靠性。

4.3.3　部署复制集

本小节利用单机多实例机制，在单个物理设备（主机名为 node1）上利用 27024、27025 和 27026 这 3 个端口开启 3 个实例，模拟 3 个集群节点。

1. 启动 mongod 进程并加入复制集

在系统命令行环境中执行下列命令，启动多个 mongod 实例（节点），并加入一个复制集：

```
C:\> start /b mongod --dbpath d:\nosql\db1\ --port 27024 --logpath d:\nosql\db1.
log --replSet test_replica_set
    C:\> start /b mongod --dbpath d:\nosql\db2\ --port 27025 --logpath d:\nosql\db2.log
--replSet test_replica_set
    C:\> start /b mongod --dbpath d:\nosql\db3\ --port 27026 --logpath d:\nosql\db3.
log --replSet test_replica_set
```

语句中利用--replSet 为所有节点指派了复制集名称"test_replica_set"。

也可以将语句中的参数信息写入不同的配置文件，并用--config 参数分别进行指定。其中，复制集名称的格式为：

```
replication:
    replSetName: test_replica_set
```

启动上述节点后，再通过 mongo 命令连接到任意节点：

```
C:\> mongo --port 27024
```

复制集需要先初始化，否则无法使用。执行：

```
>rs.initiate({_id: "test_replica_set",members: [{_id: 0,host: "127.0.0.1:27024"},
{_id: 1,host: "127.0.0.1:27025"},{_id: 2,host: "127.0.0.1:27026"}]})
```

或者使用下面两条语句，和上面的效果相同：

```
> config={_id:"test_replica_set",members:[{_id:0,host:"127.0.0.1:27024"},{_id:
1,host: "127.0.0.1:27025"},{_id:2,host:"127.0.0.1:27026"}]}
    > rs.initiate(config)
```

语句中的_id 为复制集名称，members 为成员列表，各个成员需要说明其 ID、节点地址和端口等信息。注意，在非实验性的集群环境中，不应使用"127.0.0.1"这样的内部地址，应该使用外部 IP 地址或外部可访问的域名或主机名。

此时，客户端的提示符会显示复制集名称和当前节点的角色，下面的提示符说明当前连接的是主节点（PRIMARY）：

```
test_replica_set:PRIMARY>
```

如果连接到其他节点，提示符则会变成：

```
test_replica_set:SECONDARY>
```

但在连接从节点（SECONDARY）时，无法进行有效的数据操作，特别是写操作。

当服务端部署为复制集形式时，客户端访问（包括命令行和 Compass 客户端）或编程访问时，应尽量采用连接字符串方式进行连接，例如：

```
C:\> mongo "mongodb://127.0.0.1:27024,127.0.0.1:27025,127.0.0.1:27026/?
replicaSet=test_replica_set"
```

字符串指定了复制集中所有的节点地址，并通过 replicaSet 参数指定复制集的名称，参数和地址之间用"/?"进行分隔，如果后续需要加入其他参数，则参数之间用"&"进行分隔。该语句执行后，程序会自动连接到主节点。

2. 管理复制集

rs 为复制集管理命令。执行：

```
rs.help()
```

可以查看复制集管理的所有命令列表与描述。

在命令行客户端下执行下列命令可查看复制集状态：

```
test_replica_set:PRIMARY> rs.status()
```

在返回信息中，在嵌套列表字段"members"中可以看到以下信息（片段）。

```
"members" : [
        {
            "_id" : 0,
            "name" : "127.0.0.1:27024",
            "health" : 1,
            "state" : 1,
            "stateStr" : "PRIMARY",
            "uptime" : 466,
            "optime" : {
                "ts" : Timestamp(1646579204, 1),
                "t" : NumberLong(1)
            },
            "optimeDate" : ISODate("2022-03-06T15:06:44Z"),
            "lastAppliedWallTime" : ISODate("2022-03-06T15:06:44.384Z"),
            "lastDurableWallTime" : ISODate("2022-03-06T15:06:44.384Z"),
            "syncSourceHost" : "",
            "syncSourceId" : -1,
            "infoMessage" : "",
            "electionTime" : Timestamp(1646579183, 1),
            "electionDate" : ISODate("2022-03-06T15:06:23Z"),
            "configVersion" : 1,
            "configTerm" : 1,
            "self" : true,
            "lastHeartbeatMessage" : ""
        },
    …]
```

以上信息表明该节点为主节点（"stateStr":"PRIMARY"）。在进行初始化时，主、从节点的角色是由系统自动确定的。

主节点可以被切换，在主节点执行：

```
test_replica_set:PRIMARY> rs.stepDown()
```

这会使主节点放弃当前角色，并在集群中重新进行选举。此外执行：

```
test_replica_set:PRIMARY> rs.stepDown(120)
```

这会使当前节点放弃角色，并在 120 s 之内不能被选为主节点。在需要对主节点所在物理设备进行维护等场景中，可以进行这种操作。

如果需要为复制集添加新的从节点，需要将新节点以--replSet 参数启动，之后通过 mongo

命令将其连接到复制集主节点，并执行：

```
test_replica_set:PRIMARY> rs.add("127.0.0.1:27027")
```

如果需要为复制集添加仲裁节点，需要将新节点以--replSet 参数启动，之后通过 mongo
命令将其连接到复制集主节点，并执行：

```
test_replica_set:PRIMARY> rs.addArb("127.0.0.1:27028")
```

从复制集中删除从节点：

```
test_replica_set:PRIMARY> rs.remove("127.0.0.1:27027")
```

3．管理选举

当主节点出现故障时，需要从各个从节点中选举出新的主节点。从节点具有一些和选举
相关的属性，可以通过 rs.config()命令查看并修改相关信息。

```
test_replica_set:PRIMARY> rs.config()
```

rs.config()显示的内容可以看作存储在 config 数据库中的一个文档，可以对其进行修改：

```
test_replica_set:PRIMARY> con=rs.config()
test_replica_set:PRIMARY> con.members[2].priority=0
test_replica_set:PRIMARY> rs.reconfig(con)
```

上述 3 条语句首先新建一个空的 rs.config()，之后更新了配置内容，最后一条命令使得
新配置生效。

rs.config()中包含两个重要的字段："members" 和 "settings"。

其中 "members" 为一个嵌套数组，用于对各个节点的属性，特别是选举相关的属性进
行定义，通过修改其相应内容即可改变节点的角色和行为。

在 rs.config()的返回信息中，能看到 "members" 信息（片段）。

```
"writeConcernMajorityJournalDefault" : true,
    "members" : [
        {
            "_id" : 0,
            "host" : "127.0.0.1:27024",
            "arbiterOnly" : false,
            "buildIndexes" : true,
            "hidden" : false,
            "priority" : 1,
            "tags" : {

            },
            "slaveDelay" : NumberLong(0),
            "votes" : 1
        },
...
```

"members" 中的主要内容如下。

（1）_id 和 host：节点的 ID、所属的物理主机 IP 地址和端口。_id 不能手动修改。

（2）arbiterOnly：是否为仲裁节点。目前，MongoDB 不支持将复制集中的仲裁节点与普
通节点相互转换，即该属性无法被修改。如果想让一个仲裁节点转换为普通从节点，只能将
其移出集群，并重新以从节点身份加入。

（3）priority：优先级。默认情况下，主、从节点的优先级均为 1。优先级可以设置的范围为 0～1000，数值越大，该节点优先级越高。如果调高从节点的优先级，则会触发选举，最终导致高优先级节点成为主节点。当 priority 设置为 0 时，该节点无法被选为主节点（例如仲裁节点的优先级就是 0）。

（4）votes：投票优先级，可设置为 1 或 0。设置为 0 时，该节点不参与投票，但该节点的优先级也必须是 0。

（5）hidden：是否为隐藏节点，可设置为 true 或 false。隐藏节点不能被选为主节点，一般用于离线任务或数据备份。隐藏节点同时也必须是优先级为 0 的节点。

（6）buildIndexes：是否允许该节点构建索引。例如，可以将负责备份数据的隐藏节点的 buildIndexes 属性设置为 false，以节省存储开销。一旦将该属性设置为 false，就不能再修改为 true。

（7）tags：内容为嵌套文档，可以用来实现节点分组、机架感知等机制。

（8）slaveDelay：设置值为整数。表示该（从）节点和主节点的同步延迟，即该节点会和主节点同步前一段时间的数据，而非当前数据，其作用是实现错误回滚等功能。

rs.config() 中还包含一个重要的嵌套字段 "settings"。

```
"settings" : {
        "chainingAllowed" : true,
        "heartbeatIntervalMillis" : 2000,
        "heartbeatTimeoutSecs" : 10,
        "electionTimeoutMillis" : 10000,
        "catchUpTimeoutMillis" : -1,
        "catchUpTakeoverDelayMillis" : 30000,
        "getLastErrorModes" : {

        },
        "getLastErrorDefaults" : {
            "w" : 1,
            "wtimeout" : 0
        },
        "replicaSetId" : ObjectId("6224cde4b2322b1c648d203d")
    }
```

"settings" 中的常用内容如下。

（1）chainingAllowed：是否允许从其他的从节点复制数据，默认为 true。这种机制称为链式复制，有助于降低主节点的负载开销，但可能导致更多的复制延迟。在 4.4.8 版本之后，MongoDB 将一直允许链式复制，无论该选项如何设置。

（2）heartbeatIntervalMillis：从节点之间监听心跳的间隔，单位为 ms。

（3）heartbeatTimeoutSecs：从节点之间监听心跳的超时时间，单位为 s。

（4）electionTimeoutMillis：从节点访问主节点的超时时间，单位为 ms，默认值相当于 10 s。如果从节点超过该时限还未联系到主节点，则开始发动选举，此时，故障恢复时间应该在 12 s 左右。提高该值，将缓解由于网络问题引发的波动；降低该值，则有助于实现更快速的恢复。注意，如果主节点以 rs.stepDown() 命令"退位"，则会立即触发选举，而忽略这个超时时间。

4．Oplog 管理

在采用链式复制时，主、从节点都会维护自己的 Oplog。默认情况下，Oplog 会占用 5% 的物理硬盘，上下限分别为 1 GB 和 50 GB。一般情况下，节点会在其容量超限或数据陈旧等情况下，将 Oplog 中的数据滚动删除。

如果 Oplog 过大，则会占用过多的存储空间，过小则可能使得旧数据被覆盖，致使部分数据无法被其他节点同步，特别是在其他节点因故障停机了一段时间的情况下。官方文档中认为 5% 是一个合理数值，并建议一般情况下无须调整。

通过命令行客户端连接到复制集后，可以使用下面的命令查看 Oplog 的大小，以及所涉及数据写操作的时间（或时间戳）范围。

```
test_replica_set:PRIMARY> rs.printReplicationInfo()
configured oplog size:   31405.036913871765MB
log length start to end: 46597secs (12.94hrs)
oplog first event time:  Tue Mar 01 2022 14:42:16 GMT+0800
oplog last event time:   Wed Mar 02 2022 03:38:53 GMT+0800
now:                     Wed Mar 02 2022 03:38:54 GMT+0800
```

修改 Oplog 的数值，可以通过以下指令：

```
db.adminCommand({replSetResizeOplog: 1, size: 16000})
```

该命令将 Oplog 数值修改为 16000 B。

4.3.4　MongoDB 的相关策略

当 MongoDB 以复制集方式部署时，主节点的开销可能较大，从而产生"局部热点"问题；此外多副本还可能带来一致性问题，进而产生 CAP 策略的取舍问题。本小节介绍 MongoDB 中的一些相关策略，来说明分布式对实际 NoSQL 软件的设计和使用所带来的影响。一些策略在使用上较为烦琐，本小节只介绍基本原理，详情可参阅官方文档。

1．读取策略

默认情况下，客户端应从主节点读取数据，以确保得到最新的数据，但这样可能使主节点开销过大。也可以选择其他的读取策略，方式为在连接字符串中设置相应参数。例如：

```
mongodb://127.0.0.1:27024,127.0.0.1:27025,127.0.0.1:27026/?replicaSet=
test_replica_set&readPreference=secondary
```

其中 readPreference 参数指定了读取策略，包括以下几种选项。

primary：默认模式，从主节点读取数据。

primaryPreferred：首先从主节点读取数据，当主节点不可用时，从从节点读取数据。

secondary：从从节点读取数据，一般客户端会从数据版本最新的从节点读取数据。

secondaryPreferred：首先从某个从节点读取数据，如果所有从节点都不可用，则从主节点读取数据。

nearest：从延迟最小的节点读取数据，无论主、从节点。

2．读写关注策略

在多副本情况下，可能出现数据同步不够及时的情况。即在某一时刻，多个副本之间的数据版本不一致。根据 CAP 理论，读写效率和多副本一致性之间存在一定矛盾。例如：如果只向一个副本读写数据，可能不能得到最新结果或最终结果（例如某个写操作被回滚）。但如果读写多个副本或所有副本，则会造成可用性（效率）低下。

MongoDB 在进行复制集部署时，客户端可以根据需要使用多种读写关注（Read/Write Concern）策略，来对一致性和可用性进行平衡。例如：在读关注策略中，可以选择读取时是否需要经过集群中大多数节点确认等；在写关注策略中，可以对写入的副本数量、如何写入日志和超时限制等进行规定。读写关注策略的使用与读写操作类型及使用场景等都有关系。

3．读写重试策略

重试读（Retryable Read）和重试写（Retryable Write）策略使得 MongoDB 的客户端能够在远程访问数据库出现错误时，自动进行重试。其中重试写策略只能支持集群化部署。

4.4　分片的原理与配置

分片（Shard）即对集合的横向拆分，这是 NoSQL 数据库横向扩展能力的主要体现。在 Cassandra 和 HBase 等 NoSQL 数据库中都有类似机制。分片有助于实现负载均衡，横向扩展也在一定程度上提升了整个数据集的可用性：因为分片是独立且分散的，如果部分分片出现故障或损坏，不影响对其他分片的读写。

4.4.1　分片策略和相关机制

1．分片的对象和依据

分片是面向集合的，复制集是面向节点的，即对一个节点所存储的所有数据建立多副本。对于一个数据库，可以只对部分集合进行分片。每个数据库都会有一个"主分片"实例，负责存储该数据库中没有分片的集合，但不同数据库可以指定不同节点为"主分片"。"主分片"和复制集中的主节点概念没有联系。

分片的依据是集合内文档的字段——称为片键。片键可以由文档的一个或多个字段构成。在早期的 MongoDB 中，参与分片的字段在所有文档中必须存在，且不能为空。但从 4.4 版本开始不再有此限制，如果文档中不存在分片字段，则视为空值进行处理。

2．分片策略

MongoDB 支持基本的分片策略，即范围分片和哈希分片，以及利用多个字段建立复合片键。此外，MongoDB 还支持分区（Partition）机制。简单地说，就是可以将指定片键范围的文档（可以为多个分区，也可以是某个分区的一部分，但片键范围是连续的），指定存储到某个确定的区域内，例如：将热点数据指定存储到离业务服务器较近的数据中心或一组服务器上。当进行数据平衡时，不会将分区内的数据分配到区域之外存储。

3．平衡机制

MongoDB 会对分片再次进行横向切分（仍按照片键范围），最终将其切分为大小不超过 64 MB（默认值）的数据块（chunk）。每个 chunk 存储的文档，其片键也都在一个连续范围之内（分片范围的子集），因此只要根据文档的片键就可以知道其归属的分片和 chunk。随着对集合的写操作的执行，chunk 会逐渐变大，MongoDB 会在 chunk 大小超过上限后进行自动切分 chunk。分片与 chunk 的关系如图 4-4 所示。

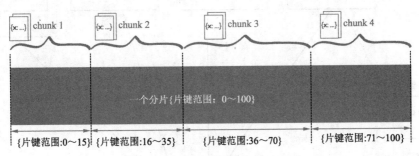

图 4-4　分片与 chunk 的关系

MongoDB 有一套平衡机制，能使 chunk 尽可能平均分布在各个节点上，移动（片键范围在分片范围边缘的）chunk，可以理解为修改当前分片负责的片键范围，即分片范围的自动调整。

如果分片集群中加入了新的节点，平衡机制也会寻找合适时机，在整个集群中重新分配 chunk，使得整个集群处于新的平衡状态，即增加新的分片。平衡调整也可以手动进行，但需要注意，较大范围的调整，会带来大量的网络传输和磁盘读写，可能对集群的可用性带来明显影响。

4.4.2　分片集群的结构

当数据分片后，集群中会包含 mongod（或称为 Shard）、config 和 mongos 这 3 种类型的实例。

mongod 节点：负责存储实际的数据分片。

config 节点：负责持久化存储分片集群的元数据和配置信息。config 节点可以看作一种特殊的 mongod 实例，也会维护一些数据库和集合，只是 config 中的数据和分片集群的维护、管理有关。

mongos 节点：一方面作为用户访问集群的入口，负责与客户端的交互；另一方面也承担分片的管理功能。当 mongos 实例启动时，会从 config 节点读取分片信息并缓存到内存。客户端只要知道 mongos 服务的入口即可使用整个集群，对集群细节无须关心。当用户修改集群配置时，mongos 也会通知 config 节点进行同步保存。

分片集群中的 mongod 和 config 节点都支持以复制集的方式构建。即先将数据进行分片，再对每个分片构建复制集。也可以在集群中部署多个 mongos 节点，以实现负载均衡和高可用性。

引入分片和复制集后的 MongoDB 集群典型拓扑结构如图 4-5 所示。

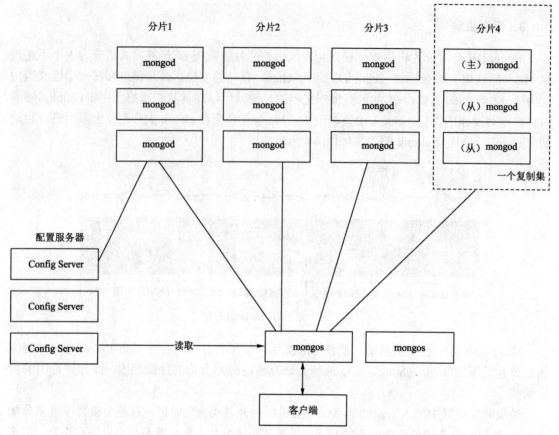

图 4-5　引入分片和复制集后的 MongoDB 集群典型拓扑结构

4.4.3　部署分片集

本小节利用单机多实例机制，演示在单个 Windows 设备的 27020、27021、27029 和 27030 这 4 个端口上开启 4 个实例。将 27020、27021 端口配置为分片（mongod），27030 端口配置为分片路由服务（mongos），27029 端口配置为 config 服务。演示分片集群的架构如图 4-6 所示。

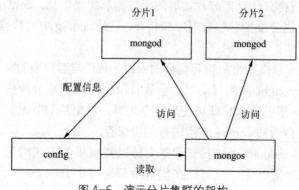

图 4-6　演示分片集群的架构

1. 部署 config 服务

首先部署 config 服务，示例语句如下：

```
C:\> start /b mongod --dbpath d:\nosql\config\ --port 27029 --logpath
d:\nosql\config.log --configsvr --replSet configset
```

该语句在 27029 端口开启一个节点，--configsvr 参数表明启动为 config 服务，--replSet configset 参数表明该节点归属于一个名为 configset 的复制集，此时复制集中只有一个节点。

可以根据 4.3 节的方法，在 configset 复制集中添加更多的节点，实现配置信息的冗余存储。

由于使用了复制集，还需要根据 4.3 节的方法将复制集初始化——用 mongo 命令连接该节点，进入命令行客户端，并执行：

```
> rs.initiate()
```

因为只有一个节点，所以不带任何参数（使用默认参数）。如果复制集中有多个节点，可参考 4.3.2 小节中的方法指定成员列表，例如下面的示例：

```
> rs.initiate(
  {
    _id: "configset",
    configsvr: true,
    members: [
      { _id : 0, host: "127.0.0.1:27010" },
      { _id : 1, host: "127.0.0.1:27011" },
      { _id : 2, host: "127.0.0.1:27012" }
    ]
  }
)
```

此时一定要指定 configsvr: true，表明该复制集为一个 config 服务。

2. 部署 mongos 服务

在安装位置的 bin 目录下包含了 mongos.exe 程序，在（新的）命令行窗口执行：

```
C:\> mongos --configdb configset/127.0.0.1:27029 --logpath d:\nosql\mongos.log
--port 27030
```

命令中的 configset/127.0.0.1:27029 指明配置服务的复制集名称和地址。如果 config 服务由多个节点构成，则应写入多个地址，并用逗号隔开，例如：

```
C:\> mongos --configdb configset/127.0.0.1:27010,127.0.0.1:27011,127.0.0.1:27012
--logpath d:\nosql\mongos.log --port 27030
```

如果利用阻塞方式启动 mongos，可以从命令行窗口观察进程控制台输出，此时可能产生较多的输出信息。如果在命令中加入--quiet，则可以大幅度减少输出信息。也可以用非阻塞方式甚至系统服务启动 mongos，但此时最好指定--logpath，以便从日志中查看状态信息。

mongos 会从 config 服务中读取配置信息并缓存，以便客户端访问集群时，提供分片的位置和路由信息。如果地址或端口输入错误或 config 服务状态异常，mongos 节点也无法正常工作。在同一个分片集群中，mongos 节点可以有多个，但相互之间一般没有交互关系，可以看作多个独立的集群入口，访问任何一个 mongos 的后续操作效果都是相同的。

3．部署分片数据节点

启动两个数据节点进程，注意使用--shardsvr 参数：

```
C:\> mongod --dbpath d:\nosql\shard1\ --logpath d:\nosql\shard1.log --port 27020
--shardsvr
C:\> mongod --dbpath d:\nosql\shard2\ --logpath d:\nosql\shard2.log --port 27021
--shardsvr
```

利用命令行客户端连接到之前配置好的 mongos：

```
C:\> mongos --port 27030
```

执行 **sh.addShard** 命令，将两个节点加入分片集，语句和效果如下：

```
mongos> sh.addShard("127.0.0.1:27020")
{
        "shardAdded" : "shard0000",
        "ok" : 1,
        "operationTime" : Timestamp(1646582376, 1),
        "$clusterTime" : {
                "clusterTime" : Timestamp(1646582376, 1),
                "signature" : {
                        "hash" : BinData(0,"AAAAAAAAAAAAAAAAAAAAAAAAAAA="),
                        "keyId" : NumberLong(0)
                }
        }
}
mongos> sh.addShard("127.0.0.1:27021")
{
        "shardAdded" : "shard0001",
        "ok" : 1,
        "operationTime" : Timestamp(1646582381, 1),
        "$clusterTime" : {
                "clusterTime" : Timestamp(1646582381, 1),
                "signature" : {
                        "hash" : BinData(0,"AAAAAAAAAAAAAAAAAAAAAAAAAAA="),
                        "keyId" : NumberLong(0)
                }
        }
}
```

操作完成后，可以通过下面多个命令查看分片效果：

```
mongos> db.printShardingStatus()
mongos> sh.status()
mongos> db.adminCommand({listshards: 1})
```

分片集的信息会由 mongos 进行缓存，并同步到 config 服务进行持久化存储。用命令行客户端分别连接到 config 服务和 mongos 服务，执行下面一组命令中的任意一个都可以查看到分片集列表：

```
mongos> use config
mongos> show collections
mongos> db.shards.find()
```

4．管理分片集

管理分片集或建立分片等，均由 mongos 负责。sh 为管理分片集命令。

使用命令行客户端连接到 mongos，执行：

```
mongos> sh.help()
```

可以查看使用帮助。

常见用法如添加新的分片实例：

```
mongos> sh.addShard("127.0.0.1:27022")
```

该分片节点必须先以正确的方式运行。

但移除分片节点不能用 sh 实现，可以执行：

```
mongos> use admin
mongos> db.runCommand({removeShard: "127.0.0.1:27022"})
```

注意，当集群中已经存储了大量分片数据时，进行移除分片的操作应该是极为慎重的。移除分片需要将该分片所管理的数据移动到其他分片上，因此移除过程可能需要花费较长时间，这可能导致集群性能暂时降低，甚至部分数据的读写受到影响。

removeShard 命令可以被重复执行。当语句第一次执行时，系统启动清空节点数据的工作，此时提示信息类似于：

```
{
        "msg" : "draining started successfully",
        "state" : "started",
        "shard" : "shard0002",
        "note" : "you need to drop or movePrimary these databases",
        "dbsToMove" : [ ],
        "ok" : 1,
        "$clusterTime" : {
            "clusterTime" : Timestamp(1528996277, 3),
            "signature" : {
                "hash" : BinData(0,"AAAAAAAAAAAAAAAAAAAAAAAAAAA="),
                "keyId" : NumberLong(0)
            }
        },
        "operationTime" : Timestamp(1528996277, 3)
}
```

重复执行 removeShard 语句，上面的提示信息会一直出现，但 state 字段可能变为 ongoing。当 state 字段变为 completed 时，表示清空和移除操作已经完成，此时可以通过 sh.status()等语句检验效果。

4.4.4　在分片集中进行数据操作

操作分片集应在 mongos 环境中进行。如果直接连接到某个 mongod 节点，则只能访问该节点中所存储的分片数据，且读写操作能力可能受到一定限制。

1．建立片键

利用 sh.enableSharding 语句将数据库 testdb 设置为支持分片，该数据库可以是已经存在，并存在集合和数据的，如果数据库不存在则新建。例如：

```
mongos> sh.enableSharding("testdb")
```

利用 sh.shardCollection 语句在空集合 testdb.fruitshop_1 中实施分片。例如：

```
mongos> sh.shardCollection("testdb.fruitshop_1",{name:1})
{
        "collectionsharded" : "testdb.fruitshop_1",
        "collectionUUID" : UUID("53adc5f9-ab6d-4fc7-bfc5-681317c00bc3"),
        "ok" : 1,
        "operationTime" : Timestamp(1646495368, 10),
        "$clusterTime" : {
                "clusterTime" : Timestamp(1646495368, 10),
                "signature" : {
                        "hash" : BinData(0,"AAAAAAAAAAAAAAAAAAAAAAAAAAA="),
                        "keyId" : NumberLong(0)
                }
        }
}
```

指令第一个参数为集合名称，第二个参数为片键列表。指令中的{name:1}表示用 name 字段作为片键，1 表示方式为范围片键。

对空集合 testdb.fruitshop_2 使用哈希片键和复合片键，语句为：

```
mongos> sh.shardCollection("testdb.fruitshop_2",{name: "hashed",qty:1})
```

该语句将两个字段设置为复合片键，其 name 字段为哈希片键，qty 字段为范围片键。

进行分片时请注意如下内容。

（1）shardCollection 的参数中，集合名必须以所在数据库为前缀，例如：testdb.fruitshop_1。

（2）每个集合只能有一个分片策略，且只能进行有限度的修改，请参见本小节后面的"修改片键"。

（3）片键不支持列表字段。指定列表字段为片键时会报错：

```
"errmsg" : "couldn't find valid index for shard key"
```

虽然报错信息提示问题可能和索引有关，但实际问题来自字段类型。

（4）对非空集合进行分片，会对索引有一定要求，请参见本小节后面的"片键的索引要求"。

上文例子中，假设 testdb.fruitshop_1 和 testdb.fruitshop_2 集合是事先不存在或完全空白的集合。此时，语句会自动建立集合和所需的索引，之后再进行分片设置。

2. 查看分片信息和片键信息

使用下列语句可以查看某个数据库是否支持分片：

```
mongos> use config
mongos> db.databases.find()
{ "_id" : "shard_db", "primary" : "shard0002", "partitioned" : true, "version" :
{ "uuid" : UUID("4bd7d923-abf1-4e2c-88a6-1ca140bd3146"), "lastMod" : 1 } }
```

显示信息中，partitioned 字段说明该数据库（shard_db）是否支持分片，primary 字段指示主分片节点的名称。

如果需要在显示时过滤掉不支持分片的数据库，可执行：

```
mongos> use config
mongos> db.databases.find({"partitioned": true })
```

查看当前所有的片键信息，可执行：

```
mongos> use config
mongos> db.collections.find()
```

注意，db.databases 和 db.collections 为固定用法。

3．片键的索引要求

无论采用何种分片策略，参与分片的字段必须存在索引（包括复合索引），如果对一个空集合实施分片，MongoDB 会自动对片键建立索引；但对于非空集合，则需要手动建立索引，否则在建立片键时会报错：

```
"errmsg" : "Please create an index that starts with the proposed shard key before sharding the collection"
```

并且已建立的索引会对片键产生影响，例如，如果对非空集合 fruitshop 建立了顺序索引：

```
> db.fruitshop.createIndex({"name":1})
```

则无法采用哈希片键进行分片：

```
mongos> sh.shardCollection("testdb.fruitshop",{name:"hashed"})
{
        "ok" : 0,
        "errmsg" : "Please create an index that starts with the proposed shard key
before sharding the collection",
        "code" : 72,
        "codeName" : "InvalidOptions",
        "operationTime" : Timestamp(1646498684, 5),
        "$clusterTime" : {
                "clusterTime" : Timestamp(1646498684, 5),
                "signature" : {
                        "hash" : BinData(0,"AAAAAAAAAAAAAAAAAAAAAAAAAAA="),
                        "keyId" : NumberLong(0)
                }
        }
}
```

还需要注意其他细节，如下。

（1）片键的索引不能为部分索引或稀疏索引。

（2）尽量不要对索引进行自行命名，或者保持索引名是以索引字段名开头的。

4．分片之后的字段唯一性

数据分片实际和字段唯一性无关，唯一性一般是用户的业务要求。在没有建立数据分片之前，可以利用唯一索引保证某个字段数据的全局唯一性。建立数据分片之后，还可以保持片键字段的全局唯一性，但无法保持非片键字段的全局唯一性。

这是因为对于片键来说，不同分片的片键范围是不同的，片键取值决定于其归属分片。相同的片键不可能被分配到不同分片中，这样冲突就很容易被发现。但对于非片键字段来说，字段被分配到哪个分片是无法控制的，且向一个分片插入数据时，别的分片并不关心具体情况，因此无法保证相同的取值是否在其他分片中也存在。

一些注意事项如下。

（1）可以将一个唯一索引字段设置为片键。但如果集合内存在多个唯一索引字段，或者在存在唯一索引字段时企图用其他字段进行分片，会产生错误：

```
mongos> db.fruitshop.createIndex({"name":1},{unique:true})
mongos> db.fruitshop.createIndex({"tags":1})
mongos> sh.shardCollection("test.fruitshop",{tags:1})
{
        "ok" : 0,
        "errmsg" : "can't shard collection 'test.fruitshop' with unique index on
{ name: 1.0 } and proposed shard key { tags: 1.0 }. Uniqueness can't be maintained
unless shard key is a prefix",
        "code" : 72,
        "codeName" : "InvalidOptions",
        "operationTime" : Timestamp(1646499294, 4),
        "$clusterTime" : {
                "clusterTime" : Timestamp(1646499294, 4),
                "signature" : {
                        "hash" : BinData(0,"AAAAAAAAAAAAAAAAAAAAAAAAAAA="),
                        "keyId" : NumberLong(0)
                }
        }
}
```

上面的例子首先为 fruitshop 集合中的 name 字段建立了唯一索引字段（注意需要保证字段数据的唯一性），之后为 tags 字段建立了索引，并将其设置为片键，此时出现了报错信息，无法完成操作。

（2）对于一个已经分片的集合，无法再对非片键字段建立唯一索引。

（3）对于_id 字段，在没有进行分片时，_id 字段是全局唯一的。但如果集合进行了分片，且_id 字段不是片键或复合片键的前缀，则_id 字段只能在各个分片内保持唯一，系统并不会对这种情况进行报错。

总体来说，分片后的集合在操作方法上与无分片的集合基本相同，但可能在一些细节上存在限制。读者可以在实际操作中根据语句执行后的反馈信息，并结合官网文档进行验证。

5. 修改片键

MongoDB 4.4 支持在片键中添加新的字段。

假设 test.fruitshop 集合已经以 name 字段进行了范围分片。此时希望在片键中增加 qty 字段，则首先需要建立联合索引：

```
mongos> db.fruitshop.createIndex({"name":1,"qty":1})
```

再执行：

```
mongos> use admin
mongos> db.adminCommand({refineCollectionShardKey:"test.fruitshop", key:{name:
1,qty:1}})
```

上述命令中，refineCollectionShardKey 字段表示集合名称，key 字段表示新片键，key 字段只支持新增字段，且必须是旧片键在前，新片键在后。

对于复合片键，会优先根据前面的字段进行切分，前面的字段相同时，再根据后面的字段进行切分。而新字段必须以"后缀"形式加入，这有助于实现 chunk 层面上的负载均衡。

从 chunk 的机制来看，每个 chunk 负责一个范围内的片键存储，最少负责一个片键的存储，即不可能将相同片键的文档分配到多个 chunk。当原来的片键取值空间有限或数据过于倾斜时，可能造成某个 chunk 过大，这可能影响读写效率，通过引入新字段，可以实现对 chunk 的再次切分。

例如：如果利用"姓名"作为片键，则某些易重名的姓名，如"ZhangWei"，可能产生过大的 chunk；如果改为以"姓名+籍贯"作为片键，则"ZhangWei-ShanDong"和"ZhangWei-ShanXi"可拆分为两个 chunk。

4.4.5　分片集和复制集的联合配置

将分片集和复制集联合配置的基本思路是：先建立多个复制集，然后将复制集整体作为一个分片。

下面在 4.4.3 小节建立的分片集基础上，引入一个复制集作为新分片。该复制集名为 set1，包含两个节点，仍使用单机多实例方式模拟，端口为 27041 和 27042。

主要步骤如下。

（1）以复制集方式启动两个节点，但在启动参数中加入--shardsvr 参数。

```
C:\> start /b mongod --dbpath d:\nosql\set1\ --port 27041 --logpath d:\nosql\
set1.log --replSet set1 --shardsvr
    C:\> start /b mongod --dbpath d:\nosql\set2\ --port 27042 --logpath d:\nosql\
set2.log --replSet set1 --shardsvr
```

之后还需要利用命令行客户端连接其中的任意节点，并进行初始化，方法和 4.3.2 小节的相同。

```
rs.initiate({_id: "set1",members: [{_id: 0,host: "127.0.0.1:27041"},{_id: 1,host:
"127.0.0.1:27042"}]})
```

（2）连接到 mongos 服务，将复制集添加到分片集群中。方法和 4.4.3 小节的相同，差别只是参数中的地址格式为：

<复制集名称>/<实例 1 地址>,<实例 2 地址>,<实例 3 地址>,…

完整语句为：

```
sh.addShard("set1/127.0.0.1:27041,127.0.0.1:27042")
```

此时，集群拓扑结构变成如图 4-7 所示的形式。

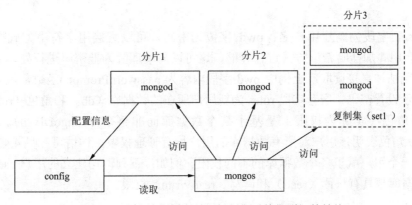

图 4-7　在分片集群中引入复制集后的集群拓扑结构

注意，分片 3 并不会因为节点数量多而增加数据存储能力，复制集只是提供多副本机制，即增加了其所负责分片的存储份数。

此外，本小节只是对相关操作进行演示。一般情况下，应在建立分片集群之初，将所有分片建立为复制集，以实现所有数据的均衡存储和冗余存储。

4.5 MongoDB 的安全机制

MongoDB 支持身份认证、授权和加密传输等安全机制。

身份认证：可以在客户端和服务端之间加入认证机制。MongoDB 社区版软件默认的认证机制为 SCRAM（Salted Challenge Response Authentication Mechanism，加盐挑战响应认证机制），这是一种基于用户名密码的认证方式，此外还支持 X.509 数字证书机制，企业版软件支持 Kerberos 认证等。此外，如果是集群化部署，则各个节点之间也可以加入内部认证机制。

授权：MongoDB 支持基于角色的访问控制，即 RBAC（Role-Based Access Control）机制。企业版还支持审计功能，即通过日志对用户的访问行为进行记录与核查。

加密传输：MongoDB 支持传输层安全（Transport Layer Security，TLS）/安全套接字层（Secure Socket Layer，SSL）协议，目前最低支持 TLS 1.1 以上的协议版本。

下面对身份认证和授权的基本操作方法进行介绍。

4.5.1 身份认证

1. 建立用户

MongoDB 的身份信息存储在 admin 数据库中。建立用户时，首先需要连接到 mongod 或 mongos（分片集群环境），切换到 admin 数据库，并执行 createUser 语句：

```
> use admin
> db.createUser(
  {
    user: "administrator",
    pwd: passwordPrompt(),
    roles: [ { role: "userAdminAnyDatabase", db: "admin" } ]
  }
)
```

其中 user 字段为新建用户名；pwd 字段为密码，可以直接用字符串方式指定密码，MongoDB 会用"加盐哈希"方式进行存储，这可以简单理解为把密码进行处理后再进行存储，使密码无法被直接读取。上例中 pwd 字段内容为 passwordPrompt()函数，该函数会在语句执行时提示设置密码；嵌套字段 roles 为新用户所在的数据库（db）和角色（role）。

用户和角色（实际为权限）是基于某个数据库而非整个 MongoDB 的。userAdminAnyDatabase 角色表明该用户对所有数据库的用户均有管理权限，详情可参见 4.4.3 小节。

可以为一个用户赋予多个数据库的不同权限。例如：下列语句建立的用户 user1，对 test 和 testdb 数据库都具有只读（read）和读写（readWrite）权限。

```
> use test
> db.createUser(
```

```
{
    user: "user1",
    pwd: passwordPrompt(),
    roles: [ { role: "read", db: "test" },{ role: "readWrite", db: "testdb" } ]
}
)
```

注意，user1 虽然对两个数据库有权限，但只归属于一个数据库。例子中首先将数据库切换到了 test，因此 user1 归属于 test。如果对该用户进行管理维护，必须切换到 test 数据库下进行。

2．开启服务端认证

可以使用多种方式开启服务端认证，此时客户端也必须改变访问参数。

（1）手动运行的 mongod。

在命令行客户端下执行：

```
> db.adminCommand({shutdown: 1})
```

之后在系统命令行环境下带--auth 参数重启 mongod：

```
C:\> mongod --dbpath d:\nosql\db1\ --port 27018 --logpath d:\nosql\db1.log  --auth
```

或者将开启认证信息写入配置文件（注意遵循 yaml 格式）：

```
security:
  authorization: enabled
```

并在 mongod 启动时指定该配置文件。

（2）以服务方式运行的 mongod。

可以在 Windows 控制面板的服务管理组件中停止 mongod 服务，之后通过修改配置文件的方式开启认证，再重新启动服务。

此时，如果直接用命令行客户端访问 mongod，可以进行正常的登录和切换数据库，但不能进行进一步操作，例如：

```
> use test
switched to db test
> show collections
Warning: unable to run listCollections, attempting to approximate collection names
by parsing connectionStatus
```

3．开启客户端认证

（1）在进行命令行客户端连接时，设置认证参数。

```
C:\> mongo --port 27017  --authenticationDatabase "test" -u "user1" -p
```

其中--authenticationDatabase 参数指定目标数据库，-u 参数指定用户名，-p 参数会在语句执行时提示输入密码。

（2）在命令行客户端进行认证。

直接将命令行客户端连接到目标实例，切换到目标数据库，并执行下面任意一条 db.auth 语句：

```
> db.auth("user1")
> db.auth("user1","123456")
```

```
> db.auth({user:"user1",pwd:"123456"})
```

其中第一条语句会在执行时提示输入密码，后两条语句则会直接完成认证（假设密码为123456）。

（3）利用连接字符串进行身份认证。

前文给出过连接字符串的多种示例应用，这里给出较完整的语法。

```
"mongodb://[username:password@]host1[:port1][,host2[:port2],…[,hostN[:portN]]]
[/[defaultauthdb][?options]]"
```

连接字符串以 mongodb://开头；之后可根据要求填写用户名、密码信息（[username:password@]）。然后是 mongod 列表或 mongos 地址，填写内容视服务端的形式而定：单实例填写一个地址；复制集填写一组地址，中间用逗号隔开；分片集填写 mongos 地址或地址列表。

之后为数据库名[/[defaultauthdb]，该信息为可选内容，在进行身份认证时，提示用户归属的数据库。再之后为可选参数列表[?options]]，多个参数之间以 "&" 隔开，例如：复制集需要增加 replicaSet 参数即可使用该方法。

加入身份认证信息的连接字符串，参见下面的示例：

```
"mongodb://administrator:123456@localhost:27017"
"mongodb://user1:123456@localhost:27017/test"
"mongodb://user1:123456@localhost:27017/?authSource=test"
```

第一个字符串只提供了用户名、密码，没有给出归属数据库，此时默认数据库为 admin。如果将前文创建的 user1 用户以该方式进行验证，会报告认证失败。因为 user1 是归属于 test库的。

第二个字符串给出了 defaultauthdb，即 test，指用户的归属数据库为 test。

第三个字符串以 authSource 参数方式给出了用户归属的数据库。

利用连接字符串可以实现命令行客户端、MongoDB Compass 和编程访问时的客户端认证。

在命令行客户端连接时使用连接字符串：

```
mongo "mongodb://user1:123456@localhost:27017/test"
```

在 MongoDB Compass 界面下可以直接在连接字符串的输入框中进行编辑。

相应的 Python 语句（pymongo 库）：

```
client = MongoClient("mongodb://user1:123456@127.0.0.1:27017/test")
```

相应的 Java 语句：

```
MongoClient mongoClient = MongoClients.create("mongodb://
user1:123456@127.0.0.1:27017/test");
```

4.5.2 用户管理

首先，以具有足够权限的用户身份连接到目标实例。用户管理命令在执行前可能会切换到目标用户所归属的数据库的环境下，具体情况和执行命令的用户的权限有关。

（1）利用 usersInfo 查看用户信息。

```
> db.runCommand({usersInfo: {user: "user1", db: "test"}})
{
```

```
        "users" : [
            {
                    "_id" : "test.user1",
                    "userId" : UUID("dc13ca2e-1e5f-438c-ac3c-d83a4c8d8488"),
                    "user" : "user1",
                    "db" : "test",
                    "roles" : [
                            {
                                    "role" : "read",
                                    "db" : "test"
                            }
                    ],
                    "mechanisms" : [
                            "SCRAM-SHA-1",
                            "SCRAM-SHA-256"
                    ]
            }
        ],
        "ok" : 1
}
```

参数中包含了用户名和数据库名，从返回信息可以看到用户在数据库中的权限情况。

也可以用列表方式在 usersInfo 中指定查看多个用户名和数据库。

```
> db.runCommand({usersInfo: [{user: "user1",db: "test"},{user: "user1",db: "admin"}]})
```

（2）利用 updateUser 修改用户密码和权限信息。

前文创建的 user1 用户，由于其只拥有归属数据库的只读权限，因此无法修改自己的密码和权限。下列命令均可以前文创建的 administrator 用户身份执行。

可以修改用户密码和权限信息等。例如：

```
> db.runCommand({updateUser:"user1",pwd:passwordPrompt(),roles:[{role:"read",
db:"test"}]})
```

或者直接执行 updateUser 语句。

```
> db.updateUser("user1",{pwd: passwordPrompt(), roles:[{role:"read",db:"test"}]})
```

上面两条语句效果相同。runCommand 语句的参数为一个文档；updateUser 的参数有两个，第一个为用户名，第二个为文档形式的更新参数。参数字段的含义和用法与新建用户时的相同。

如果只修改密码，也可执行：

```
db.changeUserPassword("user1", "123456")
```

（3）删除用户。

切换到目标用户归属的数据库，并执行 dropUser 命令。

```
> use test
> db.runCommand({dropUser: "user1",})
```

或执行：

```
> use test
> db.dropUser("user1")
```

如果希望删除某个数据库下的所有用户，可执行 dropAllUsersFromDatabase。

```
> use test
> db.runCommand({dropAllUsersFromDatabase: 1})
```

4.5.3　权限管理

前文建立的 user1 用户只拥有 test 数据库的只读权限，如果执行写操作会报错：

```
> db.fruitshop.insert({"name":"apple"})
WriteCommandError({
        "ok" : 0,
        "errmsg" : "not authorized on test to execute command { insert: \"fruitshop\",
ordered: true, lsid: { id: UUID(\"d1b06355-93af-4869-8742-690b4486c0e0\") }, $db:
\"test\" }",
        "code" : 13,
        "codeName" : "Unauthorized"
})
```

MongoDB 的权限是基于角色的，支持多种内建角色和自定义角色。这些角色均可以在前文的 createUser 和 updateUser 命令中使用。

1．内建角色

（1）一般数据库角色，针对单个数据库或全部数据库拥有只读或读写权限。

数据库用户角色：read 和 readWrite。

所有数据库角色：readAnyDatabase 和 readWriteAnyDatabase。

（2）数据库管理角色，针对单个数据库或全部数据库拥有管理权限。

数据库管理角色：dbOwner、dbAdmin、userAdmin。

所有数据库管理角色：dbAdminAnyDatabase 和 userAdminAnyDatabase。

其中 dbAdmin 和 dbAdminAnyDatabase 负责数据库架构、索引等的管理工作，但不负责用户管理；userAdmin 和 userAdminAnyDatabase 则负责用户管理，可以对用户（包括自己）赋予任何权限。

dbOwner 则拥有单个数据库的所有权限，实际是 readWrite、dbAdmin 和 userAdmin 这 3个角色的权限集合。

（3）其他内建角色。

集群管理角色：clusterAdmin、clusterManager、clusterMonitor、hostManager。

备份和恢复角色：backup 和 restore。

2．自定义角色

利用自定义角色功能，可以对集合和可执行的语句进行详细的权限定义。下面给出一些简单的示例。

（1）利用 createRole 创建角色。

```
> use admin
> db.createRole(
    {
      role: "myClusterwideAdmin",
      privileges: [
        {resource: {cluster: true}, actions: [ "addShard"]},
        {resource: {db: "config", collection: ""}, actions: ["find", "update",
"insert", "remove" ]},
        {resource: {db: "users", collection: "usersCollection"}, actions: ["update",
"insert", "remove" ]},
        {resource: {db: "", collection: "" }, actions: [ "find" ]}],
      roles: [{role: "read", db: "admin" }]}
)
```

语句定义了一个名为 myClusterwideAdmin 的角色。对该角色用 privileges 和 roles 两种方式定义了其权限集合。其中 privileges 方式，以文档方式给出目标数据库和集合（resource 字段），以及以列表方式给出授权使用的语句列表（actions 字段）。roles 方式和 createUser 和 updateUser 语句类似，将目标数据库（db）的内建角色（role），赋予新角色 myClusterwideAdmin。

（2）利用 getRole 和 getRoles 对自定义角色进行查看。

```
db.getRole( "myClusterwideAdmin" )
db.getRoles()
```

（3）利用 updateRole 对自定义角色进行更新。

```
> db.updateRole(
"myClusterwideAdmin",
    {
      privileges: [
        {resource: {cluster: true }, actions: [ "addShard"]},
        {resource: {db: "config", collection: ""}, actions: ["find", "update",
"insert", "remove" ]},
        {resource: {db: "users", collection: "usersCollection"}, actions:["update",
"insert", "remove"]},
        {resource: {db: "", collection: "" }, actions: ["find"]}],
      roles: [{ role: "read", db: "admin" }]}
)
```

（4）利用 dropRole 和 dropAllRoles 删除自定义角色。

```
db.dropRole("myClusterwideAdmin")
db.dropAllRoles()
```

4.6　在 Linux 下部署 MongoDB

MongoDB 可以部署在多种操作系统上，包括多种类型的 Linux、以及 MacOS 等。一般在生产环境下，基于 Linux 系统会更多地部署 MongoDB，特别是在需要建立集群的时候。在 Linux 下部署和使用 MongoDB 和在 Windows 下很相似。以 CentOS7 系统为例（基于 root 权限对主要步骤进行说明）。

1．安装过程

可以采用 yum 方式进行网络安装。

配置 MongoDB 4.4 的安装源，在/etc/yum.repos.d/文件夹下，建立文本文件 mongodb.repo，
内容如下：

```
[mongodb-org-4.4]
name=MongoDB Repository
baseurl=https://repo.mongodb.org/yum/redhat/$releasever/mongodb-org/4.4/x86_64/
gpgcheck=1
enabled=1
gpgkey=https://www.mongodb.org/static/pgp/server-4.4.asc
```

之后可以使用下面命令，进行自动安装：

```
[root@node1 ~]# yum install -y mongodb-org
```

2．配置

在 CentOS7 中，默认的配置文件为/etc/mongod.conf，仍然为 yaml 格式。配置文件的内
容和 Windows 下大体相同，仅在个别内容上有差异，例如 processManagement 字段，其在
Linux 下默认存在如下内容，而在 Windows 中默认为空。

```
processManagement:
  fork: true  # fork and run in background
  pidFilePath: /var/run/mongodb/mongod.pid  # location of pidfile
  timeZoneInfo: /usr/share/zoneinfo
```

当进行单机多节点部署时，需要指定不同的 pidFilePath，或共用配置文件时，需要直接
注释掉或删掉 pidFilePath 信息。其他信息酌情配置。

注意，Linux 的路径中使用"/"，而在 windows 中使用"\"。

3．启动 mongod

前台（阻塞式）启动 mongod 实例如下：

```
[root@node1 ~]# mongod --dbpath /root/db1/ --config /etc/mongod.conf --logpath
/root/mongod.log --port 27020
```

关闭 mongod 实例，可以在其他命令行窗口带--shutdown 执行语句如下：

```
[root@node1 ~]# mongod --dbpath /root/db1/ --config /etc/mongod.conf --logpath
/root/mongod.log --port 27020 --shutdown
```

注意，在 windows 下没有--shutdown 参数。

4．连接 mongod

使用 mongo 命令连接到 mongod，之后各类操作和查询方式与 Windows 系统下完全一致。

此外，在 MongoDB 官网可以下载 rpm 格式的 compass 工具，并在 Linux 图形界面下安
装使用。

```
https://www.mongodb.com/try/download/compass
```

小结

本章对 MongoDB 的手动管理、集群部署和基本安全机制进行介绍，重点是对复制集和分片的相关策略、机制与部署、使用方法进行介绍。复制集、分片和文档数据模型是 MongoDB 最为突出的特点，也是 NoSQL 理念的典型体现。

思考题

1．利用单机多实例方式，建立一个分片集群，其中包含两个分片，每个分片由两个节点构成数据集；Config 服务也由两个节点构成复制集。

2．对第 1 题建立的集群进行查询，并详细列出每个节点（用端口号表示）在分片集和复制集中的角色（包括复制集的主、从节点信息）。

3．在第 1 题建立的集群中，首先在一个集合中插入若干数据（包含至少 3 个字段），再将集合设置为分片集合，片键中至少包含两个字段。

4．利用单机多实例方式，建立一个复制集集群，其中包含 4 个节点，且 4 个节点中有一个为"仲裁节点"角色。集群建成后，将主节点强行关闭，此时其余节点将执行何种操作？请记录并进行简要分析。

5．启动一个单节点的 mongod 实例。建立一个数据库，并为其建立两个用户，一个拥有只读权限，另一个拥有读写权限。分别利用这两个用户进行读写操作，记录并分析反馈信息。

第5章 图数据库 Neo4j

所谓图，并非指"图片"，而是指将数据存储为顶点（vertex，或称为节点，node）和边（edge，或称为关系，relationship）的数据存储模式，也可以称其为网络。图的应用领域有很多，如社交网络分析、地理空间分析和基于商品、购买行为的推荐系统等。对于图关系的深入讨论涉及图论的相关知识。

图数据库 Neo4j

和关系型数据库相比，图数据库的关系更加简单。其对于顶点和边的描述通常也是无模式的，不存在外键等约束条件。图数据库的底层存储模型通常也是基于键值对或列存储的。

当前图数据库和由此兴起的"图数据科学"领域，呈现百花齐放的状态。知名的图数据库产品和优秀的图关系查询语言层出不穷，很多公有云厂商也推出了自己的图计算产品（服务）。从知名度和易用性方面考虑，本章以 Neo4j 为例，对图数据库的特点和基本使用方法进行介绍。

5.1 图数据库简介

5.1.1 图模型简介

描述传统关系型模型的 E-R 图，也可以看作实体与关系的拓扑图，因此关系型数据库可以处理所谓的图数据。但是关系型数据库是通过外键和关联表等方式建立实体之间的关系（实际为属性之间的关系），当出现复杂的关系或处理跨越多个实体的路径问题时，其性能较差。而在图数据库中，直接通过定义顶点和有向的边进行存储，实际是将关联表简化为边，再用列、键值对或列族等方式进行存储。图数据库在处理社交网络、人际关系和商品关联推荐等业务时，效率更高、操作更方便，一个图数据库的例子如图 5-1 所示。

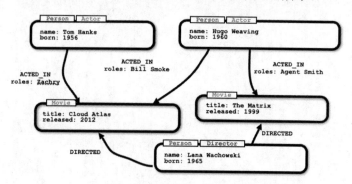

图 5-1　一个图数据库的例子（来自 Neo4j 官方网站）

常见的图数据库管理和图计算产品有 Neo4j、Apache TinkerPop、JanusGraph 和 Apache Spark 框架下的 GraphX 等。

5.1.2　Neo4j

Neo4j 是当前知名度最高的图数据库之一，其性能和易用性等均在同类产品中占有优势。Neo4j 由 Neo Technology 公司维护，具有开源的社区版和企业版两个版本，主要差别体现在集群部署能力（包括分片和多副本）、访问控制、高可用性等方面。

在功能上，Neo4j 通过专门的 Cypher 语言完成对各类图数据的查询和分析，并且提供多种编程语言接口。此外，Neo4j 还支持在集群上进行超大表的分布式查询，以及支持在其他 NoSQL 数据库上不多见的跨表查询等。

Neo4j 还具有图形化操作界面和可视化展示组件等配套工具。在部署方式上，Neo4j 提供了原生的图数据存储和管理，支持分布式部署，具有分片、多副本和横向扩展等机制。此外，Neo4j 还支持以容器（Docker）方式部署和管理。

Neo4j 提供的主要组件和服务包括以下几种。

Neo4j Graph Database：即 Neo4j 图数据库的服务器版。

Neo4j Desktop：包括两方面的功能，一是作为数据库的"企业管理器"，可以连接远程数据库进行一些维护工作，同时和其他组件、插件相结合，实现交互查询等功能；二是作为本地的桌面版数据库，提供内建的示例数据库和教程，可以用来进行体验和学习。

Neo4j Browser：Neo4j 浏览器，基于 Cypher 语言的图形化查询工具，集成在 Neo4j 的服务器版和桌面版当中。

Neo4j Graph Data Science (GDS) Library：基于图形的机器学习算法库，可以实现图计算领域的相关功能。

Neo4j Bloom：基于图数据的数据可视化工具，便于展示和探索各种图关系。

Neo4j AuraDB：Neo4j 官方基于谷歌云平台构建的云化服务。此外，Neo4j 还提供了免费的云上沙盒服务，可以提供免搭建的数据库环境。沙盒的性能较低但免安装、使用简便，可用来进行学习和测试。

相较于其他的图数据库软件，Neo4j 的一大优势在于其易用性。Neo4j 的部署容易，不仅支持 Linux 部署，还支持 Windows 部署，运行不依赖于其他软件，这和后文提到的 JanusGraph 形成鲜明对比。Neo4j 提供了多种工具软件和扩展组件，降低了软件的使用难度，同时也扩展了软件的使用场景。这些特点使得 Neo4j 成为当前最流行的图数据库软件之一。

5.1.3　其他图数据库产品

在图数据库领域，Apache TinkerPop 是由 ASF 支持的开源图数据库框架，最早版本可以追溯到 2014 年，当前最新版本为 3.x。作为框架，TinkerPop 不提供实际的图数据库或图计算功能，这些功能由外部工具提供；TinkerPop 只是提供了一套操作方法和相应的服务组件，包括提供一种图数据操作语言 Gremlin，以及应用程序接口（Application Program Interface，API）等。TinkerPop 框架结构如图 5-2 所示。

图 5-2　TinkerPop 框架结构

129

JanusGraph 则是一个基于 TinkerPop 框架技术实现的知名图数据库，提供了图数据管理、查询和处理功能，支持对图数据的 OLAP 和 OLTP 操作。用户通过其上的 TinkerPop 接口，使用 Gremlin 语言和 API 进行使用。

JanusGraph 的底层数据存储需要借助第三方组件实现，其可以支持 HBase、Cassandra 或 Berkeley DB 等基于键值对或列族的 NoSQL 数据库，这使得 JanusGraph 具有良好的横向扩展能力和容错性等。JanusGraph 不支持以关系型方式进行底层存储。

JanusGraph 还支持使用 Solr、Elasticsearch 等全文检索引擎进行索引管理，并支持通过 Gremlin 语言驱动一些知名大数据处理引擎完成图计算功能。JanusGraph 架构如图 5-3 所示。

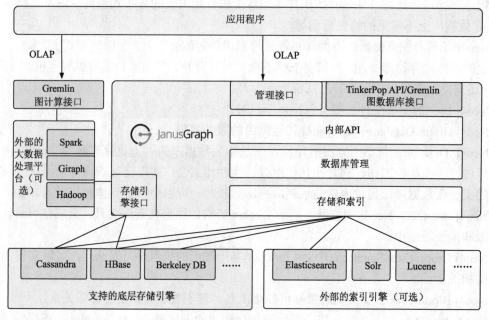

图 5-3　JanusGraph 架构

在图计算方面，谷歌公司曾于 2010 年介绍了一种名为 Pregel 的分布式图计算模型，并发表了相关论文 "Pregel: A System for Large-Scale Graph Processing"。该模型基于整体同步并行（Bulk Synchronous Parallel，BSP）计算模型，能够实现海量图数据的高效并行计算，包括图的遍历、路径计算、出入度（顶点的出边、入边条数）计算等。

开源大数据处理软件 Apache Spark 中的 GraphX 模块是 Pregel 模型的具体实现，它将图关系转化为 Spark 中的弹式分布数据集（Resilient Distributed Dataset，RDD）概念，实现分布式有向无环图（Directed Acyclic Graph，DAG）计算，其运算性能较高。但 GraphX 不像 Neo4j、JanusGraph 一样强调图数据的管理与查询能力，而是强调图数据的分析能力。一般情况下，Spark 以及 GraphX 需要通过 Scala、Java 等语言进行编程使用。

此外，当前很多公有云服务厂商都提供了自己的图计算产品，例如阿里云、AWS 等。这些产品很多是自行研发的，大多支持 Gremlin、Cypher 或 SPARQL 等主流的图数据查询语言。

5.1.4　基于图的查询语言

图数据一般有两种描述方式，属性方式和资源描述框架（Resource Description Framework，

RDF）方式。

在属性方式中，顶点和边都可以添加属性。例如："电影"和"人员"可以作为顶点存在。电影的名称、拍摄年份等，人员的性别、年龄等信息都可以作为顶点的属性。"出演"是连接"电影"和"人员"的一个关系（边），也可以有自己的属性，例如：是否为主演等。这种方式下，"电影"和"人员"等可以用定义对象的方式进行描述。

在 RDF 方式中，所有信息都是顶点，顶点和边都不存在"属性"，或者说顶点的属性就是"边"，属性的值是边的另一个顶点。例如：如果要描述某部电影的拍摄年份，则"电影"和"年份"为两个顶点，用一个名为"拍摄年份"的边相连。这样可以很方便地查询某个年份拍摄的全部电影，或者某个电影的全部信息。

采用属性方式还是 RDF 方式描述图数据，决定了数据的操作与查询方式。

知名的图数据查询语言中，SPARQL 偏向于 RDF 方式，由于没有属性的概念，SPARQL 以子图匹配的方式进行查询。

前文提到的 Apache TinkerPop 和 JanusGraph 使用 Gremlin 语言，可以看作采用了属性方式。Neo4j 使用 Cypher 语言，并在介绍中称其借鉴了 SQL 和 SPARQL 的特点，但从其特点来看，其仍采用了属性方式。

Gremlin 和 Cypher 是当前非常知名的两种图数据查询语言。二者设计目标相似，但语法规则不同，在功能、性能和易用性等方面各有所长。在普及程度上，Gremlin 受到 ASF、众多开源社区和公有云的支持。而 Cypher 语言主要受到 Neo4j 的支持，在其他产品和云服务中使用较少。但得益于 Neo4j 的高知名度、高性能和易用性，Cypher 语言获得了广泛的认可和使用。

其他知名的图数据查询语言还有 Facebook 公司提出的 GraphQL，但这几年它获得的关注相对较少。

5.2　Neo4j Desktop 及相关组件

本节介绍 Neo4j 的桌面（Desktop）、客户端（Neo4j 浏览器）和数据展示工具（Neo4j Bloom）。

需要注意的是，Neo4j 中使用节点（node）和关系（relationship）描述其数据结构，而非其他论文和产品中更常用的顶点和边。本章后续将遵照 Neo4j 的文档风格，使用节点和关系作为术语。

5.2.1　Neo4j Desktop

Neo4j Desktop 是一个本地桌面数据库。Neo4j Desktop 的安装包实际为一个套件，包含自带的示例数据库、Neo4j 浏览器和 Bloom 组件等，以及丰富的使用文档，即包含个人开发所需的几乎所有功能，但它不支持对数据库进行进一步的部署和优化，也不支持集群部署。Neo4j Desktop 便于用户进行 Cypher 语言的学习。

Neo4j Desktop 的安装过程和一般软件的类似，无须赘述。Neo4j Desktop 在第一次启动时，需要指定存储位置，之后即可看到图 5-4 所示的主界面。

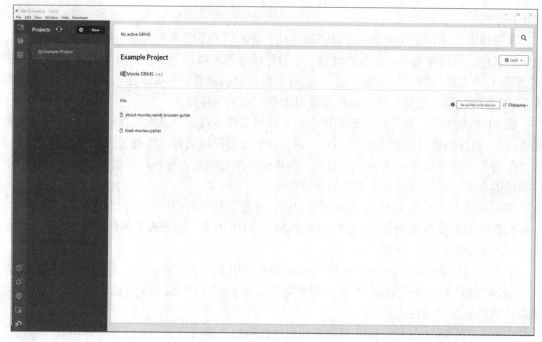

图 5-4　Neo4j Desktop 的主界面

Neo4j Desktop 左侧边栏包含上部的项目、数据库实例、应用组件等，如图 5-5 所示，以及下部的帮助（问号图标）、设置（齿轮图标）等主要功能。其中项目和数据库实例提供相应的列表和导航功能，应用组件则可用于打开 Neo4j 浏览器、Bloom 等组件。

图 5-5　Neo4j Desktop 左侧边栏上部

Neo4j Desktop 中可以建立多个项目（Project），项目中包含若干数据库系统实例（以下简称实例），实例中包含若干"数据库"。数据库中直接存储图数据，不再有表的概念。也可以认为实例对应传统意义上的数据库，而实例中的数据库对应传统的数据表。Neo4j Desktop 中可以针对不同实例设置密码，且只能有一个实例处于激活状态。项目和实例的管理界面如图 5-6 所示。

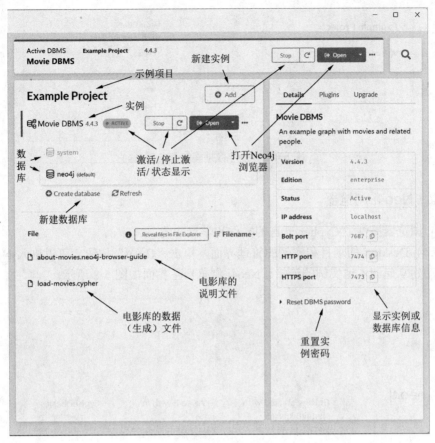

图 5-6　项目和实例的管理界面

　　根据以上内容可以建立项目、实例和数据库。为了方便学习和演示，Neo4j Desktop 包含了一个实例数据库"电影"。

　　在管理界面，单击"Example Project"（示例项目），再单击 movie 系统条目下的"start"按钮，可将电影数据库实例激活。激活完成后，可以看到系统有两个数据库，即 system（系统信息）和 neo4j。

　　单击界面中间的"Movie DBMS"，会出现右侧边栏，右侧边栏显示了实例的基本信息，包括连接信息等。Neo4j 支持通过 Bolt 协议、HTTP\HTTPS 进行连接，不同协议使用不同的端口号。此外，可以在右侧边栏重置实例密码（Reset DBMS password），特别是出现连接问题的时候。这里提到的 Bolt 协议是一种轻量级的远程访问协议，使用方式和 HTTP 类似，常用于数据库远程访问。Bolt 协议允许客户端发送命令语句，并由服务端进行应答。Neo4j 是该协议的主要使用者，用法可参阅后文内容。

　　如果单击界面中的 neo4j 数据库，则右侧边栏会切换为数据库信息，可以看到其中的节点（顶点）和关系（边）等相关信息，如图 5-7 所示。

　　单击实例右边的"Open"按钮或"Open"按钮旁边的小三角形图标，可以选择打开 Neo4j 浏览器、Neo4j Bloom 或 ETL 等组件。

图 5-7　Neo4j 数据库的基本信息

5.2.2　Neo4j 浏览器

Neo4j 浏览器提供了 Cypher 语言的操作和学习环境。

在 Neo4j Desktop 的项目和实例的管理界面，单击"Open"按钮，可以进入 Neo4j 浏览器，并自动建立起和本地实例的连接。Neo4j 浏览器主界面如图 5-8 所示。

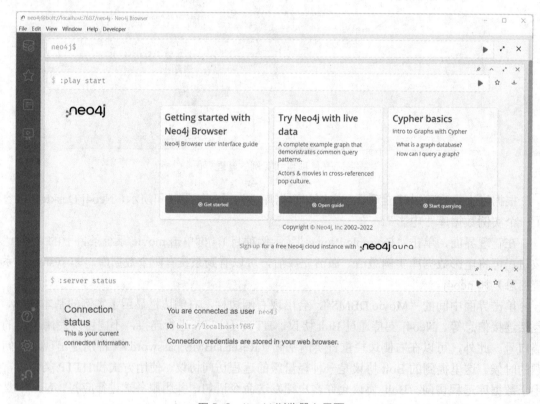

图 5-8　Neo4j 浏览器主界面

Neo4j 浏览器主界面主要分为左侧边栏和主体部分。主体部分以"卡片"方式，区分出不同的操作区域。例如，图 5-8 中包括 3 个卡片，分别是上部的快捷操作条卡片、中部的欢迎卡片和下部的实例连接信息卡片。

左侧边栏上部包含数据库和脚本（使用 Cypher 语句）的管理等功能，如图 5-9 所示，左侧边栏下部包含帮助和设置等功能。

在数据库信息（Database Information）界面，可以看到当前的数据库实例名称（Use database，可通过下拉列表切换）、主要节点标签（Node Labels）、主要关系类型（Relationship Types）、属性键值（Property Keys）等的概况信息。在左侧边栏中还可以看到当前的连接信息（Connected as）和实例信息（DBMS），如图 5-10 所示。

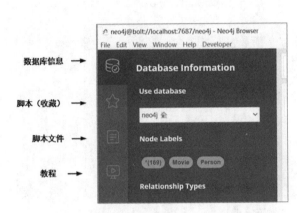

图 5-9　Neo4j 浏览器的左侧边栏上部　　　　图 5-10　左侧边栏中的连接信息和实例信息

注意，在"Use databse"标签下，可以用下拉列表切换数据库。在主界面右侧输入的 Cypher 语句，均是针对该数据库执行的。

单击"Connected as"中的"server user list"或"server user add"，可以在图 5-11 所示的卡片中进行用户管理。

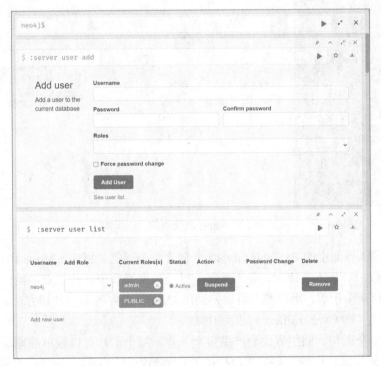

图 5-11　用户管理卡片

单击"Connected as"中的"server disconnect"，可以断开当前连接，此时主界面主体部分会弹出图 5-12 所示的实例连接卡片。选择合适的协议、地址和认证信息，可以连接到本地或远程的 Neo4j 实例。

图 5-12　实例连接卡片

在左侧边栏的脚本（收藏）界面中，可以看到大量图 5-13 所示的示例脚本（Sample Scripts），直接单击三角图标即可在主界面展示语句和运行效果。

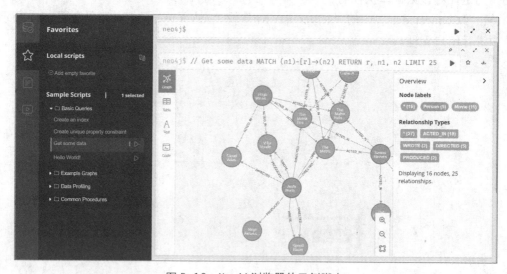

图 5-13　Neo4j 浏览器的示例脚本

脚本（收藏）界面中的 Example Graphs 里包含两个示例数据库（Move 和 Northwind）及其配套操作教程，对基本的建库、导入数据，以及数据增、删、改、查等操作进行简单演示和说明。通过这两个示例，用户基本可以归纳出 Cypher 语言的初步使用方法。此外，脚本还支持以文件方式（即 Cypher Files）保存和加载。

如果运行多个语句，则主界面会产生多个卡片，每个卡片可以被单独地编辑、缩放和关闭等。Cypher 语句卡片中的主要信息包括：卡片上部为语句编辑、执行、收藏和保存按钮；卡片左侧为结果查看方式选择——包括图形、表格、文本和代码 4 种查看方式，在图形查看方式下，卡片右侧为统计信息，可以进行隐藏。

单击左侧边栏下部的问号图标，可以看到帮助信息和操作指引。优秀的图形界面和丰富的手册、教程使得 Neo4j 的易用性极好。

5.2.3　Neo4j Bloom

Neo4j Bloom 的主要价值在于提供一个直观的可视化展示工具。

在 Neo4j Desktop 的实例上，单击"Open"按钮旁边的小三角形图标，可以打开 Neo4j Bloom 界面，并自动建立和实例的连接，如图 5-14 所示。Neo4j Bloom 是一个图数据可视化工具，或者可以理解为数据关系的透视（Perspective）工具。

一般情况下，可以直接在主界面上面的搜索栏中根据提示选择（过滤）需要展示的数据关系，并按"Enter"键进行展示。界面中的其他功能主要为展示效果定制等。

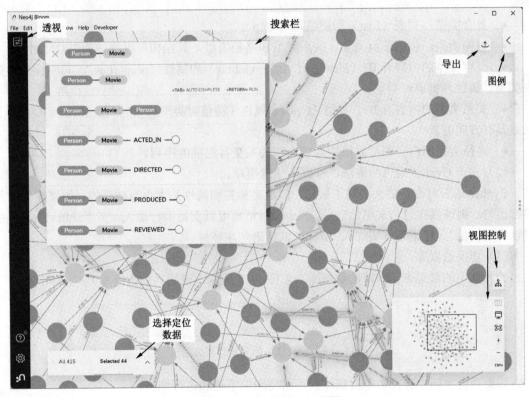

图 5-14　Neo4j Bloom 界面

5.3　Cypher 语言的常见用法

Cypher 语言是一种声明式查询语言，其语法较为简单，方便对节点和关系进行操作。利用 Cypher 语言可以实现节点与关系的定义、修改、删除和查询等功能，其中查询还支持条件查询和聚合查询等。

在 Neo4j 浏览器的输入框输入：

```
:help cypher
```

可以查询 Cypher 语言的帮助信息，注意指令前的冒号也需要输入；或者单击侧边栏的问号图标，在"Cypher Introduction"中可以连接到完整的 Cypher 语言文档。

5.3.1 基本概念

（1）Neo4j 支持的数据类型有以下几种。

- 数值型：包括整数和浮点数。
- 字符串型：即 String。注意字符串型在使用时需要用引号标注，单、双引号均可。
- 布尔型：取值为 true 或 false。
- 日期时间型：包括 Date、Time、LocalTime、DateTime、LocalDateTime 和 Duration 类型。
- 复合类型：列表（List）和键值对（Map）。
- 结构类型：包括节点类型、关系类型和路径类型，其结构可以描述为 JSON 对象。
- 节点类型的内容有 ID（identity）、标签（labels）和属性（properties），其中标签为列表类型、属性为键值对类型。
- 关系类型的内容有 ID、类型（type）、属性（键值对类型）、起点 ID 和终点 ID，即关系是具有方向的。
- 路径类型的内容则可以描述为节点和关系交替组成的序列。

（2）关于 Cypher 语言的语法，有以下注意事项。

Cypher 语言对命令的大小写不敏感，但是对标签和属性是大小写敏感的。如果需要输入多行语句，则需要在语句末尾加分号。Neo4j 浏览器可以支持多行输入（按"Shift+Enter"键可以实现换行）。在语句开头加入"//"可以将语句注释掉。

（3）切换数据库。

输入框中的前缀表示当前的数据库，如图 5-15 所示，说明当前数据库为"neo4j"。

图 5-15　输入框中的当前数据库指示

如果当前实例中存在多个数据库，可以使用以下语句进行切换：

```
:use <database>
```

下面以 Neo4j Desktop 提供的电影实例数据库，利用 Neo4j 浏览器说明 Cypher 语言的使用方式。

5.3.2 查询节点和关系

查询节点的命令为 match，Cypher 支持条件查询，以及对返回结果的控制。

（1）查询所有节点：

```
MATCH (n) return n
```

语句中 match 表示查询，n 为变量名，可以替换为其他任意字符串，如 node 等。return

表示返回变量。如果语句中定义了多个变量，return 子句可以选择返回哪些变量。由于语句没有对变量 n 进行任何匹配约束，因此返回的是当前数据库中的所有结果。可以在 Neo4j 浏览器中查看图形结果（以及节点之间的关系），也可以将结果显示为 table 格式（实际为 JSON 格式）或 Text 格式（实际为表格格式）。其中 JSON 格式的返回结果类似于下面的风格（节选两个节点）：

```
{
  "identity": 0,
  "labels": [
    "Movie"
  ],
  "properties": {
"tagline": "Welcome to the Real World",
"title": "The Matrix",
"released": 1999
  }
}
{
  "identity": 1,
  "labels": [
    "Person"
  ],
  "properties": {
"born": 1964,
"name": "Keanu Reeves"
  }
}
```

可以看出此处节选的两个节点具有各自的编号（identity），分别具有 Movie 和 person 两种标签（labels），不同标签表示不同的节点类型，具有不同的属性（properties）。

（2）条件查询。

条件查询如下（查询标签为 Person，属性中演员名为指定字符串的节点）：

```
MATCH (n: Person) where n.name="Keanu Reeves" return n;
```

其中 match 默认对标签进行过滤，但也可以对属性进行过滤，例如：

```
MATCH (n:Person {name:'Keanu Reeves'}) RETURN n
MATCH (n:Person {name:'Keanu Reeves',born:1964}) RETURN n;
MATCH (n:Person {born:1967}) RETURN n;
```

where 条件中支持逻辑运算符和比较运算符。逻辑运算符包括 AND、OR、XOR 和 NOT，比较运算符包括=、<>（不等于）、<、>、<=、>=、IS NULL、IS NOT NULL 等，以及 IN 操作符：

```
MATCH (a: Person) WHERE a.name = 'Keanu Reeves' AND a.born = 1964 return a;
MATCH (a: Person) WHERE a.name = 'Keanu Reeves' OR a.born > 1967 return a;
MATCH (a) WHERE NOT a.name IN ["Keanu Reeves", "Hugo Weaving"] RETURN a
```

match 条件（变量）可以为多个，相应的 return 结果可以为 match 条件中的部分或全部变量（即对输出内容进行过滤）：

```
MATCH (a: Person), (b: Person) WHERE a.name = 'Keanu Reeves' AND b.name = 'Hugo Weaving' return a, b;
```

该语句返回 a 和 b 条件查询的并集，即返回姓名为 Keanu Reeves 和 Hugo Weaving 的

Person。

注意，无论是 where 条件中的 n.name，还是 match 条件中的 {name:'Keanu Reeves'}，实际均指向 properties 字段，以上是固定用法。如果在 where 中使用 n.labels 或 n.identity，并不能获得真正的标签或 ID，因为并不存在 n.properties.labels 或 n.properties.identity。

正确的用法是使用内置函数 id(n) 或 labels(n)：

```
MATCH (n) where id(n)=0 return n;
MATCH (n where "Movie" IN labels(n)) return n;
```

注意，上面两句采用不同的语法风格（where 的位置不同），且标签为列表类型，因此需要用 IN 条件而非等号条件。

（3）关系查询。

match 语句支持对关系进行查询。在 match 语句中，节点用圆括号表示，关系用方括号表示，用 -->、<-- 和 -- 分别对终点、起点或任意关系进行查询。例如返回所有关系的终点或起点：

```
MATCH (n)-->(b) RETURN b;
MATCH (n)<--(b) RETURN b;
```

返回和 match 条件中节点存在任意关系的节点，以及返回具有指定关系名称的节点：

```
MATCH (n:Person {name:'Keanu Reeves'})--(p)RETURN n,p;
MATCH (a:Person {name: 'Keanu Reeves'})-[r:ACTED_IN]->(b) RETURN b.title;
```

第一条语句实际返回与该人物相关（可能包含导演或出演）的电影，图形化结果如图 5-16 所示。

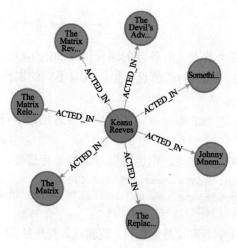

图 5-16 显示和指定演员相关的电影

第二条语句指定了关系必须为出演（ACTED_IN）。此外，第二条语句的返回值为节点的属性，即电影名列表，此时在浏览器中无法用图形方式展示，只能展示为列表。

也可对关系本身进行查询：

```
MATCH (a:Person {name: 'Keanu Reeves'})-[r]->(b{title: 'The Matrix'}) RETURN r;
```

结果以 JSON 方式展示为：

```
{
  "identity": 0,
```

```
    "start": 1,
    "end": 0,
    "type": "ACTED_IN",
    "properties": {
"roles": [
      "Neo"
    ]
  }
}
```

结果显示该演员名和电影之间存在出演关系，角色名为"Neo"。

此外，还可以看出关系结构包含：自身的 ID（identity）、该关系的起点 ID（start）和终点 ID（end），以及该关系的类型（type）和属性（properties）。

还可以在 where 子句中对关系进行约束：

```
MATCH (a:Person {name: 'Keanu Reeves'})-[r]->(b) WHERE type(r)="ACTED_IN" RET
URN b.title;
```

该语句和上一条语句效果相同，type(r)为内置函数，可获取类型值。如果使用 r.type，实际表示 r.properties.type，因此无法得到正确结果。

（4）返回结果控制。

对指定内容进行查询，并将结果以出生年份降序排列（order by n.born DESC），限制返回结果为 10 个（limit 10），并略过第一个结果（skip 1）：

```
MATCH (n: Person) where n.born is not null return n order by n.born DESC skip 1
limit 10;
```

（5）对字符串使用通配符。

对字符串使用"=~"，即可进行通配符比较。

例如：下面两条语句的匹配条件".*"，表示以指定字符串开头或结尾的、任意长度的字符串。

```
MATCH (a:Person)-[r]->(b) WHERE a.name=~ 'Keanu.*' RETURN b.title;
MATCH (a:Person)-[r]->(b) WHERE a.name=~ '.*Reeves' RETURN b.title
```

（6）结果计数。

可以在 return 中使用 count()函数，参考下面的用法：

```
MATCH (a:Person {name: 'Keanu Reeves'})-[r: "ACTED_IN"| "DIRECTED"]->(b) RETURN
count(b)
```

以上语句返回指定人物出演的电影数量。

类似的函数包括 sum()、avg()、max()、min()等。

（7）optional Match。

match 可以连用，例如下面两条语句等价：

```
MATCH (a:Movie {title: 'The Matrix'})-->(x) RETURN x;
MATCH (a:Movie {title: 'The Matrix'}) Match (a)-->(x) RETURN x;
```

但由于关系方向的原因，语句在电影数据库中没有匹配的结果，因此结果条目数为 0。

将第二条语句中第二个 match 改写为 optional match：

```
MATCH (a:Movie {title: 'The Matrix'}) optional Match (a)-->(x) RETURN x;
```

语句中 optional Match 意为，如果不匹配则返回空值。上面的例子中，match 子句的返回结果有一条，但这一条记录不匹配 optional Match 条件，因此返回了空值。

如果前面的 match 子句返回了 *n* 条结果，但 optional Match 语句中有 *m* 个结果没有任何匹配的结果，则返回 *n* 个结果，其中包括 *m* 个空值。效果可参考下面的语句：

```
MATCH (a) optional Match (a:Person)-->(x:Movie {title: 'The Matrix'}) RETURN x
```

match 子句会返回所有的"Person"，其中和指定电影名无关的记录被显示为 null，有关的记录则直接显示。最终输出的结果数量和数据库中的"Person"数量一致。如果将 optional Match 改为 match，则会直接过滤无关的记录。

5.3.3 创建、修改和删除

（1）创建节点和关系。

创建节点的命令为 create，例如：

```
create (n)
```

该指令创建了一个只有 ID，其他信息均为空的节点。

如果要指定标签和属性，则可以使用：

```
create (n: Person {name: "Bob",sex: "male"}) return n
create (m: Person {name: "Alice",sex: "male",age: 20}) return m
```

语句创建了两个标签为 Person 的节点。注意，标签并非"对象"，并没有严格的属性要求。因此其属性可以是任意内容。系统会自动为每个节点建立一个唯一的 ID，因此如果将同样的语句执行两遍，会生成两个独立的节点，其标签、属性相同。

使用 create 命令建立关系，语法为：

```
CREATE(节点)-[r:关系标签{可选的关系属性}]->(另一个节点)
```

为 Bob 和 Alice 建立一个单向的 friend_of 关系。做法是从 Person 类型的节点中找到 name 为 Bob 和 Alice 的节点（通过 where 查询），并建立关系：

```
MATCH (a: Person), (b: Person)
WHERE a.name = 'Bob' AND b.name = 'Alice'
CREATE (a)-[r:friend_of {name:a.name +"and" + b.name}]->(b)
RETURN r;
```

该关系的类型为 friend_of，该关系具有一个 name，为"Bob and Alice"。注意，Neo4j 中的关系是单向的。如果数据库中存在多个符合条件的节点（例如存在两个 Bob），则会为所有符合条件的节点建立多个关系。如果重复执行语句，则会建立多个同样的关系，如图 5-17 所示。

上面的语句使用 match…where…语句，表示对已存在的节点建立关系。如果希望建立完整路径，即一次性建立起点、关系和终点，则可以直接利用 create 描述该路径，例如下面的语句同时建立了 3 个节点和两个关系：

```
create p=
```

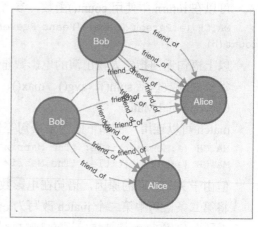

图 5-17 重复为节点建立关系

```
(n:Person{name:"Alice"})
-[:play_with{game:"football"}]->
(q:Person{name: "Chris"})
<-[:play_with{game:"tennis"}]-
(m:Person{name:"Bob"})
return p;
```

效果如图 5-18 所示。

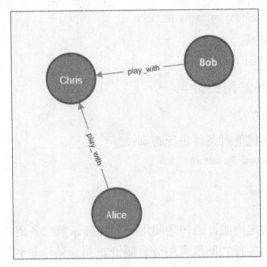

图 5-18　建立完整路径的效果

（2）修改标签或属性。

利用 set 命令可以为节点和关系修改属性或标签，例如：

```
MATCH (n {name: 'Alice'}) SET n.lastname = 'Jackson' RETURN n;
```

为所有具有属性 name: 'Alice'的节点增加一个 lastname 属性，如果该属性已经存在，则修改其值。

删除属性可以用 null 关键字或 remove 命令：

```
MATCH (n {name: 'Alice'}) SET n.lastname = null RETURN n;
MATCH (n { name: 'Alice' }) REMOVE n.age , n.sex RETURN n;
```

如果为节点增加标签：

```
MATCH (n {name: 'Alice'}) SET n:girl RETURN n
```

结合之前的创建操作，此时 Alice 的标签变成["Person","girl"]。

删除一个标签：

```
MATCH (n {name: 'Alice'}) remove n:girl RETURN n
```

在不同节点之间复制属性：

```
MATCH (n{name: 'Chris'}), (m{name: 'Bob'}) SET n.age= m.age RETURN n, m;
```

（3）删除节点和关系。

删除符合条件的节点：

```
MATCH (n: Person{name:"Bob"}) DELETE n
```

如果待删除节点存在和其他节点的关系，则无法完成删除，提示类似于：

```
Neo.ClientError.Schema.ConstraintValidationFailed: Cannot delete node<29>,
because it still has relationships. To delete this node, you must first delete its
relationships.
```

删除一个节点和它所有的对外关系：

```
MATCH (n { name: "Bob"})-[r]-() DELETE n, r
```

上述语句也可以改为只删除关系 r。

删除一个节点和它所有的对外关系，也可以使用 DETACH 关键字：

```
MATCH (n {name: "Bob"}) DETACH DELETE n
```

删除所有的节点和关系：

```
MATCH (n) DETACH DELETE n
```

5.3.4 其他用法和常用关键字

（1）定义参数。

可以根据提前预设的键值对条件进行查询：

```
:param name => 'Keanu Reeves';
MATCH (n:Person)
WHERE n.name = $name
RETURN n
```

上面的例子由两条语句构成，语句之间用分号隔开。第二条语句虽然在形式上为多行，但在逻辑上为一行，因为各行之间没有用分号隔开。第一条语句利用 ":param" 系统指令定义了一个参数。第二条语句则将其作为查询条件，语句中的$name 表示参数名。参数一旦定义，即可反复使用。

另一种写法：

```
with 'Keanu Reeves' as thename
MATCH (n:Person)
WHERE n.name = thename
RETURN n
```

例子中实际为单条语句。首先利用 with 定义变量，并在之后进行使用。with 定义的变量仅能在当前语句中使用，这是和 ":param" 的区别。

（2）case 子句。

利用 case 子句可以对输出结果进行处理和计算，例如将出生年份处理为年龄：

```
MATCH (n) WHERE n.name IS NOT NULL
RETURN n.name,
CASE n.age
  WHEN n.born IS NULL THEN -1
  ELSE 2022- n.born
END AS age
```

case 子句出现在 return 子句内部，即输出结果有两列：人物名（n.name）和处理后的年龄（n.age）。显示列名为 age（AS age）。

（3）枚举。

使用 distinct 关键字，可以以列表方式输出返回字段的不重复枚举值。例如：

```
MATCH (a:Person)-[r]->(b:Movie) RETURN distinct type(r)
```

（4）连接查询。

使用 UNION 关键字可以将两个查询的结果合并为一列，例如：

```
MATCH (n:Person)
RETURN n.name AS name,
       n.born AS year
UNION ALL
MATCH (n:Movie)
RETURN n.title AS name,
       n.released AS year
```

语句将两次 match 结果的人物名和电影名合并为一列显示，注意多次 match 结果必须具有相同的列。如果去掉 ALL 关键字，则会去除重复结果。

该方法可以用于异构数据的查询，即从不同数据源得到了结构相似、但属性名称不同的数据，将其进行连接查询。

其他常用的关键字还包括 UNWIND、FOREACH、MERGE 等。

（5）索引管理。

Neo4j 支持多种形式的索引，例如简单索引和复合索引。下面给出一些简单的示例。

建立简单索引或复合索引：

```
CREATE INDEX index_name_1 IF NOT EXISTS FOR (n:Person) ON (n.name);
CREATE INDEX index_name_2 IF NOT EXISTS FOR (n:Person) ON (n.name,n.born);
```

显示索引：

```
SHOW INDEXES
```

删除索引：

```
DROP INDEX index_name
```

（6）全文检索。

Neo4j 使用全文检索的方式和 MongoDB 类似，需要先建立全文索引（CREATE FULLTEXT INDEX），才能支持对相关字段的全文检索。

```
CREATE FULLTEXT INDEX titlesAndDescriptions FOR (n:Movie) ON EACH [n.title,
n.description]
```

以上语句建立了名为 titlesAndDescriptions 的全文索引。

全文检索的语句格式比较特殊：

```
CALL db.index.fulltext.queryNodes("titlesAndDescriptions", "Matrix") YIELD no
de, score RETURN node.title, score
```

CALL 指令调用 db.index.fulltext.queryNodes()函数，第一个参数为索引名，第二个参数为检索词。YIELD 子句表明函数输出参数，其中 node 为匹配的节点，score 为检索评分。

（7）数据库操作。

查看当前实例中的数据库列表：

```
show databases;
```

创建新的数据库：

```
create database <db>;
```

删除数据库：

```
drop database <db>;
```

5.4 Neo4j 服务端

前文实验所使用的 Neo4j Desktop，可以看作是一个集成化的学习工具，并非真正意义上的 Neo4j 服务端，因此不应该在实际应用中使用。在实际应用中可以使用社区版或企业版的数据库服务端，但要注意，社区版 Neo4j 服务端不支持集群部署，只能作为单机软件运行在 Windows 系统或 Linux 系统上。

5.4.1 在 Windows 中安装 Neo4j 服务端

在安装 Neo4j 服务端之前，首先需要配置 Java 环境，并在系统环境变量中配置 %JAVA_HOME%变量，具体过程不赘述。但需要注意，当前的 Neo4j 4.3 不能支持较高版本的 Java，例如使用 Java 17 时，会报错，建议使用 Java 11。

之后下载社区版软件并将其解压到合适的位置即可。Neo4j 的目录结构如图 5-19 所示。

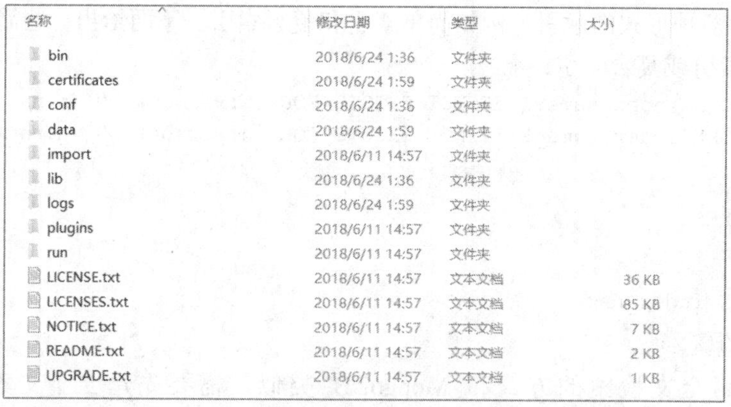

名称	修改日期	类型	大小
bin	2018/6/24 1:36	文件夹	
certificates	2018/6/24 1:59	文件夹	
conf	2018/6/24 1:36	文件夹	
data	2018/6/24 1:59	文件夹	
import	2018/6/11 14:57	文件夹	
lib	2018/6/24 1:36	文件夹	
logs	2018/6/24 1:59	文件夹	
plugins	2018/6/11 14:57	文件夹	
run	2018/6/11 14:57	文件夹	
LICENSE.txt	2018/6/11 14:57	文本文档	36 KB
LICENSES.txt	2018/6/11 14:57	文本文档	85 KB
NOTICE.txt	2018/6/11 14:57	文本文档	7 KB
README.txt	2018/6/11 14:57	文本文档	2 KB
UPGRADE.txt	2018/6/11 14:57	文本文档	1 KB

图 5-19　Neo4j 的目录结构

重要的目录如下。

（1）bin 目录存储软件控制命令，Windows 下的主要命令为 neo4j.bat，不带参数执行时，可以看到其可用参数：

```
Usage: neo4j { console | start | stop | restart | status | install-service |
uninstall-service | update-service } < -Verbose >
```

（2）conf 目录下只有一个文件 neo4j.conf，即软件的配置文件。配置方法可参考该文件中列举的网址。

（3）data 目录为默认的数据文件存储位置，该位置可以通过配置项 dbms.directories.data 修改。

（4）logs 目录下为运行日志。

（5）lib 目录下为各类组件包。

如果开启了多个服务端（例如同时开启了 Neo4j Desktop 中的本地数据库），则需要在各自的配置文件中修改端口号为不同的值，包括：

```
# Bolt connector
```

```
dbms.connector.bolt.enabled=true
#dbms.connector.bolt.tls_level=DISABLED
dbms.connector.bolt.listen_address=:7690
#dbms.connector.bolt.advertised_address=:7687

# HTTP Connector. There can be zero or one HTTP connectors
dbms.connector.http.enabled=true
#dbms.connector.http.listen_address=:7474
#dbms.connector.http.advertised_address=:7474

# HTTPS Connector. There can be zero or one HTTPS connectors
dbms.connector.https.enabled=false
#dbms.connector.https.listen_address=:7473
#dbms.connector.https.advertised_address=:7473
```

此外，以 dbms.directories.开头的配置项和存储位置等有关，可以酌情配置。

Neo4j 的启动有以下两种方式。

（1）前台启动方式。首先以 root 用户身份打开一个命令行窗口，在 bin 目录下执行：

```
neo4j.bat console
```

则软件会在窗口前台运行。

（2）服务方式。执行以下语句，可以安装和卸载 Neo4j 服务：

```
neo4j install-service
neo4j uninstall-service
```

当服务安装完毕后，可以通过以下方式，分别实现服务的启动、停止、重启和状态查看：

```
neo4j start
neo4j stop
neo4j restart
neo4j status
```

当服务端启动后，打开浏览器，输入访问地址，特别是 IP 地址和端口号，即可进行连接。第一次连接时，页面会提示输入用户名和密码，默认用户名和密码均为 neo4j，并且页面会提示修改密码。

为了方便使用，还可以在系统环境变量中加入%NEO4J_HOME%变量，指向解压位置，并且在 PATH 环境变量中加入%NEO4J_HOME%\bin，但这并非必要操作。

5.4.2 Neo4j 的命令行环境

在软件的 bin 目录下，可以看到名为 cypher-shell.bat 的文件，即 Shell 客户端的执行文件。执行方法为：

```
cypher-shell.bat -a neo4j://localhost:7687 -u neo4j -p 123456
```

其中-a 参数指示连接的服务端地址，-u 和-p 参数指示用户名和密码，如果不填写则会在连接过程中询问。其他参数可用-h 参数查看：

```
cypher-shell.bat  -h
```

进入命令行环境后，可以看到提示符变为：

```
neo4j@neo4j>
```

可以直接输入 Cypher 语句进行操作。

常用的系统命令如下，注意命令以冒号开头。

（1）help：查看帮助信息。

（2）exit：退出 Shell 环境。

（3）use <database>：切换当前数据库。

5.4.3　在 CentOS 7 中安装 Neo4j 服务端

在 CentOS 7 中可以使用 yum 方式安装 Neo4j 服务端，方法如下。

首先，下载 Neo4j 的软件公钥，并利用 rpm 命令进行安装：

```
wget http://debian.neo4j.org/neotechnology.gpg.key
rpm --import neotechnology.gpg.key
```

然后，在/etc/yum.repo.d/目录中执行：

```
[neo4j]
name=Neo4j Yum Repo
baseurl=http://yum.neo4j.org/stable
enabled=1
gpgcheck=1
```

最后执行：

```
yum install neo4j -y
```

安装完毕后，在命令行执行：

```
neo4j start
```

可以在后台启动 Neo4j，效果如图 5-20 所示。

```
[root@node1 tmp]# neo4j
Usage: neo4j { console | start | stop | restart | status | version }
[root@node1 tmp]# neo4j start
Active database: graph.db
Directories in use:
  home:         /var/lib/neo4j
  config:       /etc/neo4j
  logs:         /var/log/neo4j
  plugins:      /var/lib/neo4j/plugins
  import:       /var/lib/neo4j/import
  data:         /var/lib/neo4j/data
  certificates: /var/lib/neo4j/certificates
  run:          /var/run/neo4j
Starting Neo4j.
WARNING: Max 1024 open files allowed, minimum of 40000 recommended. See the Neo4j manual.
Started neo4j (pid 9452). It is available at http://localhost:7474/
There may be a short delay until the server is ready.
See /var/log/neo4j/neo4j.log for current status.
[root@node1 tmp]#
```

图 5-20　在 CentOS 7 中启动 Neo4j

在图 5-20 中可以看到配置文件、数据目录等的存储位置。修改配置文件，确认打开 HTTP 访问端口之后（默认应为打开状态），即可通过 http://localhost:7474/进行访问和操作。

5.5　编程访问 Neo4j 示例

Neo4j 提供了.NET、Java、Python、JavaScript、Go 语言的官方驱动包，以及更多编程语言的社区版驱动包。此外，Neo4j 提供了 Spark 和 Kafka 连接组件，以及用于商务智能（Business Intelligence，BI）的 Java 数据库互连（Java Database Connectivity，JDBC）接口。

5.5.1　通过 Python 访问 Neo4j

Neo4j 支持通过 Python 以同步或异步方法进行编程访问，可以使用的驱动库有 neo4j 库和 Py2neo 库。前者基本是将 Cypher 语言进行封装和传递，后者则提供了单独的编程语法。

下面以 neo4j 库为例，对同步编程方法给出简单示例。

首先，通过 pip 方式安装驱动库：

```
pip install neo4j
```

由于 neo4j 库须以传递 Cypher 语言的方式进行访问，因此需要利用代码建立连接，并传送 Cypher 语句。如下面的示例：

```
from neo4j import GraphDatabase
#连接到服务，并切换数据库
driver = GraphDatabase.driver("bolt://localhost:7687",auth=("neo4j","123456"))
session = driver.session(database = "neo4j")
#定义写函数，注意参数传递方法
def addOne(tx,name):
    tx.run("CREATE (a:Person {name:$name})",
            name=name)
#定义读函数，并进行结果显示
def getOne(tx,name):
    for record in tx.run("MATCH (a:Person) WHERE a.name = $name "
                         "RETURN a.name", name=name):
        print(record["a.name"])
#以事务方式进行读写
with driver.session() as session:
    session.write_transaction(addOne, "Alice")
    session.read_transaction(getOne, "Alice")
#关闭连接
driver.close()
```

Neo4j 推荐使用事务方式进行读写，即示例代码中的读写方式。注意在读数据中，Cypher 语句和 print 语句中指定的显示对象应当一致，例如本例中都是 a.name。

Neo4j 对中文的支持较好，在 Python 代码和 Neo4j Desktop 中均可支持中文字符串，可参考下面的代码片段：

```
def addOne(tx,name):
    tx.run("CREATE (a:人物 {name:$name})",
            name=name)
def getOne(tx,name):
    for record in tx.run("MATCH (a:人物) WHERE a.name = $name "
                         "RETURN a.name", name=name):
        print(record["a.name"])
with driver.session() as session:
    session.write_transaction(addOne, "路人甲")
    session.read_transaction(getOne, "路人甲")
```

详细说明和示例代码可以参考 Neo4j 官方手册和 GitHub。

5.5.2 通过 Java 访问 Neo4j

通过 Java 访问 Neo4j，有同步、异步等多种方法。Neo4j 推荐利用 Maven 进行依赖组件管理，相应的 pom.xml 文件内容为：

```
<dependencies>
  <dependency>
     <groupId>org.neo4j.driver</groupId>
     <artifactId>neo4j-java-driver</artifactId>
     <version>4.4.0</version>
  </dependency>
</dependencies>
```

也可以到 Maven 网站下载相应的 JAR 包进行手动管理。

本小节介绍第一种方法——同步方法，只需要建立和 Neo4j 服务端的连接，并传送 Cypher 语句即可。代码简单分析如下。

```
//导入相关的包
import org.neo4j.driver.AuthTokens;
import org.neo4j.driver.Driver;
import org.neo4j.driver.GraphDatabase;
import org.neo4j.driver.Result;
import org.neo4j.driver.Session;
import org.neo4j.driver.Record;
import static org.neo4j.driver.Values.parameters;

//建立类和main()函数
public class neotest {
    public static void main( String[] args) {
       //建立连接
     Driver driver = GraphDatabase.driver("bolt://localhost:7687",
                             AuthTokens.basic("neo4j", "123456"));
    Session session = driver.session();
    //写操作示例
    session.writeTransaction(tx->
    {
       Result result = tx.run( "CREATE (a:Person {name: $name})",
               parameters( "name", "Alice" ));
       return result;
    }).consume();
     //读操作示例
    session.readTransaction(tx ->
    {
       Result result=tx.run("MATCH(n: Person{name: $name}) RETURN n.name",
             parameters("name", "Alice"));
       while ( result.hasNext())
       {
          Record record = result.next();
          System.out.println(String.format("%s", record.get("n.name").asString()));
       }
       return result;
```

```
        }).consume();
        //关闭连接
        session.close();
        driver.close();
    }
}
```

示例代码仍采用传递 Cypher 语言的方式进行访问，基于事务方式进行读写，其中参数传递、结果读取等写法，与 5.5.1 小节 Python 的例子有相似之处。更多说明可参考官方文档：https://neo4j.com/docs/java-manual/4.4/。

小结

本章介绍了以 Neo4j 为代表的图数据库，对桌面工具、Cypher 语言和编程使用方法、软件部署方法等进行了介绍。考虑到 Neo4j 的集群功能在社区版软件中并未得到很好的支持，因此本章并未对集群部署和安全等内容进行详细介绍。

思考题

1．图 5-6 中，有个名为"load-movies.cypher"的文件。尝试新建一个实例，并利用该文件将数据导入一个新的数据库。

2．写出 Cypher 语句，展示电影数据库中总共存在多少种"关系"。构造一个新的关系类型"出品"；加入新标签类型的节点"出品公司"，该类型的节点具有名称、国别和成立年份 3 个属性。加入几条示例数据。

3．写出 Cypher 语句，展示电影数据库中"60 后"（或其他年龄段）演员出演（不包括导演）的电影。

4．写出 Cypher 语句，利用路径查询展示出演 *The Matrix* 的演员还出演了哪些电影。

5．出演 *The Matrix* 的部分演员，又出演了新电影 *The Matrix Resurrections*，在网络上查询这部电影的主演信息，尝试在电影数据库中加入相关信息，包括：（1）加入新的电影节点和若干新演员节点；（2）更新数据库中已有的一些演员和新电影的关系，例如"Keanu Reeves"。

第 6 章　键值对数据库 Redis

本章以 Redis 为例，介绍键值对模型以及内存数据库的使用方法。

本章所讲的内存数据库实际使用的是键值对模型，并且会将数据放入内存，以加快访问速度，通常被用作缓存系统。这种数据库通常会使用优秀的内存管理技术，其他架构和关键技术等与之前介绍的 NoSQL 数据库类似。

键值对数据库
Redis

键值对数据库中的数据只有键和值两个概念，因此使用方法也比较简单，但更容易进行水平切分，并进行分布式存储。键不可重复，形成了天然的主索引和唯一索引，因此以键为条件进行查询会获得很高的响应速度。

为了提高易用性，Redis 扩展了键值对类型，可以支持多种类型的值，例如字符串、数值、列表、地理信息数据等。

本章介绍 Redis 的部署方式、使用方法、集群搭建方法，以及基本的编程访问方法。

6.1　Redis 和内存数据库

常见的内存数据库有 Redis、Memcached 等，其基础数据模型一般为键值对模型。内存数据库将数据或热点数据缓存到内存，提高数据存取效率，这在互联网和大数据分析等领域得到了广泛应用。但 Redis 中数据处理和分析等功能较少，在多数情况下作为数据缓存和高效查询工具使用。

键值对模型的结构比较简单，因此基本的使用方法也只有对值的写入、修改和遍历，以及对键的扫描等。但 Redis 对值类型进行了扩展，支持列表、集合、有序集合、哈希表等复杂数据类型，以方便用户使用，存储更复杂的值。此外，Redis 还扩展出消息队列等功能。Redis 通过键值对存储模式和内存的使用，极大地提升了读写速度，但并未提供数据分析、聚合等功能，这也是 Redis 和其他 NoSQL 的主要区别。

Redis 支持单机部署和分布式集群部署；在集群环境中支持数据水平分片机制；支持主从复制策略，策略与 MongoDB 类似。

与 Redis 类似的内存数据库还有 Memcached。和 Redis 相比，Memcached 的功能单一、持久化存储能力较差、集群部署能力较差，因此一般只在有限的场合使用，例如和 PHP 语言搭配，作为 Web 系统的数据缓存系统使用。

6.2 部署和配置 Redis

6.2.1 编译和部署 Redis

Redis 官方提供的软件包只支持 Linux 环境，并且需要经过编译才能使用。一些第三方版本支持 Windows 部署，但通常为比较旧的版本。考虑通常的使用场景，下面以 CentOS 7 为例，介绍 Redis 的部署方法，使用的 Redis 版本为 6.2.6。

Redis 的安装包括两个步骤。

首先，下载软件包，并将其解压到合适位置。

其次，进入软件根目录，执行编译语句（注意权限、路径等问题）：

```
make
```

对源代码进行编译。一般情况下会输出编译结果，但输出信息较多，可能较难判断编译是否成功。本书使用 6.2.6 版本，正常编译后会输出：

```
Hint: It's a good idea to run 'make test' ;
```

这可以作为编译正常完成的参考标志。

编译完成后可以在 src 子目录下看到 redis-server、redis-cli 等可执行文件。Redis 常用的可执行文件如下。

```
redis-server: Redis 服务。
redis-sentinel: Redis "哨兵" 服务，主要提供服务的监控和故障恢复能力。
redis-cli: 命令行（Shell）客户端。
redis-benchmark: Redis 性能评估工具。
redis-check-aof 和 redis-check-rdb: 存储文件检查工具。
```

为了方便使用，也可将上述常用命令复制到合适位置，例如：

```
cp src/redis-server /usr/local/bin/
cp src/redis-cli /usr/local/bin/
```

在后续例子中，假设用户已经完成文件复制，因此例子中的指令均不带路径。此外，为方便演示，后续将使用 root 用户身份进行操作，但在实际应用中不建议这样做。

6.2.2 启动 Redis 服务

在合适的目录位置执行：

```
[root@node1]# redis-server
```

即可启动 Redis 服务，其启动界面如图 6-1 所示。

此时服务没有和任何配置文件相关联，完全使用默认参数。如果需要指定配置文件，可执行：

```
[root@node1]# redis-server /etc/redis.conf
```

以上述方式启动服务端后，服务端将保持在前台运行。可以在本机通过命令行对其进行连接测试：

```
[root@node1]# redis-cli ping
PONG
```

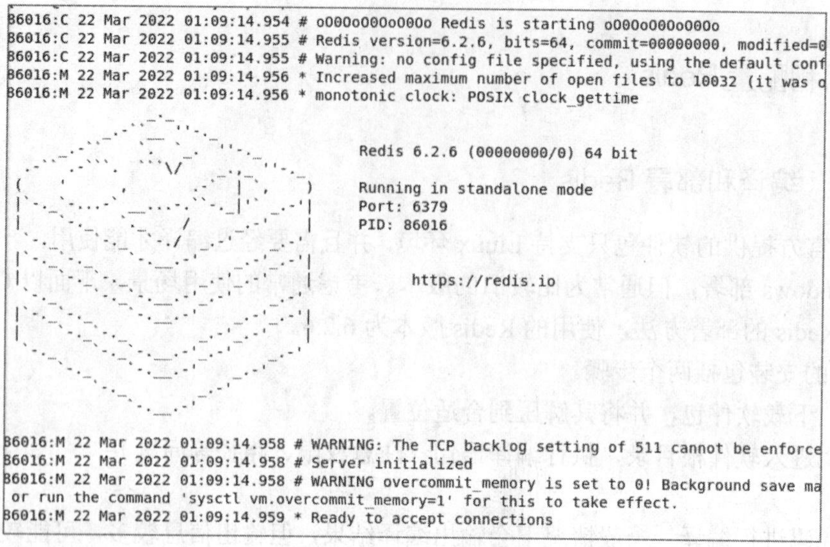

```
86016:C 22 Mar 2022 01:09:14.954 # oOoOoOoOoOoOo Redis is starting oOoOoOoOoOoOo
86016:C 22 Mar 2022 01:09:14.955 # Redis version=6.2.6, bits=64, commit=00000000, modified=0
86016:C 22 Mar 2022 01:09:14.955 # Warning: no config file specified, using the default conf
86016:M 22 Mar 2022 01:09:14.956 * Increased maximum number of open files to 10032 (it was o
86016:M 22 Mar 2022 01:09:14.956 * monotonic clock: POSIX clock_gettime


                                            Redis 6.2.6 (00000000/0) 64 bit

                                            Running in standalone mode
                                            Port: 6379
                                            PID: 86016


                                            https://redis.io


86016:M 22 Mar 2022 01:09:14.958 # WARNING: The TCP backlog setting of 511 cannot be enforce
86016:M 22 Mar 2022 01:09:14.958 # Server initialized
86016:M 22 Mar 2022 01:09:14.958 # WARNING overcommit_memory is set to 0! Background save ma
 or run the command 'sysctl vm.overcommit_memory=1' for this to take effect.
86016:M 22 Mar 2022 01:09:14.959 * Ready to accept connections
```

图 6-1 Redis 启动界面

或直接进入 Shell 环境进行连接：

```
[root@node1]# redis-cli
127.0.0.1:6379>ping
```

执行：

```
127.0.0.1:6379> exit
```

可以退出 Shell 环境。

在 Shell 环境执行：

```
127.0.0.1:6379> shutdown
```

或在本机命令行环境执行：

```
[root@node1]# redis-cli -p 6379 shutdown
```

这样可以关闭服务。

6.2.3 配置 Redis

默认配置文件在软件根目录下，名为 redis.conf。其基本格式为：

关键字 参数 1 参数 2 … 参数 N

即关键字和参数，多个参数之间以空格隔开；以 "#" 开头表示注释。配置文件中对每个参数都进行了详细的解释，文件长度超过了 2000 行，部分截图如图 6-2 所示。

常用的配置项包括以下几种。

daemonize no|yes：是否以守护进程的方式启动服务。默认是 no，即以前台阻塞方式启动服务。

port 6379：绑定的端口。

bind：绑定的 IP 地址。

logfile：日志文件位置。

dir./：本地数据文件存放位置。

protected-mode：保护模式，默认为开启（yes）。当保护模式开启时，如果没有设置密码或绑定 IP 地址（二者可选其一），则无法从其他网络位置访问 Redis（连接请求会被拒绝）。如果进行远程测试，则需要关闭该项。

```
############################### INCLUDES ##############################

# Include one or more other config files here.  This is useful if youSS
# have a standard template that goes to all Redis servers but also need
# to customize a few per-server settings.  Include files can include
# other files, so use this wisely.SS

# Note that option "include" won't be rewritten by command "CONFIG REWRITE"
# from admin or Redis Sentinel. Since Redis always uses the last processed
# line as value of a configuration directive, you'd better put includes
# at the beginning of this file to avoid overwriting config change at runtime.
#
# If instead you are interested in using includes to override configuration
# options, it is better to use include as the last line.
#
# include /path/to/local.conf
# include /path/to/other.conf

############################### MODULES ##############################

# Load modules at startup. If the server is not able to load modules
# it will abort. It is possible to use multiple loadmodule directives.
#
# loadmodule /path/to/my_module.so
```

图 6-2　Redis 的配置文件截图

其他高级配置和集群配置内容可以参见 6.5 节和 6.6 节。

使一个服务端配置生效有 3 种方式。

（1）修改配置文件后，在启动服务端时指定配置文件，参见 6.2.1 小节的例子。

（2）在启动服务端时，利用两个短斜杠"--"指定参数，可选参数和配置文件中的完全相同。例如关闭保护模式：

```
[root@node1]# redis-server --protected-mode no
```

（3）在 Shell 环境中进行运行时配置，即动态修改服务端配置参数，并即时生效。但以这种方式修改的配置内容不会持久化，会在服务端关闭后还原，详情请参见 6.3.2 小节。

6.3　Redis 的 Shell 环境

6.3.1　连接到 Shell 环境

利用 Shell 工具连接远程服务端，需要指定主机端口以及密码等信息，命令示例如下：

```
[root@node1]# redis-cli -h 127.0.0.1 -p 6379
```

即使用-h 和-p 参数指示地址和端口。Redis 默认的端口号为 6379。如果连接本机默认端口的 Redis 服务端，直接不带参数执行 redis-cli 即可。

或者使用-u 参数和连接字符串，例如：

```
[root@node1]# redis-cli -u "redis://127.0.0.1:6379"
```

连接字符串类似网址形式，以"redis://"开头，后面为地址（域名或 IP 地址）和端口。

在 Shell 环境中，输入有效命令后，会自动提示参数格式。例如，在命令行中输入"set"，则可以看到下面的信息：

```
127.0.0.1:6379> set key value [EX seconds|PX milliseconds|EXAT timestamp|PXAT
milliseconds-timestamp|KEEPTTL] [NX|XX] [GET]
```

提示信息中，无方括号的参数为必选参数，方括号中的参数为可选参数。

由于 Redis 的数据结构简单，指令风格简单明了，且 Shell 环境中的提示信息丰富，因此下面直接通过例子进行演示，不再进行详细的语法说明。命令的完整用法和规则可以根据 Shell 中的提示进行了解。

6.3.2　服务端的配置与管理

在 Shell 环境中可以对配置信息进行查看和修改（运行时修改）。

使用 config get 命令查看配置信息，可以使用通配符获取多个或全部配置信息。例如获取全部配置信息：

```
config get *
```

命令显示条目近 300 条，显示形式为配置项（键）和值交替显示，即配置项有 140 多条。

如果获取单个配置信息，例如当前的保护模式信息，则可在语句中进行指定：

```
127.0.0.1:6379> config get protected-mode
1) "protected-mode"
2) "yes"
```

也可以对某个配置信息进行修改。例如关闭保护模式：

```
127.0.0.1:6379> config set protected-mode no
OK
```

需要注意的是，利用 config set 进行的运行时配置修改会即时生效，但并不会存储到配置文件中。当 Redis 服务再次启动时，仍会从配置文件中读取配置信息。

其他服务端管理中的常用命令还有 info：无参数使用，返回服务器的状态信息。

6.3.3　设置连接密码

可以在配置文件中找到并设置配置项 requirepass，取消“#”注释，并设置访问密码：

```
requirepass 123456
```

如果进行运行时设置，也可以通过 redis-cli 连接到服务端后，使用 config set 设置密码，配置项也为 requirepass。

```
127.0.0.1:6379> CONFIG SET requirepass 123456
OK
127.0.0.1:6379> CONFIG get requirepass
1) "requirepass"
2) "123456"
```

可以看出 Redis 默认使用明文存储密码，这并不是一个安全的做法，或者说 Redis 只提供轻量级的身份认证方式。这是因为 Redis 通常作为缓存系统使用，此时服务端通常位于可信的内网环境中，因此 Redis 侧重提升系统的性能和易用性，并不侧重安全性。

设置密码之后，可以通过连接字符串或在 Shell 环境中输入密码完成认证。

在连接字符串方式加入-a 参数，并填入密码：

```
[root@node1]# .redis-cli -h 127.0.0.1 -p 6379 -a 123456
```

或在连接字符串中加入密码信息：

```
[root@node1]# .redis-cli -u "redis://123456@127.0.0.1:6379"
```

也可以先不用口令进入 Shell 环境，再使用 auth 指令输入密码：

```
127.0.0.1:6379> get chn1
(error) NOAUTH Authentication required.
127.0.0.1:6379> auth 111111
(error) WRONGPASS invalid username-password pair or user is disabled.
127.0.0.1:6379> auth 123456
OK
```

可以看出，在未输入密码时，操作指令不能执行。输入口令错误时，系统也会报错。

6.3.4　数据库管理

一个 Redis 中，可以建立多个逻辑数据库，不同的逻辑数据库用序号（Index）进行区分。

逻辑数据库也可以看作表或键空间，一个数据库内不能存在同名的键，即键为主索引、唯一索引。但不同逻辑数据库可以含有相同的键。相关的命令如下。

select：可以切换（不存在则新建）数据库，参数为序号。默认情况下，最多可以有 16 个逻辑数据库。

dbsize：显示当前数据库中的条目数量。例如：

```
127.0.0.1:6379> select 0
OK
127.0.0.1:6379> dbsize
(integer) 11
127.0.0.1:6379> select 1
OK
127.0.0.1:6379> dbsize
(integer) 0
```

swapdb：交换两个数据库的内容（实际为交换标号）。例如：

```
127.0.0.1:6379> swapdb 0 1
OK
```

flushdb：无参数，删除当前数据库中所有的键值对。

flushall：删除所有数据库中的数据。

6.3.5　客户端管理

进入 Shell 环境后，可以执行客户端管理命令，一些常用命令如下。

client list：展示当前连接的所有客户端的列表。效果类似于：

```
127.0.0.1:6379> client list
 id=22 addr=127.0.0.1:51342 laddr=127.0.0.1:6379 fd=10 name=c1 age=179322
idle=112570 flags=N db=0 sub=0 psub=0 multi=-1 qbuf=0 qbuf-free=0 argv-mem=0 obl=0
oll=0 omem=0 tot-mem=20528 events=r cmd=xadd user=default redir=-1
```

client info：显示当前连接的客户端信息，格式和 client list 相同。

client id：显示当前连接的客户端 ID。

client setname/client getname：为当前连接建立名称，以及获取当前连接名称。例如将当前连接命名为"c1"：

```
127.0.0.1:6379> client getname
(nil)
127.0.0.1:6379> client setname c1
OK
```

```
127.0.0.1:6379> client getname
"c1"
```

client kill：删除指定的客户端连接，常见用法为删除指定的客户端 ID 或地址。

删除指定的客户端 ID：

```
127.0.0.1:6379> client kill ID 37
```

删除指定的客户端地址：

```
127.0.0.1:6379> client kill addr 127.0.0.1:51342
```

此外，还可在以配置文件或配置项中对客户端最大并发数（maxclients）等内容进行管理：

```
config get maxclients
1) "maxclients"
2) "10000"
```

6.4 Shell 环境中的数据查询与操作

Redis 的基本数据类型包括键和值两种。但 Redis 对键值对类型进行了扩展，值内容支持多种数据结构。

- 支持字符串、数值、位图（bitmap）等简单类型，但其基本形式都可以看作字符串。
- 支持列表（List）、集合（Set）和有序集合（Sorted Set），以及哈希（Hash）表等复合数据类型，这些类型可以在值中存储多个元素——最多为 $2^{32}-1$ 个元素。
- 支持 HyperLogLog 和地理空间类型等特殊类型。

Redis 针对不同数据类型提供了不同的操作命令，共约 200 个命令，可以从命令前缀进行区别。简单类型的命令没有固定前缀；列表类型的命令前缀为 L；集合类型的命令前缀为 S；有序集合类型的命令前缀为 Z；哈希表类型的命令前缀为 H；地理空间类型的命令前缀为 Geo；HyperLogLog 类型的命令前缀为 P。不同类型命令的参数格式也有差异，需要区别使用。

6.4.1 值的操作

（1）字符串型。

基本数据赋值（和更新）与查询，可以利用 set 和 get 命令实现：

```
127.0.0.1:6379> set name "apple"
OK
127.0.0.1:6379> get name
"apple"
```

上例中键为 name，值为字符串"apple"。可以对相同的键反复赋值，即对值进行更新。

查看键是否存在（exists）、键改名（rename）及删除键（del）：

```
127.0.0.1:6379> exists name
(integer) 1
127.0.0.1:6379> rename name fruits
OK
127.0.0.1:6379> del fruits
(integer) 1
```

exists 的返回值为 1 表示键存在，0 表示键不存在。del 的返回值为 1 表示操作成功，如果删除不存在的键，则返回值为 0。此外，从上述语句可以看出，Redis 指令中，字符串型可以不加引号。

批量赋值（mset）和查询多个键（mget）：

```
127.0.0.1:6379> mset apple red banana yellow cherry pink
OK
127.0.0.1:6379> mget apple banana
1) "red"
2) "yellow"
```

其中 mset 的参数为多个键值对，mget 的参数为多个键。

其他常用指令还包括 getset、append、setnx、getrange、dump 等。

getset 指令用于给键赋值，并返回该键之前的旧值：

```
127.0.0.1:6379> getset name  "banana'"
"apple"
```

append 命令在原值后追加新的字符串：

```
127.0.0.1:6379> append name  "and banana"
(integer) 17
127.0.0.1:6379> get name
"banana'and banana"
```

setnx 只有在键不存在的情况下，才为键赋值，即 "set if not exists"。

```
127.0.0.1:6379> setnx name banana
(integer) 0
127.0.0.1:6379> get name
"apple"
```

上例中由于 name 键已经存在，因此 setnx 未改变相应的值。

类似的命令还有 msetnx，用法参见 mset 命令。

用 getrange 得到字符串中的子串：

```
127.0.0.1:6379> set name "apple"
OK
127.0.0.1:6379> getrange apple 1 2
"ed"
```

dump 指令返回指定键的序列化值：

```
127.0.0.1:6379> dump name
"\x0e\x01\x12\x12\x00\x00\x00\n\x00\x00\x00\x01\x00\x00\x05apple\xff\t\x00\xe
11\xdeD\xf7\xa4\xa9\xcf"
```

反序列化可以使用 restore 命令。序列化/反序列化一般用于在程序或进程之间传递数据和参数。

strlen 返回指定键的值长度：

```
127.0.0.1:6379> strlen name
(integer) 7
```

在后续例子中，可能需要先删除键再执行后续操作，读者可根据提示酌情自行操作。

（2）位图（bitmap）型。

Redis 支持 bitmap（或称为 bit arrays）存储和操作。所谓 bitmap，是指用位来表示不同的状态，如开关、正负、真假等。利用 setbit 和 getbit 命令可以实现按位赋值和按位取值。

在下面的例子中，实现将字符串 "apple" 当作 bitmap 进行按位读写：

```
127.0.0.1:6379> set name apple
OK
127.0.0.1:6379> getbit name 6
(integer) 0
127.0.0.1:6379> setbit name  6 1
(integer) 0
127.0.0.1:6379> get name
"cpple"
127.0.0.1:6379> bitcount name
(integer) 18
```

上例中，字母 a 的 ASCII 值用二进制表示为 "01100001"，将第 6 位（序号从 0 开始）修改为 1，则 ASCII 值变成 "01100011"，即字母 c。例子中的 bitcount 命令表示查看字符串中位值为 1 的字符数量。

还可以使用 bitpos 返回指定位值（0 或 1）在指定区间内第一次出现的位置，参数顺序为键名、位值，可选参数为区间起点和终点。例如：

```
127.0.0.1:6379> bitpos name 1 0 0
```

（3）数值型。

一般情况下，可以将 Redis 中存储的值（非列表、集合等）均看作字符串型，但 Redis 可以判断字符串能否被看作整数或浮点数，并执行相应的操作。

对整数的操作有以下几种。

incr：对整数值加 1。

incrby：对整数值增加指定的数量。

decr 和 decrby：整数值相减。

```
127.0.0.1:6379> set num 1
OK
127.0.0.1:6379> incr num
(integer) 2
127.0.0.1:6379> incrby num 10
(integer) 12
127.0.0.1:6379> decr num
(integer) 11
127.0.0.1:6379> decrby num 5
(integer) 6
```

利用 incrbyfloat 进行浮点数的加减法：

```
127.0.0.1:6379> set num 10
OK
127.0.0.1:6379> incrbyfloat num 5.5
"15.5"
127.0.0.1:6379> incr num
(error) ERR value is not an integer or out of range
127.0.0.1:6379> incrbyfloat num -5.5
"10"
127.0.0.1:6379> incr num
(integer) 11
127.0.0.1:6379>
```

从上例可以看出，Redis 可以根据值的具体情况，实现数值类型的互转。此外，从例子中可以看出，整数运算命令（如 incr）用在浮点数上时会报错。

6.4.2　键的操作

Redis 中的键是二进制安全的，即可以采用任何类型的内容作为键。但从查询效率方面考虑，一般不会采用过长的内容作为键。

（1）查看键。

type：查看键的类型。

```
127.0.0.1:6379> type fruits
lis
```

keys：列举所有符合模式的键。

```
127.0.0.1:6379> keys *
1) "name"
2) "fruits"
...
```

参数中可以使用通配符，上例中的*表示匹配任意长度的字符串。其他通配符如下。

?：匹配任意一个字符，例如?pple，匹配 apple、bpple、cpple 等。

[ ]：匹配括号中的任意一个字符，例如[ab]pple，匹配 apple、bpple。

[^]：匹配非括号中的任意一个字符，例如[^ab]pple，匹配除了 apple、bpple 之外的情况，如匹配 cpple 等。

[-]：匹配范围内的任意字符，例如[a-c]pple，匹配 apple、bpple 和 cpple。

其他和键有关的命令如下。

rename：将参数中的键（第一个参数）进行重命名，如果新名称的键已存在，则覆盖旧键的值。类似的还有 renamenx，它们的区别在于，仅当新键 newkey，不存在时，renamenx 才会进行重命名。

randomkey：从当前数据库中返回一个随机的键名。命令不带任何参数。

touch：参数为一个或多个键名（空格分开），作用为修改键名的最后访问时间，如果键名不存在则不做操作。

（2）键的过期机制。

利用 expire 命令，可以对键设立过期时间，当到期之后自动删除键值对。

```
127.0.0.1:6379> set name apple
OK
127.0.0.1:6379> expire name 30
(integer) 1
127.0.0.1:6379> ttl name
(integer) 27
127.0.0.1:6379> get name
"apple"
…30s 之后…
127.0.0.1:6379> get name
(nil)
```

注意，expire 命令的过期时间以秒为单位。ttl 命令显示键的剩余生存时间，单位也为秒。

类似的指令还有 pexpire 和 pttl，但其单位均为毫秒。

类似的命令还有 expireat，其与以上命令的区别在于其过期时间为一个 UNIX 时间戳，例如：

```
127.0.0.1:6379> expireat name 1293840000
```

（3）scan 和游标。

scan 指令利用游标进行迭代扫描，基本语法为：

```
SCAN cursor [MATCH pattern] [COUNT count]
```

其中 MATCH 为匹配模式，参见 keys 命令中的介绍。COUNT 为反馈数量限制。

scan 的使用方式和反馈信息可参考下面的例子：

```
127.0.0.1:6379> scan 0 count 2
1) "8"
2) 1) "key1"
   2) "key2"
127.0.0.1:6379> scan 8 count 2
1) "4"
2) 1) "key3"
   2) "key4"
127.0.0.1:6379> scan 4
1) "0"
2) 1) "key5"
...
127.0.0.1:6379> scan 0
1) "14"
2) 1) "key1"
   2) "key2"
   3) "key3"
   4) "key4"
   5) "key5
...
```

上例对数据库中的所有键进行了遍历扫描。第一条语句设置游标为 0，返回值有两个，第一个为新游标位置，第二个为扫描到的键列表。第二条语句则根据第一条语句的返回值，将游标设置为 8。同样，第三条语句设置游标为 4，游标返回值不为 0 则说明遍历没有结束。第三条语句的第一个返回值为 0，即遍历结束。第四条语句设置游标为 0，重置游标开始新的扫描。

6.4.3 列表类型

列表类型可以存储多个值，值的内容可以重复，其基本结构就是链表。列表的常用指令如下。

lpush/lpushx：lpush 将值插入列表头部，lpushx 仅在列表键存在时才会进行插入。

rpush/rpushx：rpush 将值插入列表尾部，rpushx 仅在列表键存在时才会进行插入。

这些命令的参数格式均为键和值列表。

lrange：获取指定范围的列表元素，参数为键、起始位置和结束位置。位置参数以数字表示，正数代表从列表头部计数，0 表示第一个元素，负数代表从列表尾部计数，-1 表示最后一个元素。

例如利用 lpush、lrange 命令进行列表值的增加和范围查询：

```
127.0.0.1:6379> lpush name apple
(integer) 1
127.0.0.1:6379> lpush name apple banana cherry
(integer) 4
127.0.0.1:6379> get name
(error) WRONGTYPE Operation against a key holding the wrong kind of value
127.0.0.1:6379> lrange name 0 -1
1) "cherry"
2) "banana"
3) "apple"
4) "apple"
127.0.0.1:6379> lrange name 0 1
1) "cherry"
2) "banana
```

lpop：取出并移除（弹出）列表的第一个元素/最后一个元素，参数为键名。例如：

```
127.0.0.1:6379> lpush name apple banana cherry
(integer) 3
127.0.0.1:6379> lpop name
"cherry"
127.0.0.1:6379> lpop name
"banana"
127.0.0.1:6379> lpop name
"apple"
127.0.0.1:6379> lrange name 0 -1
(empty array)
```

注意，列表具有"队列"的特性，即先进先出。最先执行 lpush 的对象会被排到列表的尾部，这从前面例子中 lrange 的顺序和 lpop 的内容也可以看出。

blpop：弹出列表的第一个元素/最后一个元素，如果列表不存在或为空，则阻塞等待，直到可获取到元素或者等待超时。例如：

```
127.0.0.1:6379> blpop name1 name2 3
(nil)
(3.01s)
```

上例中，弹出 name1 和 name2 列表项的第一个元素，最后一个参数表示超时时间为 3s。由于列表不存在，因此语句在阻塞等待 3 s（实际为 3.01s）后结束，返回结果为空（nil）。

brpoplpush：从一个列表中弹出最后一个元素，并将其插入另一个列表，如果没有获取到元素则阻塞等待。参数格式为原列表、目的列表和超时时间：

```
127.0.0.1:6379> brpoplpush name name1 3
"apple"
127.0.0.1:6379> brpoplpush name2 name1 3
(nil)
(3.03s)
```

linsert：在指定位置插入数据。例如：

```
127.0.0.1:6379> linsert name before apple orange
```

上例表示向 name 列表的（第一个）apple 之前（before），插入值 orange。其中 before 为固定用法，改为 after 则表示在该值之后进行插入。

163

lindex/lset：利用序号查询和设置列表值。例如：

```
127.0.0.1:6379> lset name 1 orange
OK
127.0.0.1:6379> lindex name 1
" orange "
```

llen：获取列表长度，参数为键名。

```
llen name
```

lrem：移除列表元素，参数包括键名、数量和元素值。例如：

```
127.0.0.1:6379> lrem name 1 apple
(integer) 1
```

上例中，如果 name 列表中含有多个 apple，则移除其中一个。

ltrim：只保留指定范围内的元素。例如只保留序号在 3 和 8 之间的元素：

```
127.0.0.1:6379> ltrim name 3 8
```

6.4.4　集合类型

集合中的元素是无序的、唯一的，不能出现重复数据。

集合中常用的命令如下。

sadd：向集合添加一个或多个元素。

scard：获取集合中的元素数量。

smembers：返回集合中的所有元素。

sismember：判断集合中是否存在某个元素。

srandmember：返回集合中的一个或多个随机元素。

例如：

```
127.0.0.1:6379> sadd name apple banana cherry orange
(integer) 4
127.0.0.1:6379> sadd name apple
(integer) 0
127.0.0.1:6379> scard name
(integer) 4
127.0.0.1:6379> smembers name
1) "orange"
2) "cherry"
3) "banana"
4) "apple"
127.0.0.1:6379> sismember name pineapple
(integer) 0
127.0.0.1:6379> srandmember name 2
1) "cherry"
2) "orange"
```

从上例中可以看出，向集合中插入重复数据（第二条语句），并不会真正执行插入（返回值为 0）。

spop：弹出集合中的一个随机元素。

srem：移除集合中的一个或多个元素（但不会显示元素）。

```
127.0.0.1:6379> spop name
```

```
"banana"
127.0.0.1:6379> srem name apple banana
(integer) 1
```

smove：移动集合中的一个元素到另一个集合，参数格式为原集合、目的集合和元素。移动即将元素从原集合中删除，并加入新的集合。

```
127.0.0.1:6379> smove name1 name5 apple
(integer) 1
127.0.0.1:6379> smove name1 name5 pineapple
(integer) 0
127.0.0.1:6379> smembers name1
1) "cherry"
2) "banana"
127.0.0.1:6379> smembers name5
1) "apple"
```

上例中，移动一个不存在的元素（pineapple）不会成功。

下面是关于多个集合的差集、并集和交集操作。

sdiff：显示在第一个集合中存在，但在第二个集合中不存在的元素。

sdiffstore：显示在第一个集合中存在，但在第二个集合中不存在的元素并进行存储。该命令有三个参数，第一个参数为目标集合，后两个参数为求差异的集合。例子如下：

```
127.0.0.1:6379> sadd name1 apple banana cherry
(integer) 3
127.0.0.1:6379> sadd name2  banana cherry orange
(integer) 3
127.0.0.1:6379> sdiff name1 name2
1) "apple"
127.0.0.1:6379> sdiff name2 name1
1) "orange"
127.0.0.1:6379> sdiffstore name3 name1 name2
(integer) 1
127.0.0.1:6379> smembers name3
1) "apple"
127.0.0.1:6379> sdiffstore name4 name2 name1
(integer) 1
127.0.0.1:6379> smembers name4
1) "orange"
```

上例中，注意交换 name1 和 name2 两个集合的顺序，执行结果有所不同。

sunion/sinter：返回两个集合的并集/交集，参数可以包含多个集合。

```
127.0.0.1:6379> sunion name5 name2
1) "banana"
2) "cherry"
3) "orange"
4) "apple"
127.0.0.1:6379> sinter name1 name2
1) "cherry"
2) "banana"
```

sunionstore/sinerstore：返回两个集合的并集/交集，并存储到新的集合。参数可以包含多个集合，其中第一个参数为新集合的名称，返回值则为新集合中的元素数量。

```
127.0.0.1:6379> sunionstore newname name5 name2
(integer) 4
127.0.0.1:6379> sinerstore newname name1 name2
(integer) 2
```

SSCAN：对集合元素进行迭代扫描，语法类似于 scan。

```
127.0.0.1:6379> SSCAN name1 0 match a* COUNT 10
```

SSCAN 的前两个参数为键和游标位置。有关游标的说明可参见 6.4.2 小节中的 scan 语句。match 条件表示扫描集合中以 a 开头的元素，COUNT 条件限定返回结果为 10 个。

6.4.5 有序集合类型

有序集合和集合类似，但每个元素都会关联一个浮点数（称为分值），并以该浮点数的大小对元素进行排序（从小到大）。有序集合的元素也是唯一的，但分值可以相同。对于分值相同的元素，有序集合则按元素字符串的字典顺序对元素进行排序。

有序集合常用的命令如下。

zadd：添加元素。添加时分值在前，元素值在后。

zcard：显示有序集合中的元素数量。

zcount：显示指定分值范围内的元素数量。

zrange/zrevrange：返回指定分值之间的元素，按分值升序/降序排列。

zscore：返回元素的分数值。

zincrby：指定元素的分值增加指定的数值。参数中数值在前，元素值在后。

zrank：返回指定元素在有序集合内的序号，序号从 0 开始计数。

```
127.0.0.1:6379> zadd name 1 apple 2 banana 3.5 cherry 3.6 orange
(integer) 4
127.0.0.1:6379> zcard name
(integer) 4
127.0.0.1:6379> zcount name 1 3
(integer) 2
127.0.0.1:6379> zrange name 1 3
1) "banana"
2) "cherry"
3) "orange"
127.0.0.1:6379> zrevrange name 1 3
1) "orange"
2) "cherry"
3) "banana"
127.0.0.1:6379> zscore name apple
"1"
127.0.0.1:6379> zincrby name 5 apple
"6"
127.0.0.1:6379> zrank name apple
(integer) 3
```

ZRangebyLex：按字典顺序返回区间内结果。

Zlexcount：用法类似于 ZRangebyLex，指定字典区间内的元素计数。例子如下：

```
127.0.0.1:6379> ZRangebyLex name - +
```

```
1) "apple"
2) "banana"
3) "cherry"
4) "orange"
127.0.0.1:6379> ZRangebyLex name - [b
1) "apple"
127.0.0.1:6379> ZRangebyLex name (b (cherry
1) "banana"
127.0.0.1:6379> ZRangebyLex name (b [cherry
1) "banana"
2) "cherry"
127.0.0.1:6379> Zlexcount name (b [cherry
(integer) 2
```

ZRangebyLex 和 Zlexcount 的参数为键名和字典上下限。需要说明的是，ZRangebyLex 一般用在相同分值的元素值上。其中-和+分别表示上下限所有元素的最小值和最大值，"["和"("分别表示上下限为闭区间和开区间，例如："(b[cherry"表示下限为开区间（大于但不等于"b"），上限为闭区间（小于等于"cherry"）。

ZRangebyScore：返回指定分值范围内的元素，和 zrange 的参数格式有些区别。例如：

```
127.0.0.1:6379> ZRangebyScore name (1 3
1) "banana"
127.0.0.1:6379> ZRangebyScore name -inf +inf withscores
1) "banana"
2) "2"
3) "cherry"
4) "3.5"
5) "orange"
...
127.0.0.1:6379> ZRangebyScore name -inf +inf
1) "banana"
2) "cherry"
...
```

ZRangeby Score 命令可以使用"("表示开区间，不使用括号则表示闭区间。-inf /+inf 表示上下限包含分值的最小值/最大值。withscores 为可选参数，表示显示结果中包含分值。

zunionstore/zinterstore：返回多个有序集合的并集/交集，并将其存储到新的集合中。例如：使用 zunionstore 命令计算结合的并集。

```
127.0.0.1:6379> zadd 1 apple 2 banana  3 cherry
(error) ERR syntax error
127.0.0.1:6379> zadd name1 1 apple 2 banana  3 cherry
(integer) 3
127.0.0.1:6379> zadd name2 5 banana 6 cherry 7 orange
(integer) 3
127.0.0.1:6379> zunionstore newname 2 name1 name2 weights 1 5
(integer) 4
127.0.0.1:6379> zrange newname 0 -1 withscores
1) "apple"
2) "1"
3) "banana"
4) "27"
```

```
5) "cherry"
6) "33"
7) "orange"
8) "35"
```

两个命令的语法相同，参数依次为目标集合（键名）、原集合的个数（例子中为 2）、原集合（键名）。weights 为可选参数，为合并时原集合的分值权重。新的分值为所有相同元素的分值、权重的乘积之和。例如上例中，banana 的新分值为 1×2+5×5=27。

从有序集合中移除元素有如下几种方法。

zrem：移除指定的元素。

```
127.0.0.1:6379> zrem name apple
(integer) 1
```

zremRangebyLex：移除指定字典范围内的元素，语法类似于 ZRangebyLex。

zremRangebyRank：移除指定序号范围内的元素。

zremRangebyScore：移除指定分值范围内的元素，语法类似于 ZRangebyScore。

zscan：迭代扫描有序集合中的元素，语法类似于 SSCAN。

在实际使用时，可以用分值存储一些数值型，例如同时存储年龄和人名：

```
127.0.0.1:6379> zadd staff 27 alice 30 bob 25 chris
```

此时，数据会以年龄大小排序，相当于以年龄建立了二级索引。

6.4.6　哈希表类型

哈希表类型的值，是字符串形式的键值对[后续称为字段（Field）和值]列表，一些类似技术中会将哈希表类型称为字典类型等。哈希表类型适合存储"对象"等复杂信息，相比用不同的键存储不同"属性"的方式，使用哈希表存储多个对象及其属性的效率更高。

哈希表类型的常见命令如下。

hset/hmSet：存储一对/一组字段和值。类似的指令还有 hSetTnx，该指令只有在字段不存在时，才会添加值。

hget/hmGet：获取一对/一组字段和值。一些简单的示例代码如下：

```
127.0.0.1:6379> hmSet fruit name apple  color red price 2.5 place "shandong
qingdao"
OK
127.0.0.1:6379> hget fruit name
"apple"
127.0.0.1:6379> hset fruit name "big apple"
(integer) 0
```

hgetall/hvals：hgetall 获取当前主键下的全部字段和值，hvals 则获取主键下的所有值。

hdel：删除一个或多个字段。

```
127.0.0.1:6379> hGetall fruit
1) "name"
2) "big apple"
3) "color"
4) "red"
5) "price"
6) "2.5"
```

```
7) "place"
8) "shandong qingdao"
127.0.0.1:6379> hvals fruit
1) "big apple"
2) "red"
3) "2.5"
4) "shando
127.0.0.1:6379> hdel fruit place
(integer) 1ng qingdao"
```

hlen：查看字段的数量。

hstrlen：查看指定字段值的字符串长度。

```
127.0.0.1:6379> hlen fruit
(integer) 4
127.0.0.1:6379> hstrlen fruit name
(integer) 9
```

hexists：查看某个字段是否存在。

hincrby/hincrbyfloat：为字段中的整数值/浮点数值增加一个增量。

```
127.0.0.1:6379> hexists fruit price
(integer) 1
127.0.0.1:6379> hincrbyfloat fruit price 0.5
"3"
```

hscan：对哈希表元素进行迭代扫描，语法和 SSCAN 相同。

6.4.7　地理空间类型

Redis 支持以经纬度方式存储地理空间信息，并进行简单的距离计算和范围搜索。此外 Redis 还支持空间索引 geohash，计算。相关的命令如下。

Geoadd：添加一组或多组位置信息。

Geopos：获取地理位置的经纬度坐标。

geodist：计算两个位置之间的距离。

Georadius/GeoradiusbyMember：以给定经纬度/位置为中心，搜索一定范围内的位置集合。

Geohash：计算经纬度的 geohash 值。

下面展示一些官方例子：

```
127.0.0.1:6379> Geoadd Sicily 13.361389 38.115556 "Palermo" 15.087269 37.502669 "Catania"
(integer) 2
127.0.0.1:6379> Georadius Sicily 15 37 200 km WITHDIST WITHCOORD
1) 1) "Palermo"
   2) "190.4424"
   3) 1) "13.36138933897018433"
      2) "38.11555639549629859"
2) 1) "Catania"
   2) "56.4413"
   3) 1) "15.08726745843887329"
      2) "37.50266842333162032"
27.0.0.1:6379> Geoadd Sicily 13.583333 37.316667 "Agrigento"
(integer) 1
```

```
127.0.0.1:6379> GeoradiusbyMember Sicily Agrigento 100 km
1) "Agrigento"
2) "Palermo"
127.0.0.1:6379> geodist Sicily Catania Palermo km
"166.2742"
127.0.0.1:6379> Geohash Sicily Palermo Catania
1) "sqc8b49rny0"
2) "sqdtr74hyu0"
```

上例中，Georadius 参数中的 WITHDIST 表示显示距离中心的距离，WITHCOORD 表示显示坐标，此外还可以利用可选参数 COUNT 规定返回记录的最大数量。

此外，Georadius 和 geodist 等指令的参数中可以对距离单位进行规定，例如：km（千米）、m（米）、mi（英里）和 ft（英尺）等。

Geohash 指令同时表示一种同名的算法。简单来说，Geohash 算法可以将经纬度合二为一，编码为一个指定长度的字符串。每个字符串实际表示一个固定经纬度范围内的矩形区域，不同长度代表了不同的矩形面积，前缀越长则面积越小。例如：8 位的字符串代表约 38×19 m 的面积。Redis 默认使用的 11 位长度，则可代表约 0.15m×0.15m 的面积。对于两个经纬度坐标来说，如果编码后的字符串相同，则表示它们落入相同的矩形范围。两个字符串的相同前缀越长，则表明两个坐标距离越近。因此 Geohash 算法可以用来进行快速的位置检索或位置聚合（例如分块计算某个场地的人流密度或车流密度等）。

6.4.8　HLL 类型

HyperLogLog（简称 HLL）是一种基数（Cardinality）统计的算法。所谓基数是指一组数据中的不重复元素的个数。HLL 算法来源于 2007 年发表的论文"HyperLogLog: the analysis of a near-optimal cardinality estimation algorithm"，该算法可以利用固定的、较小的存储空间估算超大基数，而不需要将全部元素都存储下来。因此，该算法具有速度较快、误差较小等特点。

HLL 的基本过程为：

（1）对需要计数的（字符串）元素依次计算二进制哈希值。

（2）对哈希值进行分"桶"，具体方法为：将哈希制值的前几位作为分桶依据，不同的值代表不同的"桶"。不同的哈希值会先进入不同的桶。Redis 中采用的分桶数量为 16284，即 2^{14}。

（3）分别估算每个桶的基数，方法是遍历所有哈希值（除去分桶时使用的前几位），找到其前导 0 的最大个数 n。实际在 Redis 中记录的是第一个 1 出现的位置，即 $n+1$。元素数量可以大致估算为 2^n+1。

这种估算类似于，如果我们知道某个连续抛硬币实验中，最多连续抛出了 n 次反面，则可以根据概率反推，大概已经抛了多少次硬币。且由于重复元素的哈希值相同，其前导 0 的个数也相同，因此重复元素并不会影响估算结果。

（4）计算不同桶基数的调和平均数：即将所有数值取倒数，计算其算数平均值，再取其倒数作为计算结果。

采用分桶平均的方法，是由于哈希值计算（或者抛硬币结果）存在一定的偶然性，如果某个元素的哈希值恰好出现过多的前导 0，则可能出现较大的估算误差。采用分桶平均可以降低该误差，而之所以采用调和平均数而非直接计算均值，是因为调和平均数受小值影响更大，能够进一步降低偶然情况对估算结果的影响。

（5）最终基数估算结果为：桶个数乘以调和平均数。HLL 还在此基础上引入修正因子、分阶段修正等机制进一步降低误差。

Redis 中的 HLL 可以实现在 12KB 空间内，估算最多 2^{64} 的基数，理论误差在 0.81% 左右。

考虑下面的应用场景：网站从庞大的销售记录中统计独立客户数量。统计的要求为：每小时统计一次，在该时间段内，同一客户的重复购买也被计数为 1，即需要进行去重。

由于集合内的元素具有唯一性，重复添加元素不会改变集合内容，因此可以利用集合完成上述统计。即每小时创建一个集合，集合的键可以是时间字符串，值则是销售记录中的客户 ID。统计集合中的元素数量即可得到该时段结果。

然而，电商网站的客户数量极为庞大，根据专业网站的统计，一些大型电商每日访问用户数可达数千万、甚至上亿，在促销或“购物节”时数量还会暴增。如果利用字符串方式进行存储和计数，耗费的存储空间（内存空间）较大。此外，如果需要根据每小时记录整理出每日客户数，则需要对多个集合进行合并，这类似于关系型数据库中的 join 操作，该操作在集合中元素较多时，计算开销较大。

相比较而言，HLL 的空间利用率极高，计算开销较小（理论上只需要进行一次数据遍历），且 HLL 可以直接进行直接合并估算（类似于上文的分桶平均步骤），虽然 HLL 存在一定误差，但在大数据场景下，这些误差通常是可以被接受的。

Redis 中的 HLL 操作指令只有三个，如下所示。

pfadd：将一个元素发送到 HLL 中进行计数，参数为 HLL 键和需要添加的元素（可以为多个）。

pfcount：查看指定 HLL 键的基数估算值。

pfmerge：合并多个 HLL 键的基数估算结果，参数为多个 HLL 键。

参考下面的示例：

```
127.0.0.1:6379> pfadd uv1 user1 user2
(integer) 1
127.0.0.1:6379> pfadd uv2 user2 user3
(integer) 1
127.0.0.1:6379> pfadd uv1 user2 user3
(integer) 1
127.0.0.1:6379> pfadd uv1 user2 user1
(integer) 0
127.0.0.1:6379> pfcount uv1
(integer) 3
127.0.0.1:6379> pfcount uv2
(integer) 2
127.0.0.1:6379> pfmerge uv3 uv1 vu2
OK
127.0.0.1:6379> pfcount uv3
(integer) 3
```

该示例首先通过几条 pfadd 语句，将一些字符串分别通过名为 uv1 和 uv2 的 HLL 键进行基数估算。若语句返回值为 1，则表明该语句中存在需要被计数的新元素；若返回值为 0，则说明该语句中没有新元素。利用 pfcount 语句可以查看当前 HLL 键中的基数结果,利用 pfmerge 语句则可以进行基数的去重合并。

6.5 Redis 的高级功能

6.5.1 事务机制

Redis 支持事务机制, 即将多个指令放入一个队列, 并批量顺序执行。但这种事务机制和传统关系型数据库的事务机制有所不同, Redis 事务并不能保证整个事务的原子性。也就是说, 当 Redis 事务中出现个别语句执行失败时, Redis 会继续执行其他语句, 而不是回滚整个事务。可见, 其事务机制的实质为命令的批处理机制。

在 Redis 中使用 multi 和 exec 指令可以实现事务。

```
127.0.0.1:6379> MULTI
OK

127.0.0.1:6379> SET name "apple"
QUEUED
…写入其他的命令…
127.0.0.1:6379> EXEC
1) OK
2) " apple "
3) …其他命令结果…
```

从上例中可以看出, 在 multi 命令之后输入命令, 该命令会被放入队列（QUEUED）, 直到执行 exec 时进行批量执行, 并依次返回执行结果。

其他的相关命令如下。

discard: 在执行 mutli 语句之后, 取消事务。

watch: 监视一个或多个键, 如果在执行 exec 之前, 这些键被其他客户端改动, 则事务被打断。参数为一个或多个键名。

unWatch: 取消对所有键的监视。

6.5.2 管道机制

管道机制允许客户端向服务端连续发送多个操作指令, 并一次性获取反馈信息。由于管道机制减少了单条语句的阻塞等待时间, 在执行批量任务时效率更高, 特别是在需要批量插入数据的场景中。例如:

```
[root@node1]# (echo -en "PING\r\n SET name apple\r\nGET name\r\nINCR
counter\r\nINCR counter\r\nINCR counter\r\n"; sleep 5) | nc localhost 6379
+PONG
+OK
$5
apple
:1
:2
:3
```

注意，语句是在 Linux 命令行环境中执行的，并非 Redis Shell 环境。

该语句依次执行了 ping、set、get 和 3 次 incr 命令，最后休眠（sleep）5 s。所有命令由客户端一次性发送给 Redis 的 6379 端口，再依次收到每条命令的执行反馈信息。

6.5.3　LRU 缓存机制

在配置文件或配置项中设置：

```
maxmemory 100mb
maxmemory-policy allkeys-lru
```

这样可以将 Redis 作为最近最少使用（Least Recently Used，LRU）缓存使用。其中 maxmemory 的数值应根据实际需求进行设置。在上述配置条件下，Redis 将在内存使用量达到 100MB 时，自动删除最久未被使用的键值对，而最近被使用的键值对将被保留在内存中，此时无须为每个键值对设置过期时间。

6.5.4　持久化存储机制

持久化也可以理解为数据备份。由于 Redis 主要作为内存数据库使用，而内存中的数据会随着物理设备宕机、重启等行为而丢失。为了永久保存数据，Redis 提供了两种数据持久化存储机制，即 RDB 和 AOF，以实现数据备份和故障恢复等功能。

RDB 为 Redis 默认的持久化存储机制，指在指定时间间隔内将数据保存为快照（.rdb 文件），其经常用于对整个数据集的备份，存储格式比较紧凑，备份恢复性能较高。但由于是定时备份，因此在上一次备份之后改动的数据会在故障时丢失。配置文件中的 save 配置项用于对 RDB 进行规定：

```
127.0.0.1:6379> config get save
1) "save"
2) "3600 1 300 100 60 10000"
```

该配置项表示，触发 RDB 的条件为：在 3600 s（1 h）内有一条记录被修改；或在 300 s（5min）内有 100 条记录被修改；或在 60 s（1 min）内有 10000 条记录被修改。

如果将 save 配置项设置为空，则会关闭 RDB。

```
127.0.0.1:6379> config set save ""
```

此外，在 Shell 环境中使用 save 命令可以进行手动持久化，或使用 bgsave 命令进行后台持久化。使用 lastsave 命令可以查看上一次备份的时间。

备份文件默认存储于 Redis 的安装目录下，名为 dump.rdb。可以在配置文件或 Shell 环境中设置 dir 来修改备份文件的位置，以及设置 dbfilename 来修改备份文件的名字。

如果 Redis 服务宕机，则内存中的数据都将丢失，但服务端重启后，会根据配置文件读取备份文件，将数据恢复到内存当中。

AOF 以文本方式逐次记录命令和数据，将它们追加到一个 AOF 文件末尾。AOF 文件的体积较大，且数据恢复的效率较低，但 AOF 的实时性好，遇到故障时最多损失 1s 的数据。

在默认情况下 AOF 处于关闭状态。将配置项中的 appendonly 改为 yes（默认为 no），可以开启 AOF。

```
127.0.0.1:6379> config set appendonly yes
```

此外还可以通过 appendfsync 项设置写入策略，包括以下 3 种策略。

Always：每写入一次数据就将其写入 AOF 文件（称为 fsync），这样可靠性高但效率极低。

Evertsec：每秒写入一次。

No：将数据写入操作系统缓存，操作系统根据自己的策略将数据写入磁盘。

也可以在 Shell 环境中执行 BgrewriteAof 命令，以异步方式将数据手动写入 AOF 文件。

AOF 文件的名称默认为安装目录下的 appendonly.aof，可以通过设置配置项 appendfilename 来修改名称。当 Redis 重启时，会根据配置信息读取 AOF 文件恢复数据。如果同时开启了 AOF 和 RDB 备份，则优先读取 AOF 文件。

在实际应用中，数据持久化存储机制可能对系统的性能和可靠性产生影响，Redis 也提供了诸多配置项和操作建议，以降低持久化操作带来的性能影响，以及提升系统可靠性。

6.5.5 发布/订阅机制

Redis 支持发布/订阅机制，也就是说 Redis 可以作为简易的消息队列使用，实现异步、间歇性的消息传递。提供消息队列服务的软件系统（如 Redis）一般会维护多个频道（Channel），用户可以选择订阅某个频道，或将信息发布到某个频道即成为订阅者或发布者，如图 6-3 所示。

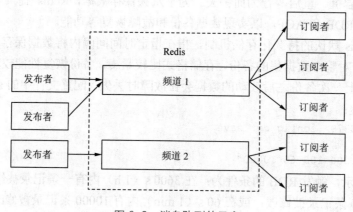

图 6-3 消息队列的示意

订阅频道可以使用 subscribe 命令，假设客户端 A 订阅了一个频道 channel1：

```
127.0.0.1:6379> subscribe channel1
Reading messages… (press Ctrl-C to quit)
1) "subscribe"
2) "channel1"
3) (integer) 1
```

此时客户端 A 会进入阻塞模式，等待接收消息。

如果客户端 B 在频道 channel1 中发布了消息：

```
127.0.0.1:6379> publish channel1 "hello"
(integer) 1
```

则此时客户端 A 会收到消息：

```
Spublish1) "message"
2) "channel1"
3) "hello"
```

如果有多个客户端订阅了该频道，则全部客户端都会收到该消息。

可以同时订阅多个频道，即在 subscribe 命令中加入多个频道名。此外，可以利用 psubscribe 命令和通配符实现模糊订阅多个频道，例如：

```
127.0.0.1:6379> psubscribe channel*
```

利用 unsubscribe 命令可以退订频道，也可以利用 punSubscribe 和通配符实现批量模糊退订多个频道。但由于客户端在订阅频道时处于阻塞状态，因此无法输入命令，只能通过按"Ctrl+C"组合键退出。退订命令一般在脚本（如 Lua、Ruby 等）中使用。

可以使用 pubsub 命令进行频道信息的查看：

```
127.0.0.1:6379> pubsub channels
1) "channel1"
127.0.0.1:6379> pubsub numsub channel1
1) "channel1"
2) (integer) 1
```

上例使用子句 channels 查看了当前的频道列表，以及使用子句 numsub 查看了频道的订阅人数。

Redis 的发布/订阅功能比较简单，并且缺乏消息持久化等能力。

6.5.6 流机制

在 Redis 5.0 中，增加了一种新的流机制——Redis 流（Redis Stream），可以将其看作增强版本的发布/订阅机制，其优势在于提供了消息的持久化存储机制，以及提供了消息的遍历、非阻塞读取等功能，还提供了丰富的操作方法。

和主流的消息队列工具（如 RabbitMQ、ActiveMQ 等）以及 Kafka 等基于发布/订阅机制的流处理平台相比，Redis 的流机制仍显得较为简单，没有加入对主流消息协议（如 MQTT、AMQP、XMPP 等）的支持、缺乏消息的服务质量（Quality of Service，QoS）机制，以及配置与管理能力较弱等。因此，发布/订阅机制和流机制目前不是 Redis 的典型应用场景。不过，我们仍然可以通过 Redis 的流机制来学习异步消息队列和发布/订阅机制的基本使用方法，这对今后学习其他类似软件也是有帮助的。

流机制使用了链表机制来存储消息，每个消息拥有唯一的键（ID），消息以时间顺序存入链表。

流的用户被称为消息的生产者和消费者。多个消费者可以整合为消费组。当多个消费组共同订阅了某个流（消息队列）时，每个组均可接收消息队列中的消息。但组内的消费者为竞争关系，消费组共用一个游标（last_delivered_id）来标识当前读取到的消息 ID，组内任意消费者读取了消息均会使游标向前移动，使得其他消费者不能再读取该消息。此外，每个消费者还会维护一个待处理列表（Pending Entries List，PEL），用来存储已被读取但还没被消费者回应（ack）的消息 ID，这使得消息至少会被消费一次。

以上机制使得流具有很好的可靠性和故障（重启）恢复能力。

流的相关命令如下。

xadd：向队列添加消息，如果队列不存在则新建。语法为：

```
127.0.0.1:6379> xadd key ID field value [field value …]
```

语句中的 ID 可以填写为*，表示由系统自动生成 ID。消息的内容可以理解为哈希表结构，可以存储多组字段和值的组合。命令的返回值为消息 ID。

xdel：删除消息，参数为队列名称和消息 ID。

xlen：获取流的长度，参数为队列名称。

xrange/xrevrange：获取消息列表/反向获取消息列表。可以设定范围参数，即起始 ID 和结束 ID。下面例子中用 "-" 和 "+" 表示范围是从最早的消息到最新的消息。此外还可以加入 count 子句限制返回数量。

一些简单示例如下：

```
127.0.0.1:6379> xadd chn1 * name apple color red
"16648970729677-0"
127.0.0.1:6379> xlen chn1
(integer) 1
127.0.0.1:6379> xrange chn1 - +
1) 1) "1648971161801-0"
   2) 1) "name"
      2) "apple"
      3) "color"
      4) "red"
127.0.0.1:6379> xdel chn1 1648970729677-0
(integer) 1
```

从上例中可以看出，xadd 自动生成的 ID 有两部分，中间由 "-" 隔开。前后两部分均为 64 位数值型。前一部分是由毫秒级的 UNIX 时间转换而来的，后一部分为序号，用来区分同一时间产生的多个消息。由于 xadd 自动生成的 ID 和时间有关，因此自动生成的 ID 总是自增的，ID 的大小也同时表明了消息的新旧。系统中最早的消息 ID 可以表示为 0-0 或 0。

XTRIM：对流进行截断，参数为队列名称和截断方式。截断方式有 MAXLEN 和 MINID 两种子句。MAXLEN 表示限制最大长度，参数为长度数值；MINID 表示以某个 ID 为界，早于（小于）该 ID 的消息会从队列中删除，参数为 ID。例如：

```
127.0.0.1:6379> XTRIM chn1 MAXLEN 1000
127.0.0.1:6379> XTRIM chn1 MINID 1648970729677-0
```

xread：以阻塞或非阻塞（同步）方式读取消息。语法为：

```
xread [COUNT count] [BLOCK milliseconds] STREAMS key [key …] id [id …]
```

其中 COUNT 和 BLOCK 为可选参数。COUNT 子句表示读取数量。BLOCK 子句表示阻塞的毫秒数，如果未设置则为非阻塞方式。STREAMS 为队列名，之后需要填入消息 ID，该 ID 可以看作读取的起点，并非限定某条具体的消息。例如：

```
127.0.0.1:6379> xread count 10 block 10000 streams chn1 0
```

语句表示读取 ID 大于 0 的消息，数量为 10，如果读取不到消息，则阻塞等待 10000 ms。如果不填写 BLOCK 子句，则即便读取不到消息，语句也会立即结束执行。如果需要读取多个流：

```
127.0.0.1:6379> xread streams chn1 chn2 0-0 0-0
```

即先列举流（chn1、chn2），再列举起始 ID（0-0、0-0）。

此外，消息 ID 可以使用$，表示只接收阻塞后收到的新消息。

下面介绍和消费组有关的命令。

XGROUP：消费组管理指令，语法规则如下。

```
XGROUP [CREATE key groupname id-or-$] [SETID key groupname id-or-$] [DESTROY key
groupname] [DELCONSUMER key groupname consumername]
```

XGROUP 支持 5 种子句。

- **CREATE/DESTROY** 实现消费组的创建和删除，参数为队列名（key）、消费组名和消息的起始 ID（destroy 语句不需要）。如果将 ID 设为$，则表示该组只接收新消息。

- 利用 **SETID** 改变当前收到的最后消息 ID（即修改前文提到的 last_delivered_id），如果将其设置为 0，则表示从头开始接收全部消息。由于流具有持久化存储能力，因此只要没有执行过 XTRIM，全部消息都会被保留下来。

```
127.0.0.1:6379> xgroup create chn1 group1 $
127.0.0.1:6379> xgroup setid chn1 group1 0
127.0.0.1:6379> xgroup destroy chn1 group1
```

第一条语句创建了消费组 group1，该组会监听 chn1 队列中的最新消息。第二条语句将监听范围修改为全部消息。第三条语句删除了消费组 group1。

- **CREATECONSUMER/DELCONSUMER** 子句创建/删除组内的消费者。不过由于执行 xreadgroup 等命令时，可自动创建消费者，因此 CREATECONSUMER 语句的实用价值不大。

xreadgroup：读取消费组中的消息，和 xread 类似，但 xreadgroup 应用于消费组场景。语法为：

```
xreadgroup GROUP group consumer [COUNT count] [BLOCK milliseconds] [NOACK] STREAMS
key [key …] ID [ID …]
```

xreadgroup 就是在 xread 的基础上，增加了组名和消费者名称（GROUP group consumer）信息，以及是否应答（NOACK）等。其中 GROUP、COUNT、BlOCK、NOACK 和 STREAMS 为关键字。

示例语句如下：

```
127.0.0.1:6379> xgroup create chn1 group1 $
127.0.0.1:6379> xreadgroup group group1 consumer1 streams chn1 >
```

语句表示以 group1 组中的 consumer1 身份（如果消费者不存在则创建），读取 chn1 队列中的消息，从起始位置（ID 为 0）开始读取。符号 ">" 为固定用法，表示以 last_delivered_id 为界读取新消息，且每读取一条消息，last_delivered_id 就向前移动一位。可以将 ">" 替换为具体 ID，则返回消息 ID 大于参数 ID 且处于 PEL 中的消息。

但执行上面的语句后，消费者并不能读取到旧消息，这是因为在创建消费组时加入了$，这使得组内消费者只能接收 group1 创建之后获取的全部消息。

xpending：显示待处理的消息。参数为队列名、组名、消息区间（可以使用-和+表示所有消息）和显示数值。

xack：将消息标记为已处理。参数为队列名、组名和消息 ID。

举例如下，依次执行下列语句：

```
127.0.0.1:6379> xgroup create chn1 group1 0
127.0.0.1:6379> xreadgroup group group1 consumer1 streams chn1 >
127.0.0.1:6379> xreadgroup group group1 consumer1 streams chn1 >
127.0.0.1:6379> xpending chn1 group1 - + 100
127.0.0.1:6379> xack chn1 group1 1648985248211-0
```

上例中重复执行 xreadgroup，第二次执行时不会有消息返回，这是因为消息在组内只能被接收一次。

读取的消息会被放入 PEL，利用 xpending 语句可以查看到这些消息，上例语句执行完成后会显示 PEL 中所有消息的前 100 条。利用 xack 应答某条消息，则该消息会从 PEL 中移除。如果在 xreadgroup 中设置了 NOACK 参数，则相关消息在读取时即被应答，不会出现在 PEL 中。例如：

```
127.0.0.1:6379> xreadgroup group group1 constumer NOACK streams chn1 >
```

XCLAIM：将消息的处理权转移给组内的另一个消费者。该机制的目的是防止在消费者读取消息后宕机，导致消息始终处于 PEL 中。通过转移处理权，其他客户端可以继续处理 PEL 消息。该命令的示例用法如下：

```
127.0.0.1:6379> XCLAIM chn1 group1 constumer2 10000 1648985243675-0
```

语句参数依次为队列名、组名、新消费者、等待时间（单位为毫秒）和消息 ID。语句的含义为，如果该消息在 10000ms 内没有被处理，则由 customer2 接管。

注意，可以执行 XCLAIM 的消息，必须存在于 PEL 中，且没有被 xdel 或 XTRIM 等在队列中删除。

类似的命令还有 xautoclaim。示例如下：

```
127.0.0.1:6379> xautoclaim chn1 group1 constumer2 100000 0-0
```

该语句的含义为，ID 序号从 0-0 开始，在所示队列和组内，100000 ms 内没有响应的消息都将由 customer2 接管。

xinfo：查看流和消费组的信息，常见用法有 3 种。

显示消息队列（chn1）的相关消费组。

```
127.0.0.1:6379> xinfo groups chn1
```

显示指定队列和消费组内的消费者。

```
127.0.0.1:6379> xinfo consumers chn1 group1
```

显示消息队列（chnl）信息。

```
127.0.0.1:6379> xinfo stream chn1
```

注意在流机制中，消费组不是必须存在的。如果希望队列中的消息被多个消费者接收，无须建立消费组，直接采用 xread 读取消息即可。如果需要多个消费者中的任意一个接收并处理消息（如多个消费者进行负载均衡时），则可以其将放入相同的组，并使用 xreadgroup 进行竞争读取。

6.6 Redis 集群简介

Redis 官方提供了 Redis 集群（Redis Cluster）方案，可以实现数据多副本和数据分片等机制。

6.6.1 Redis 的多副本机制

在多副本机制上，Redis 支持一主多从（1 Master N Slaves）的复制集机制，如有需要，从节点也可以再有从节点，即实现层级化的复制集。复制集采用异步通信机制，基于虚拟数据库进行复制，主、从节点均会记录自己的同步位置。一般情况下，主节点可以根据同步位置的差异，发送增量部分给从节点，如果增量同步出现问题，也可以进行全量同步，但可能造成性能影响。从节点默认情况下是只读的，即读写分离的。如果主节点失效，集群可以通过自动选举机制将某个从节点提升为主节点。

6.6.2　Redis 的分片机制

Redis 支持多种分片机制。

（1）客户端分片。即搭建多个独立的 Redis 节点，客户端在写入数据时，自行决定将数据写入哪个节点，以及自行决定使用何种分片策略。如果要进行数据查询，也必须由客户端判断应该向哪个节点发送查询请求，即所有的分片功能由客户端自行实现。一些第三方客户端，如 redis-rb、predis 等提供了对分片的支持。

（2）代理分片。即客户端将数据写入命令或查询请求发向分片代理服务，由代理服务决定分片策略，并将命令发给相应的 Redis 节点。分片代理服务一般为第三方组件形式，较为知名的有推特公司发布的 twemproxy 等。

（3）Redis 集群。即 Redis 官方提供的集群部署方案，同时支持数据多副本和数据分片。Redis 集群采用了查询路由（Query Routing）机制。客户端可以将读写请求随机发给集群内的任意一个节点，但最终请求会被重定向到相关分片所在的节点。

Redis 集群中引入了哈希槽（Hash Slot）的概念，Redis 集群有 16384（2^{14}）个哈希槽，每个节点可以管理多个哈希槽，如集群中所有节点平分这些哈希槽。数据则根据键的哈希计算（如 CRC16）结果，映射到不同的哈希槽中。在集群中添加、删除或改变节点信息，都会涉及对哈希槽的重新分配。

Redis 集群也可以理解为对等的环形架构，没有主、从节点之分。

在使用上，数据分片后可能对某些操作产生影响，例如：求集合的交集。此外，如果希望能集中备份数据，则需要在所有分片节点上收集 RDB 文件。

6.6.3　部署测试集群

下面讲解如何利用 Redis 集群实现数据分片和数据多副本。设存在 6 个 Redis 节点，形成 3 个分片（Redis 要求分片集最少有 3 个节点），每个分片有一主一从形成的复制集。测试集群架构如图 6-4 所示。

为方便演示，本例采用单机多实例方式构建，利用 6 个实例模拟 6 个集群节点。每个节点采用不同的配置文件，并在配置文件中设置不同的端口号。此外，还应为每个节点指定不同的存储位置。

（1）集群配置。

对不同节点采用不同的配置内容，特别是端口和存储路径等。配置文件中的必选内容如下。

port：端口号。在单机多实例情况下，每个节点的端口号不能相同。

cluster-enabled：是否建立集群，均设置为 yes。

cluster-config-file：集群配置文件，如 nodes.conf。该文件不需要预先创建，会随着创建命令自动创建在各个节点的存储目录下。

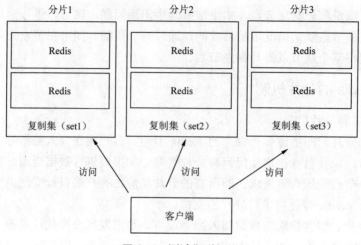

图 6-4　测试集群架构

cluster-node-timeout：集群超时时间，如果某个节点超过这个时间还未能被联系到，则将其视为处于故障状态，且节点内部的其他一些计时器也和该值有关。默认为 15000，单位是毫秒。

appendonly yes：开启 AOF 日志。由于 AOF 日志逐条记录了数据操作，因此可以将 AOF 日志作为主、从节点的同步依据。此外，RDB 模式也不能关闭。

dir：在单机多实例情况下，分别设置每个节点所在的工作（存储）目录。

首先，依次启动 6 个节点，在启动时需要分别使用不同的配置文件。

```
[root@node1]# redis-server /root/7001/redis.conf
```

由于没有提供 nodes.conf 文件，因此每个节点都随机分配了一个 ID。当集群建立之后，该 ID 会和自己的集群角色绑定。提示信息中含有类似如下的信息：

```
No cluster configuration found, I'm 6db87f714e22ef8aa55e971e960730fc38b22a41
```

如果不使用配置文件，也可以用命令行参数逐个启动节点。

```
[root@node1]# redis-server \
     --port 7001 \
     --cluster-enabled yes \
     --cluster-config-file nodes-7001.conf \
     --cluster-node-timeout 10000 \
     --appendonly yes \
     --appendfilename appendonly-7001.aof \
     --dbfilename dump-7001.rdb \
     --logfile log7001.log \
     --daemonize yes \
     --dir /root/7001/
```

命令中所有参数均可和配置文件中的配置项对应。启动其他节点时，上述参数中的端口、文件名（即 dbfilename、appendilename、logfile 和 clusrer-config-file 四个参数指示的文件名）以及存储目录等应酌情区别。如果设置了 dir，则 4 种文件的名称无须逐一指派。如果所有节点的工作目录相同，则应将每个节点所涉及的文件名区分开。

（2）自动创建集群。

利用 redis-cli 的--cluster 子句，可以实现集群管理功能。

自动创建集群：

```
[root@node1]# redis-cli --cluster create --cluster-replicas 1 127.0.0.1:7001
127.0.0.1:7002 127.0.0.1:7003 127.0.0.1:7004 127.0.0.1:7005 127.0.0.1:7006
```

该语句中，--cluster-replicas 1 表示为每个分片增加一个副本，即一个从节点，之后参数为节点列表。本例总共含有 6 个节点，该语句可以实现自动将列表中的节点设置为划分分片主节点和从节点。语句执行结果为：

```
>>> Performing hash slots allocation on 6 nodes…
Master[0] -> Slots 0 - 5460
Master[1] -> Slots 5461 - 10922
Master[2] -> Slots 10923 - 16383
Adding replica 127.0.0.1:7005 to 127.0.0.1:7001
Adding replica 127.0.0.1:7006 to 127.0.0.1:7002
Adding replica 127.0.0.1:7004 to 127.0.0.1:7003
```

即语句自动将所有哈希槽分为 3 部分，由 3 个（主）节点负责端口分别为 7001、7002和 7003，并且为每个主节点分配了一个从节点（端口分别为 7005、7006 和 7004）。

最后将分配结果（包含集群 ID）输出，并询问用户是否接受。

```
>>> Trying to optimize slaves allocation for anti-affinity
[WARNING] Some slaves are in the same host as their master
…
Can I set the above configuration? (type 'yes' to accept):
```

此时若拒绝自动分配结果，则命令停止执行。如果选择 yes，则集群会建立起来，并完成初始化。

```
>>> Nodes configuration updated
>>> Assign a different config epoch to each node
>>> Sending CLUSTER MEET messages to join the cluster
Waiting for the cluster to join
…
[OK] All nodes agree about slots configuration.
>>> Check for open slots…
>>> Check slots coverage…
[OK] All 16384 slots covered.
```

如果需要关闭且清空集群，则需要逐个关闭节点，并逐个清空节点对应工作目录下的全部信息（日志、AOF 文件、RDB 文件和自动生成的集群配置文件）。

（3）使用集群。

利用客户端连接任意一个主节点，即可进行各类读写操作，如果连接从节点，则无法进行读写操作。例如连接到作为从节点的 7004 端口后，读写操作均会报错：

```
[root@node1]# redis-cli -p 7004
127.0.0.1:7004> set name "apple"
(error) MOVED 5798 127.0.0.1:7001
127.0.0.1:7004> get name
(error) MOVED 5798 127.0.0.1:7001
```

如果希望连接任意节点即可操作集群内数据，需要使用-c 参数：

```
[root@node1]# redis-cli -p 7004 -c
127.0.0.1:7004> get name
-> Redirected to slot [5798] located at 127.0.0.1:7002
```

```
(nil)
127.0.0.1:7002> set name apple
OK
```

可见当连接到从节点（7004）后，从节点引导客户端重定向到了主节点（7002）。

（4）集群管理方法简介。

集群管理方法如下。

方法一：利用 redis-cli 的--cluster 子句可以对集群信息进行查看，以及进行集群管理。

help 参数：获取集群管理的帮助命令。

```
[root@node1]# redis-cli --cluster help
```

info 参数：连接到集群中的任意节点，并查看所在集群信息。

```
[root@node1]# redis-cli --cluster info 127.0.0.1:7001
```

利用该方法还可以进行集群节点的增删。

方法二：可连接到单个节点，并利用 cluster 参数查看节点和集群信息。

```
[root@node1]# redis-cli -p 7001 cluster info
```

注意与上面两个例子的语法差异。

类似的语句，如查看哈希槽的分配：

```
[root@node1]# redis-cli -p 7001 cluster slots
```

查看节点信息（包括节点 ID）：

```
[root@node1]# redis-cli -p 7001 cluster nodes
```

查看帮助信息：

```
[root@node1]# redis-cli -p 7001 cluster help
```

方法三：在 Shell 环境中也可以进行集群管理。

用前文所述的-c 参数将 Shell 连接到集群，此时可执行下列操作：

```
127.0.0.1:7001> cluster info
127.0.0.1:7001> cluster slots
127.0.0.1:7001> cluster nodes
127.0.0.1:7001> cluster help
```

支持的命令（和显示信息）和方法二的相同。

可以利用方法二或方法三手动创建集群。此时需要手动建立节点之间的联系（方法为通过 Shell 环境连接到某个节点，并根据提示执行 cluster meet 命令）；之后还要手动分配哈希槽，以及手动创建复制集。手动方式可以灵活控制哈希槽的分布和副本策略。

6.6.4 分片集管理

利用 redis-cli 的--cluster 子句可实现分片集和复制集节点的增删。

首先，假设以正确的方式在 7007 端口启动了一个新节点，再使用 add-node 参数，将其纳入 7001 端口节点所在的集群，语句如下：

```
[root@node1]# redis-cli --cluster add-node 127.0.0.1:7007 127.0.0.1:7001
```

查看当前的集群信息：

```
[root@node1 src]# ./redis-cli --cluster info 127.0.0.1:7001
127.0.0.1:7001 (491c132a…) -> 0 keys | 5461 slots | 1 slaves.
127.0.0.1:7002 (0dc58e32…) -> 1 keys | 5462 slots | 1 slaves.
```

```
127.0.0.1:7007 (5e2d0e41…) -> 0 keys | 0 slots | 0 slaves.
127.0.0.1:7003 (eb086b0d…) -> 0 keys | 5461 slots | 1 slaves.
```

可以看到 7007 端口节点目前没有被分配到哈希槽。

执行 reshard 操作，重新分配哈希槽：

```
[root@node1]# redis-cli --cluster reshard 127.0.0.1:7001
```

如果不加其他参数，则该语句会交互式执行。

需要转入的节点 ID，应提前记录或复制下来。

需要转入的哈希槽数量，可以根据哈希槽总数（16384）和节点数量等，自行进行合理计算。

需要转出哈希槽的节点 ID，可以使用 all 表示全部节点，也可以逐行输入节点 ID，并用 done 表示结束。

较完整的例子如下：

```
 [root@node1]# redis-cli --cluster reshard 127.0.0.1:7001
…显示节点 ID 和角色等信息…
How many slots do you want to move (from 1 to 16384)? 4000
What is the receiving node ID? 5e2d0e416a32956023e5c511e9835c595f47e8f6
Please enter all the source node IDs.
  Type 'all' to use all the nodes as source nodes for the hash slots.
  Type 'done' once you entered all the source nodes IDs.
Source node #1: all
…
```

如果集群中存储的节点数量较多，则重新分配哈希槽可能产生一定的性能或可用性问题。转移结束后，再查看集群信息，即可确认节点是否添加成功。

```
[root@node1]# redis-cli --cluster info  127.0.0.1:7001
127.0.0.1:7001 (491c132a…) -> 1 keys | 5640 slots | 1 slaves.
127.0.0.1:7002 (0dc58e32…) -> 0 keys | 2617 slots | 1 slaves.
127.0.0.1:7007 (5e2d0e41…) -> 0 keys | 3999 slots | 0 slaves.
127.0.0.1:7003 (eb086b0d…) -> 0 keys | 4128 slots | 1 slaves.
```

如果需要删除节点，需要手动将该节点负责的哈希槽转移到其他节点，并执行 del-node 操作：

```
[root@node1]# redis-cli  --cluster del-node 127.0.0.1:7001 5e2d0e416a（ID 后续
省略）
```

该语句第一个参数为集群地址，第二个参数为需要删除的节点 ID，该节点的哈希槽必须为空。

6.6.5　复制集管理

为集群添加从节点，其准备工作、语法等和添加主节点的类似，但需要加入--cluster-slave 参数：

```
[root@node1]# redis-cli  --cluster add-node --cluster-slave 127.0.0.1:7008
127.0.0.1:7001
```

但此时只是将 7008 端口节点添加到集群，并未指定主节点，此时集群会随机为其分配一个主节点。如果需要指定主节点，可利用--cluster-master-id 参数指定主节点 ID：

```
[root@node1]# redis-cli  --cluster add-node --cluster-slave --cluster-master-id
```

```
5e2d0e416a32956023e5c511e9835c595f47e8f6 127.0.0.1:7008 127.0.0.1:7001
```

从节点可以直接用 del-node 参数进行删除。

当从节点发生故障时，可以将其移除，并重新添加新的从节点。

当主节点发生故障时，Redis 可以自动将一个从节点提升为主节点，也可以利用手动方式进行替换，方法为连接到从节点，并使用 Shell 环境中的 cluster replicate 命令。

此外，Redis 自带一个额外的高可用性模块，即 Sentinel（哨兵）。Sentinel 可以提供对集群（主要是主节点）的监控、故障提醒和自动故障迁移等功能，并支持分布式部署。但 Redis 集群在没有配置 Sentinel 时也可以实现监控和故障恢复等功能。

6.7 Redis 的编程示例

在编程接口方面，Redis 支持多种主流编程语言，如 C/C++、Java、Python、Erlang、Go、PHP、MATLAB 和 R 语言等，如图 6-5 所示。

图 6-5 Redis 支持的编程语言

6.7.1 Python 访问 Redis 示例

Redis 官方列举了多种 Pyhon 驱动库，较为著名的有 redis-py，可以通过 pip 方式进行安装：

```
pip install redis
```

redis-py 库中的操作语法和 Shell 环境中的基本一致，只是参数格式和个别语句会有调整（如删除数据语句从 del 改成了 delete）：

```
#导入驱动库
import redis
#建立连接
r = redis.Redis(host='127.0.0.1', port=6379, db=0, password=None)
#执行简单的字符串
r.set('name', 'apple')
print(r.get('name'))
r.delete('name')
print(r.get('name'))
#自增类型
r.incrby("price",10)
print(r.get('price'))
#批量操作
r.mset({"apple":"red","banana":"yellow","cherry":"pink"})
print(r.mget('apple',"banana","cherry"))
```

输出信息为：

```
b'apple'
None
b'10'
[b'red', b'yellow', b'pink']
```

上例中，首先建立与指定服务端的连接，并指定数据库序号为 0（db 参数），且没有指定密码。从后续的基本操作可以看出，命令名称、参数等基本和 Shell 环境中保持一致，但也存在一些差异，如批量添加数据时使用的是字典方式（花括号和键值对）。

下面列举一些常用的语法。

（1）使用连接池。

连接池的价值在于避免因反复创建和销毁连接服务端而消耗资源，即连接池可以提前创建一组连接，供多个客户端进程共同使用。

```
import redis
pool = redis.ConnectionPool(host='127.0.0.1', port=6379, db=0, password=None)
r = redis.Redis(connection_pool=pool)
```

（2）设置生存期。

```
import redis
import time
r = redis.Redis(host='127.0.0.1', port=6379, db=0)
#设置生存期
r.set('name', 'apple')
print(r.get('name'))
r.expire("name",1) #生存期为 1s
time.sleep(2)#休眠 2s
print(r.get('name'))
```

显示结果为：

```
b'apple'
None
```

（3）复杂类型操作示例。

```
import redis
r = redis.Redis(host='127.0.0.1', port=6379, db=0)
```

```
#列表类型
r.lpush("list1","apple","banana","cherry")
r.lpush("list1","orange")
#按列显示所有元素
for i in r.lrange("list1",0,-1):
    print(i)
#向有序集合插入值
r.zadd("sset1",{"apple":1,"banana":10,"cherry":50})
print(r.zcard("sset1"))  # 显示有序集合的元素个数
#以数组方式显示所有元素和分值
print("sset1:",r.zrange("sset1", 0, -1, withscores=True))
#哈希表类型
r.delete("hash1")
r.hset("hash1","name","red")
r.hmset("hash1",{"color":"red","price":2.5,"place":"shandong qingdao"})
print(r.hkeys("hash1"))  # 取 hash1 中所有的键
print(r.hget("hash1", "name"))      # 取 hash1 的键对应的单个值
print(r.hmget("hash1", "name", "color","price","place"))  # 取 hash1 的键对应的多个值
for key in r.hscan_iter("hash1"):
    print(key)
```

上例中有以下几个注意事项。

① 需要注意在有序集合和哈希表类型中批量添加元素时使用字典方式。

② 代码最后使用了另一种迭代方法，即 hscan_iter()，类似的方法还有 scan_iter()、sscan_iter()和 zscan_iter()，分别针对键迭代、集合迭代和有序集合迭代。

最后，使用哈希表类型中的 hmset()方法时，会出现该方法将被废弃的提示，建议使用hset()方法逐个输入哈希表元素。

（4）游标操作。

以下代码并非最佳操作，仅用于显示 scan 游标迭代器的操作方式：

```
import redis
r = redis.Redis(host='127.0.0.1', port=6379, db=0)
#循环添加 100 条记录
for i in range(0,100):
    r.set("key"+str(i),i)


#进行一次扫描
cursor = 0
cursor,keys = r.scan(cursor=cursor,match="*")
for k in keys:
    print(k)
#循环迭代扫描，直到结尾
while cursor !=0:
    cursor,keys = r.scan(cursor=cursor,match="*",count=10)
    for k in keys:
        print(k)
```

上例还显示了 match 条件和 count 条件的使用方式。

（5）使用管道。

管道的价值在于批量化和高效率：

```
import redis
#建立连接池
pool = redis.ConnectionPool(host='127.0.0.1', port=6379, db=0)
r = redis.Redis(connection_pool=pool)

pipe = r.pipeline() # 创建一个管道
pipe.set('apple', 'red')
pipe.set('banana', 'yellow')
pipe. set ('cherry', 'pink')
pipe.execute()
print(r.mget('apple',"banana","cherry"))
```

（6）支持中文。

如果在代码中直接输入中文键值对：

```
r.set('名称', '苹果')
print(r.get('名称').decode("utf-8"))
```

则 get 语句或 Shell 环境中的显示结果类似于：

```
"\xe5\x90\x8d\xe7\xa7\xb0"
```

实际为 UTF-8 编码后的字符串值。

如果希望正确显示中文，则显示语句需要进行 UTF-8 转码，例如：

```
print(r.get('名称').decode("utf-8"))
```

如果希望在 Shell 环境中正确显示中文，可以在 redis-cli 命令后加--raw 参数，但不推荐在 Shell 环境中操作中文字符串。

其他操作读者可以结合 Shell 环境中的语法进行尝试。

6.7.2　Java 访问 Redis 示例

Java 访问 Redis 可以使用 Redisson、Jedis、Lettuce 等驱动库。其中 Jedis 和 Redis 的 Shell 语法保持了较高的一致性，因此具有易学易用的特点。Redisson 和 Spring 等第三方开发框架的结合更紧密，有助于开发人员更便捷地进行 Web 开发。Jedis 和 Redisson 两个库仍处在持续的升级改进当中，其操作风格虽有差别，但主要功能逐渐趋同。例如，Redisson 提供了非阻塞式的异步访问方式，而早期的 Jedis 版本只支持同步访问方式，但新版本的 Jedis 已经开始提供异步访问方式。

本小节以 Jedis 为例，介绍使用 Java 访问 Redis 的同步方法。

Jedis 包可以采用 Maven 进行管理，本小节使用的 Jedis 版本为 4.2.1。

```
<dependency>
    <groupId>redis.clients</groupId>
    <artifactId>jedis</artifactId>
    <version>4.2.1</version>
</dependency>
```

如果希望手动管理 Jedis 包，则至少需要在项目中导入下面的包（版本可以有差异）：

```
gson-2.9.0.jar
slf4j-api-1.7.9.jar
log4j-to-slf4j-2.17.2.jar
```

Jedis 中的数据读写方法和 Shell 环境中的保持了较高的一致性,因此可以根据 Shell 命令,结合开发工具（如 IntelliJ IDEA、Eclipse 等）的提示信息进行读写操作。一个简单的示例代码如下：

```java
//导入 Jedis
import redis.clients.jedis.Jedis;
//导入本例需要的其他库
import java.util.Iterator;
import java.util.List;
import java.util.Set;

public class redistest {
    public static void main( String[] args ) {
        //连接 Redis 服务
        Jedis jedis = new Jedis("192.168.209.210",6379);
        // 如果需要使用密码，则需要使用:
        // jedis.auth("123456");
        //查看连接状态（正常情况下显示 "PONG"）
        System.out.println(jedis.ping());
        //选择数据库
        jedis.select(0);
        //进行简单读写
        jedis.del("name");
        jedis.set("name", "apple");
        String value = jedis.get("name");
        System.out.println(value);
        jedis.del("name");
        //存储数据到列表中
        jedis.lpush("name", "apple");
        jedis.lpush("name", "banana");
        jedis.lpush("name", "cherry");
        //获取列表中的数据
        List<String> list = jedis.lrange("name", 0 ,-1);
        for(int i=0; i<list.size(); i++) {
            System.out.println(list.get(i));
        }
        //扫描数据库中的键
        Set<String> keys = jedis.keys("*");
        Iterator<String> it=keys.iterator() ;
        while(it.hasNext()){
            String key = it.next();
            System.out.println(key);
        }
        //关闭连接
        jedis.close();
    }
}
```

6.8　Redis 的扩展工具简介

Redis 可以集成第三方组件，实现更丰富的功能或更简化的操作与管理。常见组件如下：

RedisInsight：提供 Redis 远程连接、使用和管理的图形用户界面（Graphical User Interface，

GUI）。类似的 GUI 工具还有 Redis Commander、Redis Desktop Manager、QRedis 等，但有些为付费工具。

RediSearch：提供二级索引和全文检索功能。

RedisJSON：提供值的 JSON 解析功能，相当于提供了简单的文档数据模型。

RedisGraph：提供图数据模型，以及 Cypher 语言支持。

RedisTimeSeries：提供时序数据的整合与查询。

RedisBloom：为 Redis 提供一个布隆过滤器，可以理解为一种快速检索工具。

Redicrypt：提供数据加密功能。

RediSQL：为 Redis 提供 SQL 语句支持。

Redis Stack：提供基于 Redis 的全文检索、JSON 类型解析、图数据模型、时序数据集成和查询，以及数据可视化功能等。Redis Stack 实际是由上述多种组件集成而来的。

小结

本章以 Redis 为例，介绍了基于键值对模型的内存数据库。键值对数据库的数据结构较为简单，其适用场景大多为数据缓存等，但是 Redis 通过扩展值的数据类型、优化核心机制等，使其适用场景有所扩大，在易用性、可用性等方面具有优异的表现。此外，本章还介绍了 Redis 集群部署方法以及编程方法等。

思考题

1. 如果需要将一些学生的姓名和年龄存入 Redis，如何利用集合或有序集合类型进行存储，请分别写出语句示例。如果需要查询特定姓氏的学生或特定年龄的学生，应如何进行查询？

2. 如果需要将一些人的姓名、年龄、籍贯存入 Redis，如何利用哈希表进行存储？如何利用这 3 个条件进行条件查询？

3. 假设某网站可以记录所有访客的网页浏览记录，如何统计每小时和每日的访问人数（即 Unique Visitor，以 IP 地址进行区分），请写出示例语句。

4. 利用单机多实例方式搭建一个 Redis 集群，包含 4 个主节点（分片集）、4 个从节点（复制集）。之后将其扩展为 5 个主节点（以较为平均的方式管理所有哈希槽）和 5 个从节点的规模。

5. 以发布/订阅机制或流机制实现 2 个消息队列，实现两个用户之间的双向消息收发。

第 7 章 Cassandra 的原理和使用

本章介绍 Cassandra 的主要技术原理和配置、使用与管理方法。

Cassandra 是一种开源分布式 NoSQL 数据库，最初由 Facebook 公司研发，之后被捐献给 ASF，成为 ASF 旗下的开源项目。Cassandra 是亚马逊公司的经典分布式大数据云服务 Dynamo 的一个开源实现。

Cassandra 的数据模型是基于列族和键值对的。但 Cassandra 将这些概念隐藏在底层，在用户层只能看到表和行、列等常规概念。

Cassandra 的特色之处有两点。首先，它采用了无中心结构，集群中所有的节点都是对等的。这种做法彻底解决了主节点单点失效问题，因为根本不存在主节点。其次，Cassandra 支持 Cassandra 查询语言（Cassandra Query Language，CQL）。用户可以利用类似 SQL 语句的方式操作数据库，进而提高整个系统的易用性。

7.1 Cassandra 概述

Cassandra 是一种基于列族存储模式的 NoSQL 数据库，用于管理消息收件箱的索引，存储的总数据量很早就达到 50 TB。推特公司则用其进行实时分析、存储地理和位置相关的信息、进行用户信息的数据挖掘等。更多的互联网服务商用其存储日志类数据。

Cassandra 之后被捐献给 ASF，目前由 DataStax 公司维护，DataStax 公司同时维护免费的开源版（ASF 版）和收费的企业版，截至 2022 年 5 月，该公司同时维护着 3.x 和 4.x 两个版本。Cassandra 的名称来自古希腊神话中特洛伊城女先知的名字（而数据库领域的另一个"先知"，就是关系型数据库 Oracle）。

Cassandra 采用了无中心的、对等的环形拓扑结构，而非主从式结构。这种拓扑结构借鉴了亚马逊公司的 Dynamo 系统，使得 Cassandra 在多副本管理、一致性、可伸缩性、拓扑管理等方面具有自己的特色。例如，HBase 和 Hadoop 需要借助 ZooKeeper 等工具来解决主节点单点失效（高可用性）问题，而 Cassandra 中所有节点基本都是对等的，因此不存在主节点单点失效问题。

在数据模型上，Cassandra 也借鉴了谷歌公司的 Bigtable，即采用面向列的数据模型，且引入了列族的概念。但 Cassandra 的逻辑表结构中具有明确的行、列结构，并且可以通过类似 SQL 语句的方式（即 CQL 语句）进行操作，也就是说，Cassandra 用尽可能接近关系型数据库的方式来构建一个分布式非关系型数据库。

7.2　Cassandra 的技术原理

本节介绍 Cassandra 的主要技术原理，包括分布式架构、数据和表结构等，以及其他相关技术原理。

7.2.1　Amazon Dynamo 的主要机制

Cassandra 的特色之一是采用了分布式对等网络（Peer-to-Peer，P2P）结构，即节点之间无主从之分，都是平等的。Cassandra 基于对等机制设计了集群管理、数据容错和一致性等策略，这些策略借鉴了亚马逊公司发表的一篇论文 "Dynamo: Amazon's Highly Available Key-value Store"，该论文讲解了 Dynamo 系统的一些关键问题，Cassandra 官方网站转载了该论文。

Dynamo 是一个基于点对点模式的分布式键值对存储系统，在设计原则上强调以下几点。

（1）节点对称。节点对称指各个节点的角色类似，权重基本相同，从而简化整个集群系统的配置和维护。

（2）去中心化。去中心化指在节点对称的基础上，避免通过主节点对集群进行集中控制。

（3）水平扩展性。水平扩展性指以节点为单位实现横向扩展，扩展方式较简单，扩展对集群整体的影响较小。

（4）支持异构设备。支持异构设备指在扩展节点时，可以使用和原节点配置不同（如性能更高）的节点，即集群中可以存在多种配置的服务器。

（5）采用数据多副本机制，但强调弱一致性和高可用性，即 CAP 理论中的 A、P。实际上 Dynamo 和 Cassandra 中的一致性和可用性权重是可以根据用户策略调整的。

（6）采用基于键值对和列族等概念的数据模型。

在系统架构设计上，Dynamo 进行了以下设计。

1. 基于一致性哈希算法的拓扑划分

Dynamo 中所有的节点都是对等的，因此需要建立一个规则来规划拓扑、协调节点，并使得数据根据规则均匀存储到各个节点上。Dynamo 采用了一致性哈希算法实现分布式存储环境中的拓扑划分。

一致性哈希算法于 1997 年由美国麻省理工学院提出，目的是解决在动态的网络拓扑中实现分布存储和路由等问题。该算法首先会确定集群节点范围，以 0～255 为例，即集群中最多可以容纳 256 个节点。集群中的每个节点都会获取一个该范围内的随机数，根据随机数的大小，节点会排列为一个 "环"，因此，这个随机数被称为令牌（token），或者被视作节点在环上的地址。

此时节点数量并非 256，其中很多 token 是空闲的，并没有节点与之对应，这为今后的横向扩展提供了可能——新节点可以占据空闲的 token，不会影响到原有节点的分布，同时，旧节点脱离集群也不会影响其他节点的分布。

当写入一个键值对数据时，需要根据特定算法来计算键的哈希值，并将其映射到 0～255。数据沿顺时针（即从小到大）方向找到比其键的哈希值大的第一个有效节点地址，并存储到该节点之上。换句话说，根据键的哈希值的分布，每个节点需要负责一定的"区域"（Region）。假设某个节点 A 的 token 为 15，后续第一个有效节点 B 的 token 为 20，则键的哈希值映射到 (16,20]内的数据都由节点 B 来存储。而根据环形结构的特点，集群中 token 最小的节点还需要负责集群中 token 最大节点之后的范围。Dynamo 将调用者提供的键当成一个字节数组，并使用 MD5 算法对键进行哈希运算，以产生一个 128 位的标识符，并用其来确定负责这个键值对的存储节点。

考虑到随机数可能不是均匀分布的，这可能导致部分节点负责的键的哈希值映射区域很大，从而造成热点数据问题。此外，节点可能是异构的，即不同节点的存储能力存在差异。为解决这些问题，Dynamo 采用了虚拟节点的概念，即将每个物理节点（服务器）根据性能差异划分为多个虚拟节点，并将虚拟节点映射到地址环上，每个物理节点实际占据环上的多个位置。当新节点加入集群时，由于一个物理节点被划分成多个虚拟节点，因此其存储能力可以相对均匀地分布在环结构上。

基于一致性哈希的算法拓扑划分方法与相应的成员管理和数据容错机制相结合，将带来很多优势。

2. 数据多副本

Dynamo 支持数据多副本，并支持将副本的数量 N 由用户配置。在实际应用中，N 一般会设置为 3。

Dynamo 集群中的每个节点处理存储映射到自身负责区域的数据，还需要将这些数据存储到 N-1 个后继节点中。如图 7-1 所示，在该例中节点 B 被称为协调器节点，如果设置 N=3，则节点 B 还会将数据复制到节点 C 和 D，以构造 3 个数据副本，节点 D 则将存储落在范围 (A,B]、(B,C]和(C,D]上的所有键。

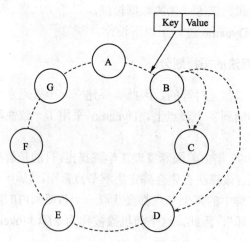

图 7-1　Dynamo 中的环结构与多副本

当新节点加入或旧节点退出时，环状结构上的节点相邻关系就会发生变化，并影响数据多副本的存储。变化节点的邻居节点需要根据新的拓扑信息重新划分所负责的键的范围，并进行必要的数据迁移。由于这种影响只限于数个相邻节点，不会影响到集群全局，因此，这种环形结构会对集群的可伸缩性带来好处。

3. 数据读写

Dynamo 中的任何节点都可以接收客户端对键的任意读写操作，并将数据最终转发存储到协调器节点，读写请求则通过 HTTP 实现。

客户端选择读写节点可以有以下两种策略。一是客户端向一个负载均衡器进行请求，负载均衡器根据负载信息选择一个节点接收客户端读写请求。如果该节点不是所需读写数据的负责节点，则该节点会将请求转发到相应的节点上。在这种策略下，客户端不需要存储集群的拓扑信息，只需要找到负载均衡器即可完成读写，因此客户端实现较为简单。二是客户端直接根据分区信息将请求发向负责数据副本的 N 个节点之一，此时客户端需要了解集群的拓扑信息和数据分区规则。

4. 数据一致性

Dynamo 在数据写入时，可以在用户写完部分副本（设为 W 个）而非全部 N 个副本时，就返回写入成功。在读取数据时，用户可以设置读取部分（设为 R 个）或全部 N 个副本，并检查其版本是否一致。当 W 或 R 较小时，系统的可用性较强；当 W 或 R 较大时，数据的一致性较强。在一致性要求高时，Dynamo 推荐设置 $R+W>N$；而在实时性要求高时，则设置 $R+W<N$。

即用户可以通过配置，自行对 CAP 理论进行权衡取舍。

5. 集群成员管理

Dynamo 需要处理节点永久故障（节点退出），并且关注新节点进度等。

集群管理者可以通过命令行等工具通知某个节点，指示有节点加入或退出，该节点会将该信息以日志方式记录下来（防止节点反复加入或退出时无法确认最终状态），并通过闲话（Gossip）协议在已知节点之间传播成员变动的情况。

Gossip 协议认为，在一个有界网络中，每个节点都是随机地与其他节点交换信息，经过多轮无序的信息交换，最终所有节点的信息状态都会达成一致。因此，在 Dynamo 中，每个节点可能不知道所有其他节点的信息，可能仅知道几个邻居节点的信息，但只要所有节点可以通过网络连通，最终信息总能够传递到所有节点，节点的状态最终都是一致的。

7.2.2　Cassandra 的数据模型

Cassandra 的数据模型和 Hbase 的非常相似（参见第 8 章），其设计理念源于谷歌公司的 Bigtable，即基于面向列的数据模型，但其在具体结构、功能和操作上与 HBase 有很大不同。

Cassandra 的数据模型如图 7-2 所示，相关的名词解释如下。

（1）Key：一般表示行键。在存储时数据是根据行键进行排序的，用户可以对行键规定数据类型，如 BytesType、UTF8Type、TimeUUIDType、AsciiType 和 LongType 等，当采用不同的数据类型时，数据排序的结构会有差异。此外，用户层面的数据类型是经过封装的，其形式更丰富。

Keyspace:KS1				
Column Family:address				
Key	Columns			
No1	Columns			
	name	value	timestamp	
	"firstname"	"lebron"	1270694041669000	
	"lastname"	"james"	1270694041669000	
S_no1	Super Columns			
	Key	Columns		
	No1	Columns		
		name	value	timestamp
		"firstname"	"lebron"	#############
		"lastname"	"james"	#############

图 7-2　Cassandra 的数据模型

（2）Columns：表示列。列中存储的数据为一个三元组：name（名称）、value（值）和 timestamp（时间戳）。name 和 value 形成键值对的关系。Cassandra 并不提供基于时间戳的查询，时间戳仅用于实现矢量时钟等功能。因此，在 Cassandra 中定位一个列相关的数据只需要提供行键和列名两个条件即可。

（3）Super Columns：表示超级列。超级列中的值是一个键值对列表，即超级列包含多个列作为子列（即普通列）。超级列不能嵌套，即超级列的子列不能是超级列。在 Cassandra 中定位一个超级列中的数据需要提供行键、超级列名、列名 3 个条件，也就是说超级列是在普通列的基础上增加了一个维度。

（4）Column Family：表示标准列族。内容包含若干个标准的列，不能包含超级列，如图 7-3 所示。

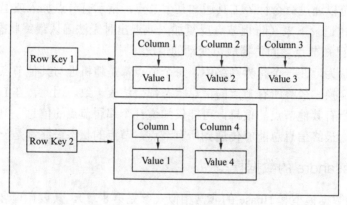

图 7-3　Cassandra 中的标准列族

（5）Super Column Family：超级列族。内容包含若干个超级列，不能包含普通列，如图 7-4 所示。

列族和超级列族属于表的固定结构，可以对其定义名称和比较器（即键的数据类型），以及其他属性参数；而列和超级列不属于表的固定结构。

（6）Keyspace：表示键空间。键空间是集群中数据的最外层容器，键空间之下就是列族和超级列族。键空间类似于关系型数据库中的"库"。

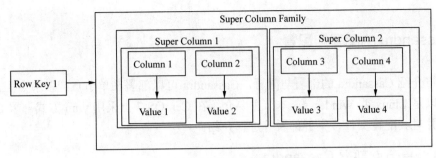

图 7-4　Cassandra 中的超级列族

用户在使用 Cassandra 时，可以操作键空间和数据表，数据表实际就是列族或超级列族，表中含有标准列或超级列。操作方式是通过类似 SQL 的方式，而非独立风格的语法。Cassandra 将用户层面的术语、操作方法等尽量贴近 RDBMS，这使得传统数据库用户能够较容易地使用 Cassandra 这种 NoSQL 数据库。

7.2.3　其他相关技术原理

（1）在数据持久化方面，Cassandra 节点接收到数据之后，先将其写入预写日志（Cassandra 中称为 commitlog），并将数据交给对应的分区，分区将数据写入内存（Cassandra 中称为 memtable），当数据达到一定量或到达指定时间后，分区将数据 flush 到磁盘文件（Cassandra 中称为 sstable）。当出现临时性错误时，可以通过重放预写日志恢复尚未写入的数据。

（2）Cassandra 的数据为一次写入多次读取，持久化后不能再被修改。数据修改和删除均采用更新版本（新时间戳）的方式进行，即通过在相同行键下写入新版本数值，或写入删除标记实现。

（3）Cassandra 具有机架感知策略，即支持将数据的多个副本存放在不同的位置，以降低风险。Cassandra 中的机架感知具有"数据中心"和"机架"两个级别，可以通过配置文件说明各个节点（主机）的相应位置，如图 7-5 所示。这种特性也使得 Cassandra 具有跨数据中心部署的能力。

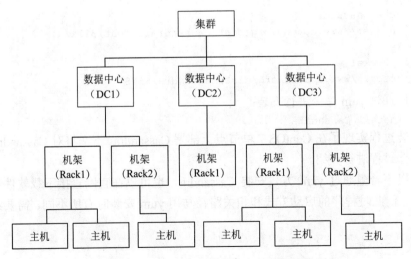

图 7-5　Cassandra 中数据中心与机架结构

7.3 Cassandra 的部署与配置

本节将介绍 Cassandra 的部署与配置。Cassandra 可以部署在单节点或多节点上，节点操作系统可以是 Linux 或 Windows。本节主要介绍在 CentOS 7 上采用 yum 方式部署 Cassandra 的方法，并对其配置文件、集群部署等进行介绍。

7.3.1 单节点部署 Cassandra

Cassandra 可以部署在 Windows 或 Linux 集群上，无论采用何种安装方式，都需要先在各个节点进行必要的环境准备，主要是准备网络环境和 Java 运行环境。

如果在 CentOS 7 上进行联网安装部署，则在环境变量准备完成后，可以使用 yum 命令通过网络安装最新软件包，这样做的好处是由系统来维护版本更新与兼容性。也可以通过官方网站下载最新的开源软件包，并将其解压到合适位置，这样做的好处是可以在独立的目录中维护 Cassandra 的所有相关文件（非数据）。

以 CentOS 7 为例，在单节点上安装 Cassandra 的流程如下。

（1）配置各个节点的 IP 地址，并确保各个节点之间的网络互通。通过编辑/etc/hosts 文件，或使用域名系统（Domain Name System，DNS）等方式，各个节点之间可以通过主机名相互访问。

（2）合理配置防火墙。例如，关闭防火墙或者在防火墙规则中，开放 9042（默认的 CQL 本地服务端口）、9160（默认的 Cassandra 服务端口）、7000（Cassandra 集群内节点间通信的端口）、7199（Cassandra JMX 监控端口）等端口。

（3）准备 Java 运行环境。配置好 JRE 或 JDK 环境，并在系统环境变量中配置 JAVA_HOME 路径。Cassandra 3.x 以上版本要求 Java 为 8 以上版本。

（4）通过 yum 命令，联网下载并部署 Cassandra。

首先，将下列内容写入"/etc/yum.repos.d/cassandra.repo"：

```
[cassandra]
name=Apache Cassandra
baseurl=https://www.apache.org/dist/cassandra/redhat/311x/
gpgcheck=1
repo_gpgcheck=1
gpgkey=https://www.apache.org/dist/cassandra/KEYS
```

之后可以通过 yum 命令进行安装：

```
yum -y install Cassandra
```

上述安装过程实现了在 CentOS 7 单节点上部署 Cassandra。下文将对 Cassandra 的配置文件与集群部署过程进行介绍。

（5）如果不希望通过 yum 方式安装 Cassandra，也可以在官网直接下载软件包解压并进行后续配置，但此时程序的启动方式和相关路径与用 yum 安装时有所不同，需要结合具体情况而定。

7.3.2　Cassandra 的配置文件

如果直接下载并解压软件包，则可以看到 Cassandra 的目录结构如图 7-6 所示。

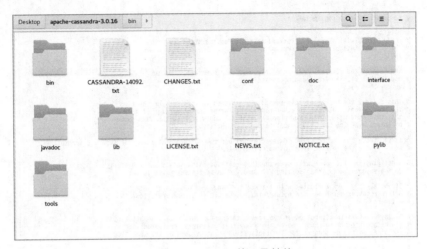

图 7-6　Cassandra 的目录结构

（1）bin 目录存放集群管理和操作的各项命令。

（2）conf 目录存放各类配置文件。

（3）lib 目录存放类库（以 JAR 包为主）。

（4）doc 目录存放其命令行工具的使用说明。

（5）javadoc 目录存放 Java 编程时的接口说明。

（6）interface 目录存放 thirft 接口描述文件。

（7）pylib 目录存放 Python 语言接口。

（8）tools 目录存放各集群和节点维护工具等内容。

采用 yum 方式安装 Cassandra，则上述目录分别存放在多个系统目录中，其中配置文件存放在/etc/Cassandra/conf 目录中。Cassandra 的配置文件目录如图 7-7 所示。

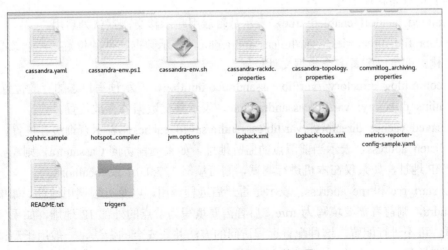

图 7-7　Cassandra 的配置文件目录

Cassandra 最重要的配置文件为 cassandra.yaml，它包含对集群、节点的各类重要配置。该文件以 yaml 格式编写，文件中记录了很多默认配置项以及针对配置项的简单描述，其部分内容如图 7-8 所示。

```
# Cassandra storage config YAML

# NOTE:
#   See http://wiki.apache.org/cassandra/StorageConfiguration for
#   full explanations of configuration directives
# /NOTE

# The name of the cluster. This is mainly used to prevent machines in
# one logical cluster from joining another.
cluster_name: 'Test Cluster'

# This defines the number of tokens randomly assigned to this node on the ring
# The more tokens, relative to other nodes, the larger the proportion of data
# that this node will store. You probably want all nodes to have the same number
# of tokens assuming they have equal hardware capability.
#
# If you leave this unspecified, Cassandra will use the default of 1 token for legacy compatibility,
# and will use the initial_token as described below.

# Specifying initial_token will override this setting on the node's initial start,
# on subsequent starts, this setting will apply even if initial token is set.

# If you already have a cluster with 1 token per node, and wish to migrate to
# multiple tokens per node, see http://wiki.apache.org/cassandra/Operations
num_tokens: 256

# Triggers automatic allocation of num_tokens tokens for this node. The allocation
# algorithm attempts to choose tokens in a way that optimizes replicated load over
# the nodes in the datacenter for the replication strategy used by the specified
# keyspace.

# The load assigned to each node will be close to proportional to its number of
# vnodes.
```

图 7-8　cassandra.yaml 文件的部分内容

重要的默认配置项如下。

（1）cluster_name: 'Test Cluster'，表示配置集群名称。

（2）num_tokens: 256，该配置项说明随机分配给该节点的 token 数量（即环地址数量），也可以看作该节点上虚拟节点的数量，用户可以根据节点的硬件能力配置 token 数量，各节点上的 token 数量可以是不同的。

（3）partitioner: org.apache.cassandra.dht.Murmur3Partitioner，表示 Cassandra 集群环结构的分区器，即计算令牌的算法策略。一般采用默认的 Murmur3Partitioner 算法即可，即采用 Murmur 哈希算法计算令牌，令牌的范围为 $-2^{63} \sim +2^{63}-1$，相对其他哈希算法而言，Murmur 哈希算法的随机分布特性更好。

（4）hinted_handoff_enabled: true，表示是否启用暗示移交，默认为启用。

（5）data_file_directories: /var/lib/cassandra/data，表示数据文件的位置，注意该配置项采用数组结构，即可以配置多个数据文件位置。

（6）commitlog_directory: /var/lib/cassandra/commitlog，表示预写日志的存放位置。

（7）hints_directory: /var/lib/cassandra/hints，表示移交数据的存放位置。

（8）saved_caches_directory: /var/lib/cassandra/saved_caches，表示查询缓存位置。

（9）listen_address，表示当前节点的监听地址，如果远程访问 Cassandra，则需要填写节点的外部 IP 地址，如果仅在本机进行测试，则可填写 127.0.0.1 或 localhost。

（10）start_rpc 和 rpc_address，表示是否开启远程调用，以及远程调用地址。如果远程访问 Cassandra，则前者需要填写为 true，后者需要填写为节点的外部 IP 地址，如果仅在本机进行测试，可不进行配置。这种配置远程访问的方法并非安全的做法，一般用于测试或安全要求较低的场景。

（11）seed_provider:

　　- class_name: org.apache.cassandra.locator.SimpleSeedProvider

　　　parameters:

　　　　　# seeds is actually a comma-delimited list of addresses.

　　　　　# Ex: "<ip1>,<ip2>,<ip3>"

　　　　　- seeds: "192.168.209.180"

表示配置种子节点的生成规则（上述为默认规则）和编辑种子节点的列表。根据注释提示，多个种子列表之间以逗号分隔，列表整体用双括号标注。

此外，cassandra.yaml 中还存在很多与性能相关的选项，用户可以参阅文件中的注释信息对其进行调优。

7.3.3　启动 Cassandra

当完成 Cassandra 各个节点的安装和配置后，即可在各个节点上启动并运行节点程序。启动之前，应该先确认各个节点配置文件中的集群名称等是否正确。

在 CentOS 7 上使用 yum 方式安装 Cassandra 后，可以参考如下命令启动和管理服务端进程。

重新加载系统守护程序：

```
systemctl daemon-reload
```

启动 Cassandra：

```
systemctl start Cassandra
```

如果需要重新启动 Cassandra：

```
systemctl restart Cassandra
```

如果希望 Cassandra 随系统自动启动，则可运行：

```
systemctl enable cassandra
```

执行启动命令后，可以通过下列命令查看服务端或服务端集群状态：

```
nodetool info
nodetool status
```

正确安装后的执行效果如图 7-9 所示。

```
[root@node1 ~]#
[root@node1 ~]#
[root@node1 ~]# nodetool info
ID                       : 9feee077-0f05-4f28-a228-652463ee25f6
Gossip active            : true
Thrift active            : false
Native Transport active: true
Load                     : 163.67 KiB
Generation No            : 1522257455
Uptime (seconds)         : 40318
Heap Memory (MB)         : 149.65 / 1932.00
Off Heap Memory (MB)     : 0.00
Data Center              : datacenter1
Rack                     : rack1
Exceptions               : 0
Key Cache                : entries 17, size 1.45 KiB, capacity 96 MiB, 72 hits, 95 requests, 0.758 recent hit rate, 14400 save period in seconds
Row Cache                : entries 0, size 0 bytes, capacity 0 bytes, 0 hits, 0 requests, NaN recent hit rate, 0 save period in seconds
Counter Cache            : entries 0, size 0 bytes, capacity 48 MiB, 0 hits, 0 requests, NaN recent hit rate, 7200 save period in seconds
Chunk Cache              : entries 1, size 64 KiB, capacity 451 MiB, 84 misses, 199 requests, 0.578 recent hit rate, NaN microseconds miss latency
Percent Repaired         : 100.0%
Token                    : (invoke with -T/--tokens to see all 256 tokens)
[root@node1 ~]#
```

图 7-9　通过 nodetool info 验证 Cassandra 的部署

从图 7-8 中可以看到集群 ID 信息、数据中心信息（datacenter1）、部署位置（rack1）以及环结构等信息，即环上有 256 个 Token。

集群的宏观信息和当前运行状态如图 7-10 所示。

```
[root@node1 ~]#
[root@node1 ~]#
[root@node1 ~]# nodetool status
Datacenter: datacenter1
=======================
Status=Up/Down
|/ State=Normal/Leaving/Joining/Moving
-- Address          Load       Tokens     Owns (effective)   Host ID                                Rack
UN 192.168.209.180  163.67 KiB 256        100.0%             9feee077-0f05-4f28-a228-652463ee25f6   rack1
```

图 7-10　通过 nodetool status 验证 Cassandra 的部署

在节点数量较多的情况下，整个集群启动并完成引导可能需要数分钟，甚至更长时间。

7.3.4　Cassandra 集群部署简介

如果需要在多节点上部署 Cassandra 集群，需要遵循以下步骤。

（1）确认各个节点之间的网络互通。

（2）在各个节点上安装相同版本的 Cassandra 软件。

（3）在各个节点的 cassandra.yaml 中对如下选项进行配置。

cluster_name：各个节点的集群名称必须是相同的。

-seeds：在各个节点上配置一系列相同的种子节点，各个节点上的种子节点列表可以是不同的。

其他选项诸如存储路径、节点 token 数量等均可根据集群规划与节点情况酌情配置。此外，如果在已经存在的 Cassandra 集群中加入新节点，配置过程也是一样的。

nodetool 是 Cassandra 自带的集群管理工具，可以执行多种维护性操作，并且显示多种集群状态信息。

在节点的操作系统命令行中不带参数运行 nodetool，可以查看其支持的命令，如图 7-11 所示。

```
[root@node1 ~]# nodetool
usage: nodetool [(-h <host> | --host <host>)] [(-p <port> | --port <port>)]
                [(-pwf <passwordFilePath> | --password-file <passwordFilePath>)]
                [(-u <username> | --username <username>)]
                [(-pw <password> | --password <password>)] [command] [<args>]

The most commonly used nodetool commands are:
    assassinate                Forcefully remove a dead node without re-replicating any data.  Use as a last re
    bootstrap                  Monitor/manage node's bootstrap process
    cleanup                    Triggers the immediate cleanup of keys no longer belonging to a node. By default
    clearsnapshot              Remove the snapshot with the given name from the given keyspaces. If no snapshot
    compact                    Force a (major) compaction on one or more tables or user-defined compaction on g
    compactionhistory          Print history of compaction
    compactionstats            Print statistics on compactions
    decommission               Decommission the *node I am connecting to*
    describecluster            Print the name, snitch, partitioner and schema version of a cluster
    describering               Shows the token ranges info of a given keyspace
    disableautocompaction      Disable autocompaction for the given keyspace and table
    disablebackup              Disable incremental backup
    disablebinary              Disable native transport (binary protocol)
    disablegossip              Disable gossip (effectively marking the node down)
    disablehandoff             Disable storing hinted handoffs
    disablehintsfordc          Disable hints for a data center
    disablethrift              Disable thrift server
    drain                      Drain the node (stop accepting writes and flush all tables)
    enableautocompaction       Enable autocompaction for the given keyspace and table
    enablebackup               Enable incremental backup
    enablebinary               Reenable native transport (binary protocol)
    enablegossip               Reenable gossip
    enablehandoff              Reenable future hints storing on the current node
    enablehintsfordc           Enable hints for a data center that was previsouly disabled
    enablethrift               Reenable thrift server
    failuredetector            Shows the failure detector information for the cluster
    flush                      Flush one or more tables
    garbagecollect             Remove deleted data from one or more tables
    gcstats                    Print GC Statistics
    getcompactionthreshold     Print min and max compaction thresholds for a given table
    getcompactionthroughput    Print the MB/s throughput cap for compaction in the system
    getconcurrentcompactors    Get the number of concurrent compactors in the system
    getendpoints               Print the end points that owns the key
    getinterdcstreamthroughput Print the Mb/s throughput cap for inter-datacenter streaming in the system
    getlogginglevels           Get the runtime logging levels
```

图 7-11　nodetool 命令与参数

执行 nodetool help <command>，可以查看对应命令的用法。

7.4　CQL 与 cqlsh 环境

本节介绍 cqlsh 环境的基本使用方法，以及 CQL 的键空间、表等的管理方式，并介绍 CQL 中的数据类型等。

7.4.1　cqlsh 环境简介

Cassandra 采用 CQL 进行数据库管理、操作与查询。CQL 的语法和 SQL 的类似，但受数据模型、分布式架构等的限制，CQL 能够实现的功能非常有限，限制如下。

（1）不支持批量写入（包括 insert、update 或 delete）。

（2）不支持连接查询。

（3）不支持事务、锁等机制。

（4）不支持 group by、having、max、min、sum、distinct 等分组聚合查询语法。

（5）条件查询时的限制较多。

CQL 中的一些约定如下。

（1）语句以分号作为结束符。

（2）采用 "--" 或 "//" 描述一行注释。

（3）采用 "/*需要注释的内容*/" 描述多行注释。

（4）SELECT、UPDATE、WITH 等是保留关键字。CQL 中对于关键字是大小写不敏感的，SELECT 与 select、sElEcT 效果相同。

同时，Cassandra 也提供了相应的命令行工具 cqlsh，即 CQL 的 Shell 环境。

1．cqlsh 的基本用法

从系统命令行进入 Shell 环境：

```
cqlsh<ip-address>
```

从 Shell 环境中退出：

```
exit
```

在 Shell 环境中执行：

```
help
```

可以查看 CQL 支持的所有功能，如图 7-12 所示。

CQL 中查看全局信息的示例如下。

（1）查看版本信息（cqlsh、Cassandra 和 CQL 等的版本）：

```
show version;
```

（2）描述集群信息（集群的名称和所使用的环地址分区算法）：

```
describe cluster;
```

（3）查看键空间列表（类似于查看数据库列表）：

```
describe keyspaces;
```

```
cqlsh> help

Documented shell commands:
===========================
CAPTURE  CLS          COPY  DESCRIBE  EXPAND  LOGIN   SERIAL  SOURCE   UNICODE
CLEAR    CONSISTENCY  DESC  EXIT      HELP    PAGING  SHOW    TRACING

CQL help topics:
================
AGGREGATES                CREATE_KEYSPACE          DROP_TRIGGER      TEXT
ALTER_KEYSPACE            CREATE_MATERIALIZED_VIEW DROP_TYPE         TIME
ALTER_MATERIALIZED_VIEW   CREATE_ROLE              DROP_USER         TIMESTAMP
ALTER_TABLE               CREATE_TABLE             FUNCTIONS         TRUNCATE
ALTER_TYPE                CREATE_TRIGGER           GRANT             TYPES
ALTER_USER                CREATE_TYPE              INSERT            UPDATE
APPLY                     CREATE_USER              INSERT_JSON       USE
ASCII                     DATE                     INT               UUID
BATCH                     DELETE                   JSON
BEGIN                     DROP_AGGREGATE           KEYWORDS
BLOB                      DROP_COLUMNFAMILY        LIST_PERMISSIONS
BOOLEAN                   DROP_FUNCTION            LIST_ROLES
COUNTER                   DROP_INDEX               LIST_USERS
CREATE_AGGREGATE          DROP_KEYSPACE            PERMISSIONS
CREATE_COLUMNFAMILY       DROP_MATERIALIZED_VIEW   REVOKE
CREATE_FUNCTION           DROP_ROLE                SELECT
CREATE_INDEX              DROP_TABLE               SELECT_JSON

cqlsh>
```

图 7-12　CQL 支持的所有功能

执行效果如图 7-13 所示。

```
cqlsh> show version;
[cqlsh 5.0.1 | Cassandra 3.11.2 | CQL spec 3.4.4 | Native protocol v4]
cqlsh> describe cluster;

Cluster: Test Cluster 1
Partitioner: Murmur3Partitioner

cqlsh> describe keyspaces;

system_traces  system_schema  system_auth  system  system_distributed

cqlsh>
```

图 7-13　查看版本信息、集群信息和键空间列表

清空之前屏幕显示的信息，执行：
```
Clear;
```

2．命令与结果的保存和执行

可以将当前使用的 CQL 语句的输入内容自动记录到文件，开始记录执行：
```
CAPTURE '<file>';
```
停止记录执行：
```
CAPTUREOFF;
```
显示当前的记录状态：
```
CAPTURE
```
此外，可以将多条 CQL 语句保存成文本文件（.cql 文件）。.cql 文件可以在系统命令行中被执行：
```
cqlsh --file 'file_name'
```
在 cqlsh 环境中利用 SOURCE 命令执行：
```
SOURCE 'file_name'
```

7.4.2　键空间管理

键空间是列族和超级列族的容器，类似于关系型数据库中"数据库"的概念。Cassandra

中可以建立多个用户键空间。此外，Cassandra 部署完毕后，其集群的状态和配置信息等也以系统键空间为容器进行存储。

1．创建键空间

在创建键空间时，用户还需要说明数据副本策略等内容。创建键空间的命令格式为：

```
CREATE KEYSPACE "KeySpace Name"
WITH replication = {'class': 'Strategy name', 'replication_factor' : n};
```

或者：

```
CREATE KEYSPACE "KeySpace Name"WITH replication = { 'class' : 'NetworkTopology
Strategy' [, '<data center>' : <integer>, '<data center>' : <integer>] … }AND durable_
writes = 'Boolean value';
```

其中，"KeySpace Name"指明键空间的名称。

replication 包含两个属性：Strategy name 和 replication_factor。

replication 中的 Strategy name 包含如下两个选项。

（1）简单复制策略（SimpleStrategy）。简单复制策略指在一个数据中心的情况下使用简单的策略。该策略中，第一个副本被放置在所选择的节点上，剩下的副本被沿环的顺时针方向放置，即采用 Dynamo 论文中的副本策略，不考虑机架或节点的位置。此时还需要配置'replication_factor':n 参数，指示数据副本的数量。

采用简单复制策略建立键空间的命令示例如下：

```
CREATE KEYSPACE ks1 WITH REPLICATION = {'class' :'SimpleStrategy', 'replication_
factor':1};
```

（2）网络拓扑复制策略（NetworkTopologyStrategy）。在该策略中，数据副本会分布在多个数据中心和机架上，即采用二级机架感知策略。

此时还需要在"factor':'1'"之后配置：

```
[, '<data center>' : <integer>, '<data center>' : <integer>] …
```

分别指示每个数据中心的数据副本数量。

replication 中的 replication_factor 属性用于指示副本的数量。

durable_writes 默认为 true，表明所有数据在写入时，先持久化记录在预写日志中，以便故障时系统能够恢复数据。当 Strategy name 设置为 NetworkTopologyStrategy 时，可以将该选项设置为 false，即不使用预写日志，但可能产生数据丢失的风险。

采用网络拓扑复制策略建立键空间的语句示例如下：

```
CREATE KEYSPACE ks1 WITH REPLICATION = {'class' : 'NetworkTopologyStrategy', 'dc1' :
3, 'dc2' : 2} AND DURABLE_WRITES = false;
```

该语句说明在两个数据中心中存储该键空间的数据副本共 5 个，其中数据中心 dc1 中存储 3 个副本，dc2 中存储 2 个副本。此外该指令关闭了预写日志，即 DURABLE_WRITES 设置为 false。

2．删除键空间

```
drop keyspace ks1;
```

3．查看键空间列表

```
describe keyspaces;
```

4．描述特定的键空间信息

```
Describe keyspace <keyspace name>;
```

效果如图 7-14 所示。

```
cqlsh:ks1> describe keyspace ks1;

CREATE KEYSPACE ks1 WITH replication = {'class': 'SimpleStrategy', 'replication_factor': '1'}  AND durable_writes = true;

CREATE TABLE ks1.adress (
    name text,
    no int,
    phone list<text>,
    PRIMARY KEY (name, no)
) WITH CLUSTERING ORDER BY (no ASC)
    AND bloom_filter_fp_chance = 0.01
    AND caching = {'keys': 'ALL', 'rows_per_partition': 'NONE'}
    AND comment = ''
    AND compaction = {'class': 'org.apache.cassandra.db.compaction.SizeTieredCompactionStrategy', 'max_threshold': '32', '
    AND compression = {'chunk_length_in_kb': '64', 'class': 'org.apache.cassandra.io.compress.LZ4Compressor'}
    AND crc_check_chance = 1.0
    AND dclocal_read_repair_chance = 0.1
    AND default_time_to_live = 0
    AND gc_grace_seconds = 864000
    AND max_index_interval = 2048
    AND memtable_flush_period_in_ms = 0
    AND min_index_interval = 128
    AND read_repair_chance = 0.0
    AND speculative_retry = '99PERCENTILE';
```

图 7-14　描述键空间信息

5．使用/切换键空间

```
use <keyspace name>;
```

6．修改键空间属性

修改键空间属性的语法和建立键空间的语法类似，将 CREATE 关键字改为 ALTER 即可，但键空间必须是已经存在的。例如：

```
ALTER KEYSPACE ks1 WITH REPLICATION = { 'class' :'SimpleStrategy', 'replication_factor':'2'};
```

键空间管理的部分命令效果如图 7-15 所示。

```
cqlsh> CREATE KEYSPACE ks1 WITH REPLICATION = { 'class' :'SimpleStrategy','replication_factor':'1'};
cqlsh> describe keyspace ks1;

CREATE KEYSPACE ks1 WITH replication = {'class': 'SimpleStrategy', 'replication_factor': '1'}  AND durable_writes = true;

cqlsh> describe keyspaces ;

ks1 system_schema  system_auth  system  system_distributed  system_traces

cqlsh> use ks1;
cqlsh:ks1> drop keyspace ks1;
cqlsh:ks1> use ks1;
InvalidRequest: Error from server: code=2200 [Invalid query] message="Keyspace 'ks1' does not exist"
cqlsh:ks1> describe keyspaces ;

system_schema  system_auth  system  system_distributed  system_traces

cqlsh:ks1>
```

图 7-15　键空间管理的部分命令效果

7. 系统键空间 system_schema

键空间信息实际存储于 system_schema.keyspaces 表中，采用下面的 CQL 语句可以看到当前所有键空间的宏观信息，如图 7-16 所示。

```
SELECT * FROM system_schema.keyspaces;
```

```
(1 rows)
cqlsh:ks1> SELECT * FROM system_schema.keyspaces;

 keyspace_name      | durable_writes | replication
--------------------+----------------+----------------------------------------------------------------------------
       system_auth  |           True | {'class': 'org.apache.cassandra.locator.SimpleStrategy', 'replication_factor': '2'}
     system_schema  |           True |                             {'class': 'org.apache.cassandra.locator.LocalStrategy'}
               ks1  |           True | {'class': 'org.apache.cassandra.locator.SimpleStrategy', 'replication_factor': '1'}
 system_distributed |           True | {'class': 'org.apache.cassandra.locator.SimpleStrategy', 'replication_factor': '3'}
            system  |           True |                             {'class': 'org.apache.cassandra.locator.LocalStrategy'}
     system_traces  |           True | {'class': 'org.apache.cassandra.locator.SimpleStrategy', 'replication_factor': '2'}

(6 rows)
cqlsh:ks1> ▌
```

图 7-16　键空间信息存储

系统维护的键空间 system_schema 中存储了键空间和数据表的全局信息，即所谓的 schema 信息。

所有数据表的信息存储于系统表 system_schame.tables 中，可以采用下面的语句查看 ks1 键空间中的所有表：

```
SELECT keyspace name,table_name FROM system_schema.tables WHERE keyspace_name =
'ks1';
```

所有数据表的列信息存储于 system_schema.columns 中，可以采用下面的语句查看 ks1.address 表中的所有列信息：

```
SELECT * FROM system_schema.columns  WHERE keyspace_name = 'ks1' AND table_name
= 'address';
```

所有的用户自定义数据类型存储于 system_schema.types 中，可以采用下面的语句查看所有列用户自定义数据类型：

```
SELECT * FROM system_schema.types ;
```

上述语句的执行效果如图 7-17 所示。

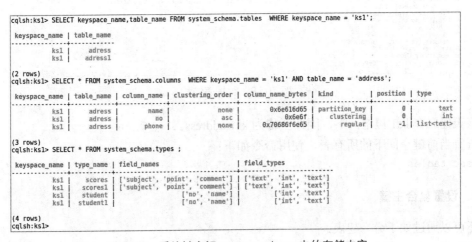

图 7-17　系统键空间 system_schema 中的存储内容

7.4.3　数据表管理

CQL 中的数据表即 Cassandra 的列族或超级列族的概念。

1. 建立数据表

在执行建立数据表命令之前，需要先指定数据表所在的键空间，例如：

```
use ks1;
```

建立数据表语法为：

```
CREATE TABLE <cfname> ( <colname><type> PRIMARY KEY [,<colname><type>
[, …]] ) [WITH <optionname> = <val> [AND <optionname> = <val> […]]];
```

其中 cfname 为表名（即底层的列族名称），后续需要定义列名（<colname>）、主键（PRIMARY KEY）以及其他一些可选参数（<optionname>）。

从上述语法可以看出，CQL 和 SQL 非常相似，在定义表时都采用了基于行、列的描述方式。然而 Cassandra 的底层数据结构是键值对类型，也就是说上述行、列最终会转化为键值对进行存储，其中主键 "PRIMARY KEY" 列被保存为行键，其他列则以列名、值等方式进行存储。

可以通过下面的命令建立一个示例表：

```
CREATE TABLE address(name text PRIMARY KEY, phone list<text>);
```

该表具有两个列，其中 name 为主键，phone 则为一个 text 类型的列表，即每个 name 可以对应多个 phone。

建立完毕后，可以通过下面的语句查看表结构：

```
desc table address;
```

效果如图 7-18 所示。

```
cqlsh:ks1> desc table address;

CREATE TABLE ks1.address(
    name text,
    no int,
    phone list<text>,
    PRIMARY KEY (name, no)
) WITH CLUSTERING ORDER BY (no ASC)
    AND bloom_filter_fp_chance = 0.01
    AND caching = {'keys': 'ALL', 'rows_per_partition': 'NONE'}
    AND comment = ''
    AND compaction = {'class': 'org.apache.cassandra.db.compaction.SizeTieredCompactionStrategy', 'max_threshold': '32', 'min_threshold': '4'}
    AND compression = {'chunk_length_in_kb': '64', 'class': 'org.apache.cassandra.io.compress.LZ4Compressor'}
    AND crc_check_chance = 1.0
    AND dclocal_read_repair_chance = 0.1
    AND default_time_to_live = 0
    AND gc_grace_seconds = 864000
    AND max_index_interval = 2048
    AND memtable_flush_period_in_ms = 0
    AND min_index_interval = 128
    AND read_repair_chance = 0.0
    AND speculative_retry = '99PERCENTILE';
```

图 7-18　数据表结构

该表建立在 ks1 键空间下，因此全称为 ks1.address。

查看当前键空间下的所有表，使用命令如下：

```
desc tables;
```

2. 设置复合主键

还可以通过如下命令建表：

```
CREATE TABLE address (name text, phone list<text>, PRIMARY KEY(name));
```

通过单独的字段描述主键。这种语法可以用来定义复合主键（Composite Primary Key）

```
CREATE TABLE address_2 (name text, No int,phone list<text>, PRIMARY KEY(name, No));
```

即 name 和 No 组成复合主键。

除了主键，CQL 中还有分区键（Partition Key）。所谓分区，是指对数据表进行横向切分，具有相同分区键的数据将存储在同一个数据分区，分区的依据则是分区键的哈希值。

分簇键（Clustering key），也称分族列。分簇键是复合主键的一部分，但不作为分区依据，只作为分区之内（或节点之内）的排序依据，分簇键在全局上是无序的。

当表中只有一个主键时，主键就是分区键。当表中有多个主键时，第一个（组）主键是分区键，其他为分簇键。例如，在 PRIMARY KEY(name, No)子句中，name 为分区键，No 为分簇键。

多个分区键也可以指定为复合主键，例如：

```
CREATE TABLE address_3 (firstname text, lastname text, No int, phone list<text>,
PRIMARY KEY((firstname,lastname), No));
```

firstname、lastname 和 No 作为复合主键，且 firstname、lastname 作为复合主键的分区键，No 为分簇键。

在采用复合主键时，还可以采用下列语句定义分簇键：

```
CREATE TABLE address_4 (name text, No int,phone list<text>, PRIMARY KEY(name, No))
WITH CLUSTERING ORDER BY (No DESC);
```

该语句定义了分簇键为 No，并说明分簇键将按降序排列（DESC），如果选择升序排列则使用 ASC 关键字。

由于 Cassandra 底层采用键值对数据结构，因此，在理论上主键、分区键和分簇键等都属于行键的一部分。

3．修改表的结构

利用 ALTER 语句可以添加列、修改现有列的属性以及修改数据表的属性，但由于 Cassandra 对表结构的修改限制较多，这里只以添加一个列为示例：

```
ALTER TABLE address ADD age int;
```

Cassandra 的底层数据实际是以键值对方式存储的，而非 RDBMS 中面向行的方式，因此添加新的列并不会影响已有数据。

修改表结构还可以调整表的属性，例如：

```
ALTER TABLE addresswithbloom_filter_fp_chance =0.01
```

即将该表的布隆过滤器误报率设置为 0.01，此时设置的数值越小，误报率越低，但过滤器的内存开销会越大。

4．删除数据并重建表

```
TRUNCATE address;
```

7.4.4　CQL 的数据类型

CQL 支持多种数据类型，可以分为原生类型（Native Type）、集合类型（Collection Type）、用户自定义类型（User Defined Type）和元组类型（Tuple Type）等。

1. 原生类型

原生类型包括字符串、整型、浮点型、时间型等。

（1）字符串。

① ascii：ASCII 格式字符串。

② text/varchar：UTF-8 编码字符串。

（2）整型。

① tinyint：8 位有符号长整型。

② smallint：16 位有符号长整型。

③ int：32 位有符号长整型。

④ bigint：64 位有符号长整型。

⑤ varint：任意精度整型。

（3）浮点型。

① decimal：可变精度十进制浮点型。

② float：32 位浮点型（IEEE 754 二进制浮点数算术标准）。

③ double：64 位浮点型（IEEE 754 二进制浮点数算术标准）。

（4）时间型。

① date：日期（没有相应的时间值）。

一般格式为：yyyy-mm-dd。

② time：毫秒精度的时间（没有相应的日期值）。

一般格式为：HH:MM:SS[.fff]，.fff 为毫秒数，在赋值时为可选值。

③ timestamp：毫秒精度的时间戳（日期和时间）。

一般格式为：yyyy-mm-dd[HH:MM:SS[.fff]][(+|-)NNNN]，[(+|-)NNNN]为时区，在赋值时为可选值。

④ timeuuid：基于时间的通用唯一识别码（Universally Unique Identifier，UUID）（UUID 标准中的 TYPE1）。

⑤ duration：持续时间，使用 ISO 8601 格式，类似于 1y2mo3d1h30m15s100ms，其中各字母的含义如下。

y 代表年，mo 代表月，d 代表日，h 代表小时，m 代表分钟，s 代表秒，ms 代表毫秒。

在使用中，Cassandra 无法完全保证该格式数据的意义，因而容易产生排序困难。例如，可能无法得知 1 mo 和 29 d 哪个更大，甚至也无法判断 1 d 和 24 h 的大小，因此 duration 不能在表的主键中使用。

（5）其他类型。

① blob：任意字节数组。

② boolean：布尔型，值为 true 或 false。

③ counter：计数器。

④ inet：IP 地址，支持 IPv4（4 B 长）或 IPv6（16 B 长）。

⑤ uuid：长度为 128 位的 UUID，一般采用 TYPE4，即基于随机数生成 UUID。

2. 集合类型

集合类型主要包括 4 种。

（1）map。

map 是键值对的集合，在 map 中，键是唯一的。建立键空间语句中的 replication 参数就是 map 类型的。

内容形式为：map<1: 'apple ',2: ' banana',3: ' cherry',…>。

声明方式为 tags map<text, text>，表示 tags 是一系列键值对的集合，其中键和值都是 text 类型。map 支持根据键更新或删除元素。

（2）set。

set 是唯一值集合。

内容形式为：set <'apple ',' banana',' cherry',…>。

声明方式为 tags set<text>，表示 tags 是一个 text 类型的集合。

（3）list。

list 是非唯一值的顺序集合。

内容形式为：list<'apple ',' banana',' cherry', ' banana',' cherry', …>。

声明方式为 tags list<text>，表示 tags 是一个 text 类型的列表，指明一个列表中的位置，即可操作执行元素。

（4）frozen。

frozen 并非一种集合类型，而是对集合类型的限定。frozen 是指将 map、set 或 list 中的所有元素进行序列化，形成一个整体（类似于 blob）。在没有进行 frozen 限定时，集合中的单个元素均可以被操作，但进行 frozen 限定后，就只能对整体进行操作。

3. 元组类型

元组类型可以看作另一种用户自定义类型。例如在建表语句中使用如下元组类型：

```
CREATE TABLE ks1.testtable1 (
    col1 text,
    col2 int,
    col3 tuple<text, text>,
    PRIMARY KEY (col1, col2)
)
```

col3 列被定义为一个元组类型，其中包含两个元素，类型均为 text。和用户自定义类型不同，元组类型不会定义各个元素的名字。

4. 用户自定义类型

用户可以在 cqlsh 中，采用下面的方式自定义数据类型：

```
CREATE TYPE scores(subject text, score int);
```

该语句定义了名为 scores 的数据类型，包含 text 类型的 subject 和 int 类型的 score 两个元素，在 3.0 版本之后的 Cassandra 中，可以直接在建表等命令中使用该数据类型，例如：

```
CREATE TABLE achieves(name text, No int, sc scores, PRIMARY KEY(No));
```

删除该表：

```
DROP TABLE achieves;
```

删除自定义类型，可以采用如下命令：

```
DROP TYPE scores;
```

需要注意的是，如果该自定义类型已经被使用，则无法被删除，如图 7-19 所示。

```
cqlsh:ks1> CREATE TYPE scores(subject text, score int) ;
cqlsh:ks1> CREATE TABLE achieves(name text, No int, sc scores, PRIMARY KEY(No));
cqlsh:ks1> DROP TYPE scores;
InvalidRequest: Error from server: code=2200 [Invalid query] message="Cannot drop user type ks1.scores as it is still used by table ks1.achieves"
cqlsh:ks1> DROP TABLE achieves;
cqlsh:ks1> DROP TYPE scores;
cqlsh:ks1>
```

图 7-19　建立和删除自定义类型

在图 7-18 中，第一次执行删除自定义类型命令时，系统报错显示该类型正在被 ks1.achieves 使用，当删除该表之后，自定义类型才可以被删除。

自定义类型可以被修改，例如，为数据类型 scores 增加一个名为 comment 的元素：

```
ALTER TYPE scores ADD comment text;
```

如果需要增加多个元素，则用 AND 关键字连接多个子句。例如，添加两个 text 类型元素时：

```
ALTER TYPE scores ADD comment text AND comment-2text;
```

为数据类型 scores 中的元素改名，使用 RENAME 子句：

```
ALTER TYPE scores RENAME score To point;
```

描述一个用户自定义类型的格式，可以采用下面的语句：

```
desc type scores;
```

如果需要查看当前所有的用户自定义类型，可以使用：

```
desctypes;
```

上述语句的执行效果如图 7-20 所示，对比运行各类 ALTER 命令后，scores 发生的变化。

```
cqlsh:ks1> CREATE TYPE scores (subject text, score int) ;
cqlsh:ks1> desc type scores;

CREATE TYPE ks1.scores (
    subject text,
    score int
);
cqlsh:ks1> ALTER TYPE scores ADD comment text;
cqlsh:ks1> desc type scores;

CREATE TYPE ks1.scores (
    subject text,
    score int,
    comment text
);
cqlsh:ks1> ALTER TYPE scores RENAME score To point;
cqlsh:ks1> desc type scores;

CREATE TYPE ks1.scores (
    subject text,
    point int,
    comment text
);
cqlsh:ks1>
```

图 7-20　语句的执行效果

7.5　CQL 数据查询

本节介绍利用 CQL 进行数据查询的方法，包括条件查询、索引机制以及使用内置函数等方法。

7.5.1　基本数据查询

假设表 **testtable1** 结构如下：

```
CREATE TABLE ks1.testtable1 (
    col1 text,
    col2 int,
    col3 tuple<text, text>,
    PRIMARY KEY (col1, col2)
);
```

1．数据查询的一般语法

使用 SELECT 语句进行数据查询，语法为：

```
SELECT column_list FROM [keyspace_name.] table_name[WHERE primary_key_conditions
[ AND clustering_columns_conditions]] | PRIMARY KEY LIMIT;
```

可见 CQL 的语法和 SQL 非常类似，但所支持的查询条件较少，例如不支持 JOIN 查询等，这也是大多数 NoSQL 数据库的瓶颈。

例如，返回所有数据：

```
SELECT * from ks1.testtable1;
```

正常情况下，显示结果如图 7-21 所示。

```
cqlsh:ks1> select * from ks1.testtable1;

 col1       | col2 | col3
------------+------+--------------------------------
 other text |   10 | ('another key', 'another value')
  some text |    1 |         ('the key', 'the value')

(2 rows)
cqlsh:ks1> expand on;
Now Expanded output is enabled
cqlsh:ks1> select * from ks1.testtable1;

@ Row 1
-----+------------------------------------
 col1 | other text
 col2 | 10
 col3 | ('another key', 'another value')

@ Row 2
-----+------------------------------------
 col1 | some text
 col2 | 1
 col3 | ('the key', 'the value')

(2 rows)
cqlsh:ks1>
```

图 7-21　SELECT 查询的显示结果

可知该表中有两行数据，共 3 列，其中由第三列可以看出数据类型是元组类型。从图 7-21 中可以看到查询语句执行了两遍，有两种不同的显示效果。区别是在第二次查询之前，执行了语句：

```
expand on;
```

即结果折叠显示，这能够非常直观地显示宽行。如果执行：

```
expand off;
```

可以关闭折叠显示效果。单独执行 expand 命令，不带 on 或 off 参数，则会显示当前该参数的取值。

2. 整理返回结果

（1）可以使用 LIMIT 子句限制返回结果。

（2）可以使用 PERPARTITION LIMIT 子句限制每个分区的返回元素。例如：

```
SELECT * from ks1.address_3 where firstname in ('apple', 'banana', 'cherry') AND
lastname in ('apple', 'banana', 'cherry') order by no DESC PERPARTITION limit 10;
```

（3）CQL 还可以实现分页显示。语句为：

```
PAGING [ON | OFF]
```

默认每次返回 100 行结果，不带参数运行 PAGING 命令时，会显示当前分页设置。

（4）可以使用 oder by 和 groupby 子句来控制返回结果的顺序和分组，但所涉及的列必须为主键列。

3. 将返回结果显示为 JSON 形式

只需在 SELECT 和所选列之间加入 "json" 关键词即可，示例如下：

```
SELECT json * from ks1.address_3;
```

4. 聚合查询

常见的聚合查询操作如下。

（1）count()：计数。

（2）max() 和 min()：求最大值和最小值。

（3）sum()：求和。

（4）avg()：求平均值。

在查询语句中使用聚合查询操作的方式和 SQL 类似：

```
SELECT COUNT (*) FROM testtable1;
SELECT sum (col2) FROM testtable1;
```

7.5.2 条件查询

利用 WHERE 子句可以在 SELECT、UPDATE 或 DELETE 语句中设置限定条件，但一般只针对主键列。此外，对于分区键和分簇键，其限制条件并不一样。

对于分区键，可以使用等于（=）、范围比较（>、<、<=、>=）和存在（IN）3 种限制条件。对分簇键进行条件限制，则必须先对该分簇键之前的主键列（可能为分区键或分簇键）使用等于或存在条件，最后一个分簇键只支持等于和范围比较条件，不支持存在条件。

这是由于复合主键会根据建表语句的语法执行顺序，依次相接构成键值对的行键。由于行键是有序的，因此复合行键的顺序是先根据第一主键列排序，在第一主键列相同的情况下，再根据第二主键列排序，以此类推。假设存在如下表：

```
TABLE test(
   key int,
   col1 int,
   col2 int,
   col3 int,
   col4 int,
   PRIMARY KEY ((key), col1, col2, col3, col4)
);
```

根据其主键构成顺序，数据的顺序类似于：

```
key | col1 | col2 | col 3 | col4
-----+-------+--------+-------+------
100 |   1 |   1 |   1 |      1
100 |   1 |   1 |   1 |      2
100 |   1 |   1 |   1 |      3
100 |   1 |   1 |   2 |      1
100 |   1 |   1 |   2 |      2
100 |   1 |   1 |   2 |      3
100 |   1 |   2 |   2 |      1
100 |   1 |   2 |   2 |      2
100 |   1 |   2 |   2 |      3
100 |   2 |   1 |   1 |      1
100 |   2 |   1 |   1 |      2
100 |   2 |   1 |   1 |      3
100 |   2 |   1 |   2 |      1
100 |   2 |   1 |   2 |      2
100 |   2 |   1 |   2 |      3
100 |   2 |   2 |   2 |      1
100 |   2 |   2 |   2 |      2
100 |   2 |   2 |   2 |      3
```

为了避免条件查询时进行大范围扫描而引起性能瓶颈，Cassandra 会要求依次对 key、col1、col2 和 col3 使用等于、范围比较或存在条件中的一种，col4 则只允许使用等于或范围比较条件中的一种。例如：

```
SELECT * FROM test WHERE key = 100 AND col1 IN (1, 2) AND col2 = 1 AND col3 = 1
AND col4 <= 2;
```

显示效果类似于：

```
key| col1 | col2 | col3 | col4
-----+-----+---------+-------+-------------
100 |   1 |   1 |   1 |   1
100 |   1 |   1 |   1 |   2
100 |   2 |   1 |   1 |   1
100 |   2 |   1 |   1 |   2
```

如果不符合上述语句的条件查询顺序，Cassandra 可能会报错，并中止语句运行。此外，如果分区键有多个，而 WHERE 条件中只涉及部分分区键，Cassandra 也会报同样的错误。

例如：

```
SELECT * FROM test WHERE key = 100 AND col4 <= 2;
```

会报如下错误：

```
InvalidRequest: Error from server: code=2200 [Invalid query] message="Cannot
execute this query as it might involve data filtering and thus may have unpredictable
performance. If you want to execute this query despite the performance unpredictability,
use ALLOW FILTERING"
```

报错原因就是没有按照主键顺序设置查询条件，而直接对 col4 进行条件查询，Cassandra
需要扫描所有行键，并跳过行键的前若干字节进行比较，Cassandra 认为这种查询开销的"性
能无法预测"（performance unpredictability）。

图 7-22 所示示例演示了如果不满足条件查询约束，只对部分分区键或只对分簇键进行条
件查询时，系统报错并拒绝执行的情况，注意这和实际数据量无关（图中所示实际为空表）。

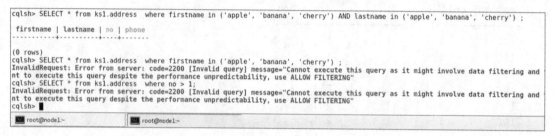

图 7-22　条件查询对分区键和分簇键的限制

图 7-22 中 ks1.address 表中含有 3 个主键，其中 firstname 和 lastname 为分区键，no 为分
簇键。图中第一条语句为对全部分区键（firstname 和 lastname）进行条件查询的情况，可以
看出查询能够正常进行。第二条语句只对部分分区键（firstname）进行条件查询，则系统报
错。第三条语句只对分簇键（no）进行条件查询，系统也会报错。

上述问题可以通过建立索引和使用 ALLOW FILTERING 子句解决，详情参见 7.5.3 小节。

除了上述查询方式，WHERE 子句还可以进行分片查询：

```
SELECT * FROM test WHERE key = 100 AND col1 = 1 AND col2 = 1 AND (col3, col4) >=
(1, 2) AND (col3, col4) < (2, 3);
```

该语句同时对 col3 到 col4 的范围进行了限定，相当于在行键或行键的前 n 个字节上进行
了分片。但下面的语句是错误的：

```
SELECT * FROM numbers WHERE key = 100 AND col_1 = 1 AND (col_2, col_3, col_4) >=
(1, 1, 2) AND (col_3, col_4) < (2, 3);
```

因为分片上下限所用的列是不一致的。

7.5.3　索引机制

Cassandra 支持（二级）索引机制，以加快条件查询速度。

Cassandra 底层采用键值对存储模式，而行键是排序存储的。Cassandra 表中的主键列是
构成行键的列，这就相当于主键列存在一个天然的索引。但该索引存在一定限制，主键列按
照建表时排定的顺序形成统一的行键，因此如果直接对复合主键列中的排序靠后的列进行查
询，则行键的顺序性无法对此查询提供帮助。

针对这种情况，Cassandra 可以为数据表建立一个或多个二级索引。这些索引可以使用在
普通列、集合类型列等场景，但不能应用在计数器类型的列。这些列的索引信息会维护在一
个隐藏表中。建立索引和索引对查询的影响如图 7-23 所示。

从图 7-23 中可以看出，以下语句可以顺利执行：

```
select * from add ress where name = 'test';
```

这是因为 name 是第一主键，在底层则为行键的第一部分。由于在键值对中行键存在排序特性，相当于存在默认的索引，因此语句的执行效率较高。

图 7-23 中所示的 age 列并非表 address 的主键，第一次执行下句：

```
select * from address where age = 1;
```

系统会报错，表示语句的执行效率无法预测，并停止查询。实际上，该表为空表，并非数据量巨大且执行效率不可预测的情况，但系统仍然拒绝执行语句。解决该问题有两种方法。

```
cqlsh:ks> desc table address;

CREATE TABLE ks1.address (
    name text,
    no int,
    age int,
    age1 text,
    phone list<text>,
    PRIMARY KEY (name, no)
) WITH CLUSTERING ORDER BY (no ASC)
    AND bloom_filter_fp_chance = 0.01
    AND caching = {'keys': 'ALL', 'rows_per_partition': 'NONE'}
    AND comment = ''
    AND compaction = {'class': 'org.apache.cassandra.db.compaction.SizeTieredCompactionStrategy',
    AND compression = {'chunk_length_in_kb': '64', 'class': 'org.apache.cassandra.io.compress.LZ4C(
    AND crc_check_chance = 1.0
    AND dclocal_read_repair_chance = 0.1
    AND default_time_to_live = 0
    AND gc_grace_seconds = 864000
    AND max_index_interval = 2048
    AND memtable_flush_period_in_ms = 0
    AND min_index_interval = 128
    AND read_repair_chance = 0.0
    AND speculative_retry = '99PERCENTILE';

cqlsh:ks1> select * from address where name = 'test';

 name | no | age | age1 | phone
------+----+-----+------+-------

(0 rows)
cqlsh:ks1> select * from address where age = 1;
InvalidRequest: Error from server: code=2200 [Invalid query] message="Cannot execute this query as
nt to execute this query despite the performance unpredictability, use ALLOW FILTERING"
cqlsh:ks1> select * from address where age = 1 ALLOW FILTERING;

 name | no | age | age1 | phone
------+----+-----+------+-------

(0 rows)
cqlsh:ks1> CREATE INDEX indexofadress ON address(age);
cqlsh:ks1> select * from address  where age = 1;

 name | no | age | age1 | phone
------+----+-----+------+-------

(0 rows)
cqlsh:ks1>
```

图 7-23　建立索引和索引对查询的影响

一是在无索引的情况下，使用 ALLOW FILTERING 子句：

```
select * from address where age = 1 ALLOW FILTERING;
```

该子句的效果是使整个语句被强制执行。受数据量和数据分布等影响，该查询可能很快完成，也可能耗时较长。例如，假设表中含有数十亿行数据，但只有几行数据满足"age=1"的条件，Cassandra 需要遍历所有数据才能找到这几行数据，然而 Cassandra 无法分辨语句是否能高效执行，只能在告警后交由用户进行判断。

此时另一种建立索引的方法可能是更高效的办法，索引可以在集群中略过无关的节点（或分区），并且在相关节点上快速定位数据。

对 age 列建立索引的语句为：

```
CREATE INDEX indexofaddress ON address(age);
```

其中 indexofaddress 为索引（表）的名字，该索引建立在 address 表的 age 列上。从图 7-23 中可以看出，系统认为可以高效完成查询，不会报错。

删除图中的索引 indexofaddress：

```
drop index indexofaddress;
```

一般情况下，索引会在后台自动维护，维护时不会阻塞读写操作。如果需要手动维护索引，可以在命令行下使用命令：

```
nodetool rebuild_index <keyspace><table><indexName>
```

手动维护刚刚建立的索引 indexofaddress，可以执行：

```
nodetool rebuild_index ks1 addressindexofaddress
```

关于该命令的详细参数可用下面的语句查询：

```
nodetool help rebuild_index
```

注意，该命令不是在 cqlsh 环境中运行的，而是在操作系统的命令行环境中执行的。

7.5.4 使用标量函数

在增、删、改、查操作中，可以使用 CQL 函数或用户自定义函数。常见函数包括以下 5 种。

（1）CAST(selector AS to_type)：显示格式转换。CAST 函数一般只在 SELECT 语句中使用，在使用中还要注意并非所有格式之间都可以自由转换。

示例：

```
SELECT cast( col2 as text) from ks1.testtable;
```

显示效果类似于：

```
cast(col2 as text) | 10
```

（2）writetime (column_name)：返回结果的写入时间（毫秒级时间戳）。

示例：

```
SELECT WRITETIME(col2) from ks1.testtable;
```

显示效果类似于：

```
writetime(col2) | 1525278840191092
```

注意该语句无法用于任何主键列，因为时间戳对应键值对中的某个值（由行键、列族、列名确定的单元），而主键列只构成行键。从 Cassandra 键值对的存储格式来看，行键并没有单独的时间戳。

（3）token(column_name)：根据列值，计算其在 Cassandra 环结构中的 token 值（地址），采用的分区算法不同，显示结果的数据类型可能有一些差异。一般只能在 SELECT 语句中使用。

示例：

```
SELECT token (col2) from ks1.testtable1;
```

显示效果类似于：

```
system.token(col2) | -6715243485458697746
```

（4）TTL(column_name)：显示该列的生存期，注意 TTL 的概念仅针对键值对中的值，因此对于主键列无法使用。

（5）uuid()：无参数，用来在 INSERT 和 UPDATE 语句中生成 UUID。

7.6　CQL 数据更新

本节首先介绍 CQL 中的基本的插入、更新和删除方法，之后介绍 CQL 中的读写一致性与轻量级事务，最后介绍各种特殊列的操作方法。

7.6.1　插入、更新和删除

Cassandra 中所有的数据插入、更新和删除，实际上都是在数据集中添加若干个键值对。对于更新来说，其行键、列族名和列名与原数据保持一致，但新键值对的时间戳更新；对于删除来说，其行键、列族名和列名与原数据保持一致，但新键值对中含有墓碑标记，即底层数据仍是一次写入、多次读取的。

假设表 testtable1 结构如下：

```
CREATE TABLE ks1.testtable1 (
    col1 text,
    col2 int,
    col3 tuple<text, text>,
    PRIMARY KEY (col1, col2)
)
```

1．数据插入

数据插入的语法：

```
INSERT INTO [keyspace_name.] table_name (column_list)
      VALUES (column_values)
       [IF NOT EXISTS]
       [USING TTL seconds | TIMESTAMP epoch_in_microseconds] ;
```

示例插入语句如下：

```
insert into ks1.testtable1(col1,col2,col3) values('some text',1,('the key', 'the
value'));
insert into ks1.testtable1(col1,col2,col3) values('other text',10,('another
key','another value'));
```

语句中 text 类型变量需要用单引号标注，元组类型需要用小括号包括其元素集合，各个元素之间用逗号隔开。

如果对有相同主键的行进行重复插入，则后插入的值会覆盖之前的值。例如连续执行：

```
insert into ks1.testtable1(col1,col2,col3) values('some text',1,('a', 'b'));
insert into ks1.testtable1(col1,col2,col3) values('some text',1,('c', 'd'));
```

则数据表中只会存在一行数据：'some text',1,('c', 'd')。

2．数据更新

数据更新的语法：

```
UPDATE [keyspace_name.] table_name
      [USING TTL time_value | USING TIMESTAMP timestamp_value]
      SET assignment [, assignment, …]
      WHERE row_specification
```

```
[IF EXISTS | IF condition [AND condition]];
```

示例更新语句如下：

```
update ks1.testtable1 set col3 = ('new key', 'new value') where col1='some text'
and col2 = 1;
```

数据更新需要注意以下事项。

① update 语句不能更新主键，即 col1 和 col2 不能被更新，因为主键列在底层数据结构中作为行键存储，如果更改行键，则需要遍历所有相关键值对并进行更新，这相当于进行了数据查找、数据删除和新行插入，开销可能很大。

② update 的 WHERE 条件必须为全部主键的限定条件，这是为了能够直接找到完整的行键（限定条件），再更新相应的值。

数据插入并更新后的内容如图 7-24 所示。

③ 如果需要对非主键进行条件限定，则需要采用 IF 子句进行限定，例如：

```
cqlsh:ks1> select * from ks1.testtable1;

@ Row 1
-----+---------------------------------------
  col1 | other text
  col2 | 10
  col3 | ('another key', 'another value')

@ Row 2
-----+---------------------------------------
  col1 | some text
  col2 | 1
  col3 | ('new key', 'new value')

(2 rows)
cqlsh:ks1>
```

图 7-24　数据插入并更新后的内容

```
update ks1.testtable1 set col3 = ('new key
2', 'new value 2') where col1='some text' and
col2 = 1 IF col3= ('new key', 'new value') ;
```

该语句中 col3 不是主键，因此采用了 IF 子句限定其值。下面的例子采用了 IF EXISTS 条件，即存在符合条件的记录时，才进行更新：

```
update ks1.testtable1 set col3 = ('new key 2', 'new value 2') where col1='some
text' and col2 = 1 IF EXISTS;
```

执行后，如果存在符合条件的记录，屏幕会输出：

```
[applied] | True
```

否则输出：

```
[applied] | False
```

3. 数据删除

数据删除的语法：

```
DELETE [column_name (term)][, …]
    FROM [keyspace_name.] table_name
    [USING TIMESTAMP timestamp_value]
    WHERE PK_column_conditions
    [IF EXISTS | IF static_column_conditions];
```

基本操作示例如下：

```
delete col3 from ks1.testtable1 where col1='some text' and col2 = 1;
delete from ks1.testtable1 where col1='other text' and col2 = 10;
```

语句对 where 条件的要求和 update 中的一致。由于 Cassandra 数据的每一个逻辑行由多个键值对构成，因此在删除时，既可以选择删除一个逻辑行，也可以选择只删除该行中的某几个键值对。此时该行还有其他数据存在，被删除单元会显示为 null。

上述删除语句的执行效果如图 7-25 所示，注意 null 的产生。

```
cqlsh:ks1>
cqlsh:ks1> delete col3 from ks1.testtable1 where col1='some text' and col2 = 1;
cqlsh:ks1> select * from ks1.testtable1;

@ Row 1
-----+-------------------------------
 col1 | other text
 col2 | 10
 col3 | ('another key', 'another value')

@ Row 2
-----+-------------------------------
 col1 | some text
 col2 | 1
 col3 | null

(2 rows)
cqlsh:ks1> delete from ks1.testtable1 where col1='other text' and col2 = 10;
cqlsh:ks1> select * from ks1.testtable1;

@ Row 1
-----+-----------
 col1 | some text
 col2 | 1
 col3 | null

(1 rows)
cqlsh:ks1>
```

图 7-25　两种删除语句的执行效果

4．以 JSON 格式插入数据

在 insert into 语句中，使用 json 关键字，之后可以使用 JSON 格式为指定列插入数据。执行：

```
insert into ks1.testtable1 json '{"col1": "json text","col2":1000}';
```

显示结果为：

```
@ Row 3
------+---------------------------------
 col1 | json text
 col2 | 1000
 col3 | null
```

注意 JSON 字符串需要用单引号标注。上面的语句中没有对 col3 赋值，因此系统自动为其赋值 null。

执行：

```
insert into ks1.testtable1 json '{"col1": "json text 2","col2":2000 ,
"col3":["1","2"]}';
```

显示结果为：

```
@ Row 4
------+----------------------------------
 col1 | json text 2
 col2 | 2000
 col3 | ('1', '2')
```

在为 list 类型的 col3 赋值时，用到了 JSON 数组，数组用中括号表示，元素之间则用逗号隔开。

5．可选参数

INSERT 和 UPDATE 语句中可以加入一些可选参数。

USING TTL seconds 规定了数据的存活时间（seconds），到达时间后，该数据被自动设置为删除状态，该数据默认为 0，即永远存活。

TIMESTAMP 规定是否采用指定时间戳（epoch_in_microseconds）作为新数据的时间戳，

如果不指定，则系统自动将写入时间作为新数据的时间戳。

6. 批处理

批处理有助于减少客户端和服务端之间的网络交互。批处理主要用于 INSERT、UPDATE 和 DELETE 等操作。

语法如下：

```
BEGIN BATCH [USING TIMESTAMP epoch_microseconds]
  INSERT … [USING TIMESTAMP [epoch_microseconds]
  UPDATE …
  DELETE …
APPLY BATCH;
```

[USING TIMESTAMP epoch_microseconds]是一个可选项，用于将所有数据操作的时间戳设置为指定内容（微秒时间戳，形如 1481124356754405），如果不填写此项，则被更新数据的时间戳为实际写入时间。时间戳可以针对批处理整体设置，也可以针对其中一个操作设置。

7.6.2　读写一致性

1. Cassandra 中的一致性选项与设置

由于 Cassandra 使用分布式、数据多副本机制，因此数据在写入和查询时可能出现不一致的情况。Cassandra 可以调整数据读写时的一致性要求。和 Dymano 的向量时钟机制有所不同，Cassandra 将读写一致性预设为多个固定设置，如表 7-1 所示。

表 7-1　　　　　　　　　　　Cassandra 的读写一致性设置

等　级	描　述	一 致 性	可 用 性
ALL	必须成功读写数据的所有副本	最高	最低
EACH_QUORUM	在所有数据中心，执行 QUORUM 策略（针对写操作）		
QUORUM	在多副本中，成功读写半数以上的副本即判定操作成功，例如，如果数据有 3 个副本，则读取其中两个		
LOCAL_QUORUM	局限在当前（节点所在的）数据中心，执行 QUORUM 策略。避免跨数据中心通信		
ONE/TWO/THREE	有 1（或 2、3）个节点（副本）操作成功，则判定操作成功，读取时表示在多个数据副本中，只读取 1（或 2、3）个副本	ONE 时最低（READ）	ONE 时最高（READ）
LOCAL_ONE	局限在当前（节点所在的）数据中心，执行 ONE 策略。避免跨数据中心通信		
ANY	确保一个副本被写入成功，或者暗示移交数据被成功存储，仅在写操作中使用	最低（WRITE）	最高（WRITE）
SERIAL	仅在读取中使用，系统会返回尚未提交的最新数据。当采用该设置时，将无法在 UPDATE 和 INSERT 语句中使用 IF NOT EXISTS 或 IF EXISTS 子句		
LOCAL_SERIAL	仅在读取中使用，系统会返回尚未提交的最新数据，但只返回当前数据中心的数据		

当设置一致性等级为 ONE 时，实际是选择了 CAP 理论中的 A、P，即强调分布式数据的可用性（查询效率）；当设置一致性等级为 ALL 时，则是选择了 C、P，即强调数据的强（读取）一致性。也就是说，Cassandra 将权衡可用性与一致性的决定权交给了用户。

查看当前一致性设置，在 cqlsh 中执行：

```
CONSISTENCY;
```

将当前环境的读写一致性设置为所需等级，执行：

```
CONSISTENCY [ONE | QUORUM | ALL…];
```

效果如图 7-26 所示。

之后 cqlsh 中执行的语句都将遵循该设置。

```
cqlsh> CONSISTENCY;
Current consistency level is ONE.
cqlsh> CONSISTENCY ALL;
Consistency level set to ALL.
cqlsh> CONSISTENCY;
Current consistency level is ALL.
cqlsh> 
```

图 7-26　一致性级别的查看与设置

2．IF 轻量级事务

利用 IF 条件可在满足某个条件时执行更新语句（INSERT、UPDATE 或 DELETE），这可以看作是一种轻量级事务，或称为 CAS（Compare And Set，比较并替换）。

例如：

```
insert into ks1.testtable1(col1,col2,col3) values('some text',1,('another key',
'another value')) IF NOT EXISTS;
```

语句保证了如果不满足 IF 条件（主键条件），则不进行更新。IF 条件可以使用=、<、<=、>、>=、!=和 IN 等运算符。

注意，在 INSERT 语句中使用 IF NOT EXISTS 条件时，不能使用 USING TIMESTAMP 子句指定时间戳，此时时间戳由系统自动生成，并在 CAS 过程中应用。

类似的有：

```
update ks1.testtable1 set col3 = ('new key 2', 'new value 2') where col1='some
text' and col2 = 1IF col3= ('new key', 'new value') ;
```

该语句通过 IF 子句为非主键列 col3 设置了 CAS 条件，主键条件仍通过 WHERE 子句设置，该语句实现了检查并修正的功能。

CAS 过程通过扩展的 PAXOS 协议完成，这是一个 4 阶段的分布式投票和协调协议，类似于在一个 3 阶段提交协议的基础上增加了读取当前行数据的节点，其更新效率比一般情况下更低。

通过设置串行一致性级别可以调整 CAS 的运行策略。执行：

```
serial CONSISTENCY;
```

查看当前串行一致性设置。执行：

```
serial CONSISTENCY [Serial | LOCAL_serial];
```

可以将当前环境的串行一致性设置为所需级别。在多数据中心场景下，Serial 表示跨数据中心协调，而 LOCAL_serial 表示在本数据中心的相关节点间协调。

注意，当一致性条件（CONSISTENCY）设置为 Serial 时，无法使用 IF 条件。系统报错如下：

```
InvalidRequest: Error from server: code=2200 [Invalid query] message="SERIAL is
not supported as conditional update commit consistency. Use ANY if you mean "make sure
it is accepted but I don't care how many replicas commit it for non-SERIAL reads""
```

IF 条件还可以应用子建立、修改或删除键空间或数据表：

```
CREATE KEYSPACE IF NOT EXISTS ks1 WITH replication = {'class': 'SimpleStrategy',
'replication_factor':1};
    DROP TABLE IF EXISTS ks1.testtable;
```

7.6.3　集合列的操作

集合列包括 list、map 和 set 这 3 种类型，类似的还有元组类型和用户自定义类型。本小节介绍对这 5 种类型进行操作与约束的方法。

1. 作为主键的限制

执行下面的建表语句：

```
ks1.testtable3(col1 int,col2 list<text>,col3 map<text, text>,col4 set<text>,col5
tuple<text,text>, PRIMARY KEY (col1,col2,col3,col4,col5)) ;
```

系统报错如下：

```
InvalidRequest: Error from server: code=2200 [Invalid query] message="Invalid
non-frozen collection type for PRIMARY KEY component col2"
```

即 col2 为非 frozen 限定的，无法作为主键。进一步发现，list、map 和 set 类型的集合列如果是非 frozen 限定的，均无法作为主键，而元组类型（col5）无此限制。

验证效果如图 7-27 所示。

```
cqlsh:ks1> CREATE TABLE ks1.testtable3(col1 int,col2 list<text>,col3 map<text, text>,col4 set<text>,col5 tuple<text,text>, PRIMARY KEY (col1,col2,col3,col4,col5)) ;
InvalidRequest: Error from server: code=2200 [Invalid query] message="Invalid non-frozen collection type for PRIMARY KEY component col2"
cqlsh:ks1> CREATE TABLE ks1.testtable3(col1 int,col2 list<text>,col3 map<text, text>,col4 set<text>,col5 tuple<text,text>, PRIMARY KEY (col1,col3,col4,col5)) ;
InvalidRequest: Error from server: code=2200 [Invalid query] message="Invalid non-frozen collection type for PRIMARY KEY component col3"
cqlsh:ks1> CREATE TABLE ks1.testtable3(col1 int,col2 list<text>,col3 map<text, text>,col4 set<text>,col5 tuple<text,text>, PRIMARY KEY (col1,col4,col5)) ;
InvalidRequest: Error from server: code=2200 [Invalid query] message="Invalid non-frozen collection type for PRIMARY KEY component col4"
cqlsh:ks1> CREATE TABLE ks1.testtable3(col1 int,col2 list<text>,col3 map<text, text>,col4 set<text>,col5 tuple<text,text>, PRIMARY KEY (col1,col5)) ;
cqlsh:ks1> desc testtable3;

CREATE TABLE ks1.testtable3 (
    col1 int,
    col5 frozen<tuple<text, text>>,
    col2 list<text>,
    col3 map<text, text>,
    col4 set<text>,
    PRIMARY KEY (col1, col5)
) WITH CLUSTERING ORDER BY (col5 ASC)
    AND bloom_filter_fp_chance = 0.01
    AND caching = {'keys': 'ALL', 'rows_per_partition': 'NONE'}
    AND comment = ''
    AND compaction = {'class': 'org.apache.cassandra.db.compaction.SizeTieredCompactionStrategy', 'max_threshold': '32', 'min_threshold': '4'}
    AND compression = {'chunk_length_in_kb': '64', 'class': 'org.apache.cassandra.io.compress.LZ4Compressor'}
    AND crc_check_chance = 1.0
    AND dclocal_read_repair_chance = 0.1
    AND default_time_to_live = 0
    AND gc_grace_seconds = 864000
    AND max_index_interval = 2048
    AND memtable_flush_period_in_ms = 0
    AND min_index_interval = 128
    AND read_repair_chance = 0.0
    AND speculative_retry = '99PERCENTILE';
```

图 7-27　集合列作为主键的限制

调整建表语句，为集合列 col2、col3、col4 加入 frozen 限定：

```
CREATE TABLE ks1.testtable4(col1 int, col2 frozen<list<text>>,col3 frozen<map<text,
text>>,col4 frozen<set<text>>,col5 tuple<text,text>, PRIMARY KEY (col1,col2,col3,
col4)) ;
```

语句运行通过，效果如图 7-28 所示。

继续考察元组类型的 col5 列。发现当 col5 没有被设置为主键时，表结构中被自动加入了 frozen 限定。但元组一般情况下均被作为整体操作。

```
cqlsh:ks1> CREATE TABLE ks1.testtable4(
     ... col1 int,
     ... col2 frozen<list<text>>,
     ... col3 frozen<map<text, text>>,
     ... col4 frozen<set<text>>,
     ... col5 tuple<text,text>,
     ... PRIMARY KEY (col1,col2,col3,col4)) ;
cqlsh:ks1> desc table testtable4;

CREATE TABLE ks1.testtable4 (
    col1 int,
    col2 frozen<list<text>>,
    col3 frozen<map<text, text>>,
    col4 frozen<set<text>>,
    col5 frozen<tuple<text, text>>,
    PRIMARY KEY (col1, col2, col3, col4)
) WITH CLUSTERING ORDER BY (col2 ASC, col3 ASC, col4 ASC)
    AND bloom_filter_fp_chance = 0.01
    AND caching = {'keys': 'ALL', 'rows_per_partition': 'NONE'}
    AND comment = ''
    AND compaction = {'class': 'org.apache.cassandra.db.compaction.SizeTieredCompactionStrategy', 'max_threshold': '32', 'min_threshold': '4'}
    AND compression = {'chunk_length_in_kb': '64', 'class': 'org.apache.cassandra.io.compress.LZ4Compressor'}
    AND crc_check_chance = 1.0
    AND dclocal_read_repair_chance = 0.1
    AND default_time_to_live = 0
    AND gc_grace_seconds = 864000
    AND max_index_interval = 2048
    AND memtable_flush_period_in_ms = 0
    AND min_index_interval = 128
    AND read_repair_chance = 0.0
    AND speculative_retry = '99PERCENTILE';
```

图 7-28　解除集合列作为主键的限制

2. 插入数值

假设表 ks1.testtable2 的结构如下：

```
TABLE ks1.testtable2 (
    col1 int PRIMARY KEY,
    col2 list<text>,
    col3 map<text, text>,
    col4 set<text>,
    col5 frozen<tuple<text, text>>
)
```

插入一行值如下：

```
INSERT INTO ks1.testtable2(col1, col2, col3, col4, col5)
 values (1, ['apple', 'apple', 'banana', 'cherry', 'banana'],
{'1': 'apple ','1': ' banana','3': ' cherry','4': ' cherry'},
{'apple', 'banana', 'cherry', 'apple'},
('apple', 'banana'))
```

语句运行成功，查询效果如下：

```
@ Row 1
------+-----------------------------------------------------------------
 col1 | 1
 col2 | ['apple', 'apple', 'banana', 'cherry', 'banana']
 col3 | {'1': 'apple ', '3': ' cherry', '4': ' cherry'}
 col4 | {'apple', 'banana', 'cherry'}
 col5 | ('apple', 'banana')
```

对语句总结如下。

（1）list 类型：插入值时用方括号包括值的集合，元素用逗号分隔，集合中可以存在重复的值。

（2）map 类型：插入值时用花括号包括值的集合，元素用逗号分隔，键值对用冒号分隔。键必须是无重复的，否则后写入的键值对会覆盖先写入的。值可以重复。

（3）set 类型：插入值时用花括号包括值的集合，元素用逗号分隔。值必须是唯一的，重复写入的值只会写入一次。

3. list 类型的更新和删除

更新 list 类型的 col2，可以根据位置（注意第一个位置是 0）更新一个元素：

```
UPDATE ks1.testtable2 set col2[2] = 'big apple' WHERE col1= 1;
```

效果为：

```
['apple', 'apple', 'big apple', 'cherry', 'banana']
```

删除一个元素：

```
delete col2[2] from ks1.testtable2 WHERE col1= 1;
```

效果为：

```
['apple', 'apple', 'cherry', 'banana']
```

如果要整体更新 col2 的一行：

```
UPDATE ks1.testtable2 set col2 = ['big apple'] WHERE col1= 1;
```

效果为值的替换：

```
['big apple']
```

如果位置标号越界，则会报错。

整体删除 col2：

```
delete col2 from ks1.testtable2 WHERE col1= 1;
```

则该行的 col2 变成 null。

如果 list 类型为 frozen 限定，则只能采用整体更新、删除的方法。

4. set 类型的更新和删除

为 col4 添加新的元素：

```
UPDATE ks1.testtable2 set col3 =col3+{'big apple', ' small apple'} WHERE col1= 1;
```

效果为：

```
{'apple', 'banana', 'big apple', 'cherry', 'small apple'}
```

为 col4 删除一个元素：

```
UPDATE ks1.testtable2 set col3 =col3-{'big apple'} WHERE col1= 1;
```

效果为：

```
{'apple', 'banana', 'cherry', 'small apple'}
```

此时使用的是 UPDATE 方法，注意"+""-"的使用。此外，如果被删除的元素并不存在，语句执行后并不会报错。

col4 整体更新与删除：

```
UPDATE ks1.testtable2 set col4 ={'big apple'} WHERE col1= 1;
delete col4 from ks1.testtable2 WHERE col1= 1;
```

如果 list 类型为 frozen 限定，则只能采用整体更新、删除的方法。

5. map 类型的更新和删除

为 col3 添加新键值对：

```
UPDATE ks1.testtable2 set col3 =col3+{'5':'big apple', '6':' small apple'} WHERE col1= 1;
```

效果为：

```
{'1': ' banana', '3': ' cherry', '4': ' cherry', '5': 'big apple', '6': ' small apple'}
```

通过键删除一个元素：

```
delete col3['1'] from ks1.testtable2 WHERE col1= 1;
```

如果指定的键不存在，运行并不会报错。

```
UPDATE ks1.testtable2 set col3 =col3+{'5':'big apple', '6':' small apple'} WHERE col1= 1;
```

col3 整体更新与删除：：

```
UPDA TE ks1.testtable2 set col3 ={'10': ' small apple'} WHERE col1= 1;
delete col4 from ks1.testtable2 WHERE col1= 1;
```

如果 map 类型为 frozen 限定，则只能采用整体更新、删除的方法。

6. 元组类型和用户自定义类型

严格地说，元组类型和用户自定义类型并非集合类型，但在操作上同集合类型有一定相似性。元组类型一般只进行整体操作；对于没有 frozen 限定的用户自定义类型，可以进行单个元素的操作。

定义用户自定义类型：

```
CREATE TYPE t1(item1 text, item2 int);
```

建立表：

```
CREATE TABLE ks1.testtable5(col1 int PRIMARY KEY,col2 t1);
```

插入数据时必须逐个指明用户自定义类型中的元素名称：

```
INSERT INTO ks1.testtable5(col1, col2) values (1, {item1:'apple',item2:1});
```

效果为：

```
@ Row 1
------+----------------------------
 col1 | 1
 col2 | {item1: 'apple', item2: 1}
```

更新用户自定义类型中的一个元素：

```
UPDATE ks1.testtable5 set col2.item1 ='banana' WHERE col1= 1;
```

效果为：

```
@ Row 1
------+----------------------------
 col1 | 1
 col2 | {item1: 'banana', item2: 1}
```

整体更新：

```
UPDATE ks1.testtable5 set col2 = {item1:'big apple',item2:2} WHERE col1= 1;
```

用户自定义类型必须整体被删除，无法只删除其中一个元素。此外，当用户自定义类型中含有集合类型时，必须在建表时使用 frozen 限定，只能对其整体进行操作。

7.6.4 计数器列的操作

从表结构上看，计数器列不能作为主键，且计数器列不能建立索引。从更新方式上看，计数器列只能通过 update 方法更新（累加）数据，不能使用 insert 方法直接为其赋值。

假设表 test_counter 结构如下：

```
CREATE TABLE test_counter (id int PRIMARY KEY, num counter);
```

更新方法为：

```
UPDATE test_counter SET num = num + 1 WHERE id = 1;
```

重复执行上述语句，则在 id=1 这一行中，num 数值不断增加。更换 id 的数值，则会写入新的行。

此外，计数器列采用 64 位整数进行计数，每次可以添加任意数值，但添加的内容不能是时间戳或 UUID 等类型。

7.6.5 日期时间列的操作

1．日期时间转换函数

下列日期时间转换函数，可以用在 SELECT、UPDATE 和 INSERT 等语句中。

① now()：返回时间型 UUID（timeuuid 格式）。

② TODATE(timeuuid) 或 TODATE(timestamp)：转换为日期。

③ Dateof(timeuuid) 或 TODATE(timestamp)：转换为完整日期和时间。该函数在新版本 CQL 中不建议使用。

④ TOTIMESTAMP(timeuuid) 或 TOTIMESTAMP(date)：转换为时间戳。

⑤ toUnixTimestamp(timeuuid) 或 toUnixTimestamp (date)：转换为 UNIX 时间戳，精度为毫秒级，格式为 64 位。

⑥ mintimeuuid/maxtimeuuid：根据日期或更精确一些的时间计算一个大于/小于该时间的模拟 timeuuid（并非基于真实时间）。例如：

```
maxtimeuuid('2018-05-01')，返回 8929270f-4c8f-11e8-7f7f-7f7f7f7f7f7f。
mintimeuuid('2018-05-01')，返回 89290000-4c8f-11e8-8080-808080808080。
```

执行：

```
totimestamp(8929270f-4c8f-11e8-7f7f-7f7f7f7f7f7f)
```

结果为"2018-04-30 16:00:00.000000+0000"，不超过"2018-05-01"。

执行：

```
totimestamp(89290000-4c8f-11e8-8080-808080808080)
```

结果为"2018-05-02 20:32:11.219000+0000"，不小于"2018-05-01"。

2．应用示例

以下面的表结构为例：

```
TABLE ks1.dt_table (
```

```
    col1 int,
    col2 timestamp,
    col3 timeuuid,
    col4 bigint,
    PRIMARY KEY (col1, col2, col3, col4)
)
```

插入若干数值，执行：

```
INSERT INTO dt_table (col1, col2, col3, col4) VALUES (1, toUnixTimestamp(now()),
now(), toTimestamp(now()));
    INSERT INTO dt_table (col1, col2, col3, col4) VALUES (2, toUnixTimestamp(now()),
maxtimeuuid('2018-05-01'), toTimestamp(now()));
    INSERT INTO dt_table (col1, col2, col3, col4) VALUES (3, toUnixTimestamp(now()),
mintimeuuid('2018-05-01'), toTimestamp(now()));
    select * from dt_table;
```

显示效果如下（节选一条）：

```
@ Row 1
------+-----------------------------------
 col1 | 1
 col2 | 2018-05-02 20:01:30.778000+0000
 col3 | 0b0d2181-4e45-11e8-80fb-c9cbb16b0456
 col4 | 1525291290779
```

执行：

```
select todate(col3) from dt_table;
```

显示效果如下（节选一条）：

```
system.todate(col3) | 2018-04-30
```

执行：

```
select totimestamp (col3) from dt_table;
```

显示效果如下（节选一条）：

```
system.totimestamp(col3) | 2018-04-30 16:00:00.000000+0000
```

dt_table 表中 col4 为 bigint 类型，但赋值采用了 totimestamp(now())，这是由于时间戳类型和 bigint 类型存在直接的转换关系。

同理，可以将"8929270f-4c8f-11e8-7f7f-7f7f7f7f7f7f"形式的字符串直接赋值给一个 timeuuid 类型的列，如上面 dt_table 表中的 col3：

```
… SET col3= '8929270f-4c8f-11e8-7f7f-7f7f7f7f7f7f ' …
```

可以将"2018-05-01"形式的字符串直接赋值给一个 date 类型的列，假设存在名为 col5 的列为 date 类型，可以采用下面的赋值方式（yyyy-mm-dd）：

```
… SET col5= '2018-05-01' …
```

假设存在 time 类型的列 col6，则可以采用下面的赋值方式（HH:MM:SS[.fff]）：

```
… SET col6= '07:00:00' …
```

或：

```
… SET col6= '07:00:00.000' …
```

3. 持续时间

对 duration 类型的列，赋值方式为：

```
… SET col5= 1y2mo3d …
```

或

```
… SET col6= 1h30m15s100ms …
```

7.7 编程访问 Cassandra

Cassandra 提供了多种语言的编程接口，包括 Java、Python、Ruby、C#、Node.js、PHP、C++、Scala、Erlang、Go、Perl 等。DataStax 公司提供了绝大多数接口，这些接口驱动目前开源免费，可以从 GitHub 上下载和使用，使用方式可参阅 DataStax 公司网站官方文档。

7.7.1 通过 Python 访问 Cassandra

Cassandra 提供了 Thrift 接口，并支持 C/C++、C#、PHP、Node.js、Ruby 和 Python 等多种语言。对于 Python 语言，可以使用 cassandra-driver 驱动组件简化连接过程，该组件屏蔽 Thrift 接口的实现细节，可以实现用户对数据库的透明访问。

该驱动组件由 DataStax 公司开发，并托管到 GitHub 上，开源免费，可以采用 pip 方式进行安装：

```
pip install cassandra-driver
```

由于 Cassandra 使用 CQL 操作数据库，因此通过 Python 访问并使用 Cassandra 过程，实际就是建立和数据库的连接之后，发送 CQL 语句并获取返回结果的过程。

对代码的解释如下。

（1）建立连接。

```
from cassandra.cluster import Cluster
cluster = Cluster(['192.168.209.180'])
cluster.port =9042
session = cluster.connect()
session = cluster.connect('test_cassandra')
```

代码建立一个 Cluster 实例，输入远程 IP 地址（列表）。注意，由于 Cassandra 在分布式部署时采用对等的环形结构，因此 IP 地址参数支持以逗号隔开的地址列表。

代码默认连接 Cassandra 的 9042 端口，如果服务端没有修改过配置，则不需要在代码中显式指定。

操作完毕后，应将连接关闭：

```
cluster.shutdown()
```

（2）执行 CQL 语句。

首先连接到某个键空间，有两种方法，如：

```
session = cluster.connect('test_cassandra')
```

或：

```
session.execute("use test_cassandra")
```

示例 CQL 语句如下：

```
session.execute("insert into users(id, name) values(1, 'Alice');")
session.execute("insert into users(id, name) values(2, 'Bob');")
rows = session.execute('select * from users')
    for r in rows:
    print(r)
session.execute("delete from users where id=2")
```

简而言之，用户可以通过 session.execute 传递各种 CQL 语句。

如果执行的语句为 insert 或 delete 等，则正确执行或出现小错误时（如重复插入、删除的行数为 0）不会有返回值；在出现重大错误时（如新建的表和已有表重名），会直接抛出异常。可以通过 try/except 结构进行保护和捕捉异常。

如果执行的语句是 select 等，则返回值为二维数组，以前面的代码为例，返回结果为：

```
Row(id=1, name='Alice')
Row(id=2, name='Bob')
```

结果也可以用 rows[0].id 或 rows[0][0]等方式使用或显示出来。

有关 cassandra-driver 类库的接口文档，可以参考在线的官方文档（目前是 3.14 版本的文档）。

7.7.2　通过 Java 访问 Cassandra

DataStax 公司提供了好几种 Java 驱动库包，官方驱动库名为 Datastax Java driver，用户可以从官方网站查阅文档并寻找下载链接。

如果使用 Maven 进行项目管理，需要注意该驱动库的 4.1 以上版本和之前版本的 POM 信息是不相同的。本书以 3.11.0 版本为例，POM 信息为：

```
<dependency>
  <groupId>com.datastax.cassandra</groupId>
  <artifactId>cassandra-driver-core</artifactId>
  <version>3.11.0</version>
</dependency>
<dependency>
  <groupId>com.datastax.cassandra</groupId>
  <artifactId>cassandra-driver-mapping</artifactId>
  <version>3.11.0</version>
</dependency>
<dependency>
  <groupId>com.datastax.cassandra</groupId>
  <artifactId>cassandra-driver-extras</artifactId>
  <version>3.11.0</version>
</dependency>
```

由于依赖项较多，不建议以手动方式管理驱动类库。如果以手动方式管理驱动类库，则首先需要从 Maven 网站下载 driver-core、driver-mapping 和 driver-extras 这 3 个 JAR 包（注意需要 3.11.0 版本）。此外，建议到 ASF 的 Cassandra 网站，下载完整的 Cassandra 软件包（例如 apache-cassandra-3.11.12-bin.tar.gz），并在 Java 工程中导入该软件包中 lib 目录下的所有 JAR 包。该方法将导入较多冗余类库，并在代码调试时输出较多警告信息，但可作为临时测试方法使用。

完成上述工作后，即可进行编程工作。通过 Java 语言可以实现以同步或异步方式访问 Cassandra，本小节介绍同步方式。

由于 Cassandra 提供了 CQL，因此本例主要介绍建立连接、发送 CQL 语句和获取结果的基本过程。

首先导入相关的库包：

```
import com.datastax.driver.core.Cluster;
import com.datastax.driver.core.ColumnDefinitions.Definition;
import com.datastax.driver.core.ResultSet;
import com.datastax.driver.core.Row;
import com.datastax.driver.core.Session;
```

建立和 Test Cluster 表空间的连接：

```
Cluster cluster = Cluster.builder().withClusterName("Test Cluster").addContactPoint
("192.168.209.210").build();
Session session = cluster.connect();
```

执行 CQL 语句，这里以查询 test_cassandra 键空间中，名为 users 的表为例：

```
ResultSet rs = session.execute("select * from test_cassandra.users");
```

获取表结构，并显示：

```
for (Definition definition : rs.getColumnDefinitions())
{
    System.out.print(definition.getName() + "(" +definition.getType()+")" +"\t");
}
    System.out.print("\n");
```

Definition 为每一列的定义信息，这里输出了其名称"definition.getName()"和数据类型"definition.getType()"，假设表中存在 id 和 name 两列，则输出结果类似于：

```
id(int)name(varchar)
```

输出查询结果：

```
for (Row row : rs)
{
    System.out.println(String.format("%d\t%s\t", row.getInt("id"), row.getString
("name")));
}
```

语句对查询结果进行了格式化显示，可以看到需要根据列名和数据类型来获取数据。这里假设查询者已知 id 和 name 两列的数据类型（可以通过 Definition 实例获取）。

使用完毕后，应关闭连接：

```
session.close();
cluster.close();
```

将 session.execute 参数换成其他 CQL 语句，即可完成各类操作。

小结

本章介绍了 Cassandra 的技术原理和基本使用方法。首先介绍了亚马逊公司的 Dynamo 系统，对其环结构、一致性策略、成员管理和容错性技术等进行了介绍，并介绍了 Cassandra 的底层数据模型等相关技术原理。之后介绍了 Cassandra 的基本安装配置方法，然后介绍了利用 CQL 和 cqlsh 环境对 Cassandra 的表和数据进行操作的方法，介绍了 Cassandra 的维护与扩展应用等相关问题。最后，介绍了通过 Python 和 Java 编程访问 Cassandra 的方法。

思考题

1．MongoDB 和 Cassandra 在集群部署架构上有什么不同？各自的架构有什么优、缺点？

2．在 Cassandra 或 Dynamo 的环形架构中，如果添加一个新的节点，其他节点如何获知该事件？如果有节点发生故障，其他节点如何获知？如果该节点的故障是暂时的，可能会产生什么影响？

3．在部署 Cassandra 集群时，如何配置数据中心和机架？多数据中心对性能会产生何种影响？

4．Cassandra 表中主键分为哪几种类型？如何区分它们？

5．为什么集合类型作为主键时，必须进行 frozen 限定？计数器列是否可以作为主键？

6．如果对分簇键进行条件查询，需要采用何种办法？

第 8 章 Hadoop 和 HBase 简介

Hadoop 是最为经典的大数据平台之一，也是大数据领域的事实标准。此外，Hadoop 同时代表了以其为核心的大数据生态系统。

Hadoop 本身并非 NoSQL 数据库，但著名的 NoSQL 数据库如 HBase，是基于 Hadoop 构建的。HBase 可以看作基于列或列族存储模式的 NoSQL 数据库，其提供了强大的大数据检索能力，并且能和 Hadoop 体系下的多种开源组件相互配合，构造更复杂的大数据应用系统。

Hadoop 和 HBase
简介

从技术角度看，Hadoop 和 HBase 是各种抽象的分布式技术原理在具体软件实现上的优秀代表。深入学习这些软件的相关技术和实现策略，有助于对其他分布式大数据系统进行理解和掌握。

但是考虑到 Hadoop 是一个"重量级"的软件系统，复杂度较高，学习成本也较高，因此建议读者通过专门的课程或图书进行系统学习。本书仅从 NoSQL 角度对 Hadoop 和 HBase 进行简单介绍，不介绍详细的使用方法。

8.1 Hadoop 概述

Hadoop 起源于谷歌公司的 3 篇经典论文，最初的应用场景为给搜索引擎提供底层技术支撑。Hadoop 目前的核心组件有 HDFS、分布式处理框架 MapReduce，以及分布式资源管理框架 YARN。

2003 年 10 月，谷歌公司在第 19 届 ACM 操作系统原理研讨会（Symposium on Operating Systems Principles，SOSP）上发表了论文 "The Google File System"，介绍了由其研发的面向大规模数据密集型应用的分布式文件系统，简称 GFS。

2004 年 12 月，谷歌公司又在第 6 届操作系统设计与实现（Operating Systems Design and Implementation，OSDI）研讨会上发表了论文 "MapReduce: Simplified Data Processing on Large Clusters"，介绍了一种可以在 x86 通用计算机平台上进行分布式部署的大数据处理框架，即 MapReduce。

2006 年 11 月，谷歌公司又在第 7 届操作系统设计与实现研讨会上，发表了论文 "Bigtable: A Distributed Storage System for Structured Data"，介绍了一种处理海量数据的分布式 NoSQL 数据库架构，即 Bigtable。

上述 3 篇论文被业界称为谷歌公司的"三驾马车"，其所描述的技术可以在通用的计算机集群上实现大数据的存储、快速检索和分布式批处理，并且具有支持廉价硬件、集群容量大、易于横向扩展、易于使用等优点。

根据上述公开发表的论文，ASF 发起了一个开源软件项目，即 Apache Hadoop。有趣的是，Hadoop 这个名字来源于创始人道格·卡廷（Doug Cutting）的孩子为其玩具大象所起的名字，并非一个具有专门含义的名词或缩写。相应地，Hadoop 的标志就是一头黄色的大象，如图 8-1 所示。

图 8-1　Apache Hadoop 的官方标志

Hadoop 早期包含 3 个子项目，即 HDFS、分布式处理框架 MapReduce 和 NoSQL 数据库 HBase，分别对应谷歌的"三驾马车"。之后，Hadoop 中的子项目不断增多，且不断有子项目被分离出去，形成独立的项目，例如 HBase、Hive 等。这些独立的项目以 Hadoop 为核心构成了一个庞大的"生态环境"，而 Hadoop 也成了大数据领域的一项事实标准，很多新兴的大数据软件都会考虑和 Hadoop 系统兼容。

8.2　Hadoop 体系介绍

8.2.1　Hadoop 的主要组件

Hadoop 的版本更新非常频繁，当前主要维护的是 Hadoop 2.x 和 Hadoop 3.x 这两个版本。目前 Hadoop 2.x 仍是较为主流的 Hadoop 版本，其核心组成部分以及重要的外部扩展组件如图 8-2 所示。

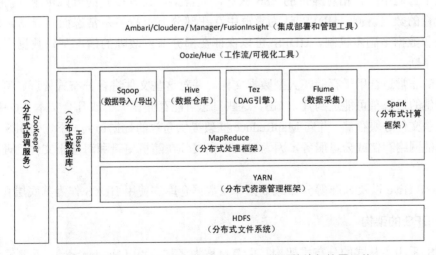

图 8-2　Hadoop 2.x 的核心组成部分及重要的外部扩展组件

HDFS 是存储的基础，负责对大数据文件和存储集群进行管理。HDFS 不能实现对数据的表格化管理和快速检索（随机读取），HBase 则可以在 HDFS 的基础上，将数据组织为面向列的数据表，并支持按照行键进行快速检索等功能。HBase 本身不对数据进行分布式处理，因此 HBase 和 YARN、MapReduce 等组件是并行而非层次关系。

YARN 负责对集群中的内存、CPU 等资源进行管理，同时负责对分布式任务进行资源分配和管理。YARN 被看作一个统一的集群资源与任务管理组件，它和具体的分布式处理方法无关。MapReduce 是分布式处理框架，可以通过 YARN 在分布式集群中申请资源、提交任务，并按照自定义方式对数据进行处理。理论上开发者可以自行开发并部署自己的分布式处理框架来替代 MapReduce。

Tez 和 Spark 可以看作 MapReduce 的升级和替代产品。它们的功能部分重叠，存在一定的竞争关系，但它们都可以支持以 HDFS 和 HBase 作为数据源和输出，并通过 YARN 向分布式集群提交分布式处理任务。

Hive 等外部组件可以实现对分布式处理架构的简化应用。Hive 可以将 HDFS 文件映射为传统的二维数据表，并且支持将 SQL 语句转化为 MapReduce，其目的是将复杂的 MapReduce 编程转换为简单的 SQL 语句编程。与此类似，Spark 软件中的 SparkSQL 模块可以将 SQL 语句转化为 Spark DAG 进行计算。

Sqoop 和 Flume 则属于数据交互工具，前者基于 MapReduce 构建，实现关系型数据库和 HDFS、HBase 之间的分布式数据互转；后者可以实现将日志数据采集到大数据平台。

Oozie 和 Hue 可以实现数据处理过程的工作流构建和可视化操作。

ZooKeeper 可以实现各个服务集群的节点监控、高可用性管理和配置同步等功能。

Ambari、Cloudera Manager 及 FusionInsight 可以实现快速部署并简化运维 Hadoop 集群。

8.2.2　HDFS 大数据存储工具

HDFS 是一种具有高容错性的分布式文件系统，提供了类似可移植操作系统接口（Portable Operating System Interface of UNIX，POSIXL），模型的文件管理方法，但是可以部署在上千台通用的、相对廉价的 x86 服务器集群上，具有很强的分区可用性，并可以提供高吞吐量的数据访问。HDFS 认为集群中存在部分节点故障是常态而非异常，通过采用文件分块和数据多副本机制，HDFS 可以保证在部分节点故障的情况下，数据不会丢失，服务不会中断。

HDFS 非常适合用于存储超大型数据文件，并对这些文件进行分布式处理。例如，某网站每天产生的日志量可能达到几十 GB，这些日志可能存储在一个或几个文本文件中。HDFS 擅长将这些文件分块存储，并向 MapReduce 框架提供高效的数据访问。不过 HDFS 并不适合提供通用的网络存储或云盘服务，因为 HDFS 在文件在随机更新和海量小文件管理等方面并不擅长。

HBase、Hive 以及 Solr 等分布式数据库或数据仓库均使用 HDFS 作为其底层存储系统。

1. HDFS 的架构

HDFS 采用主从式的分布式架构。主节点称为名称节点（Namenode），负责存储文件的元数据，包括目录、文件、权限、文件分块、副本存储等信息。此外，Namenode 会对 HDFS 的全局情况进行管理。此外，还可以设置第二主节点（Secondary Namenode）负责对 Namenode 管理的元数据进行监听和备份。

从节点称为数据节点（Datanode），负责自身存储的数据块，对系统的全局情况并不关心。Datanode 根据 Namenode 的指令，对本身存储的文件数据块进行读写，并且对数据块进行定期自检，向 Namenode 上报节点与数据的健康情况。Namenode 根据 Datanode 的上报信息，决定是否对数据存储状况进行调整，并将超时未上报数据的 Datanode 标记为异常状态。

HDFS 的整体架构如图 8-3 所示。

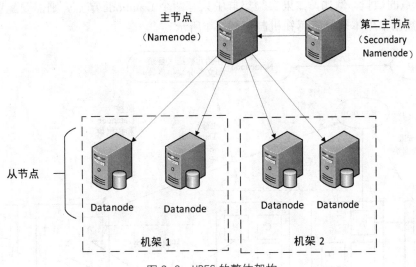

图 8-3　HDFS 的整体架构

2．HDFS 的文件分块和数据多副本机制

HDFS 采用了文件分块和数据多副本两种重要的机制。文件分块机制使 HDFS 可以利用分布式方法存储大于单节点容量或单磁盘存储容量的文件。

HDFS 将文件分割成数据块，具体大小视用户配置而定，一般为 64～256 MB，数值一般为硬盘块大小的整数倍。

写入文件时，Namenode 会指示客户端将文件切分成小块，并且将数据块存储在多个 Datanode 上，Namenode 会记录文件的分块存储情况。读取文件时，Namenode 会根据需要指示客户端到相应的 Datanode 读取所需的数据块。

HDFS 将文件分割成小块的主要目的是，一方面有利于在分布式环境下的均匀存储和分区容错；另一方面，在利用 MapReduce 等分布式框架进行数据处理时，方便将数据一次性读入内存，当部分节点或部分子任务出现故障时，也有利于任务恢复。

HDFS 还具有数据多副本机制。在默认情况下，HDFS 可以将数据块复制为 3 个副本，由 Namenode 选择并指示合适的 Datanode 完成复制和一致性检查工作。此外，用户也可以根据需求，自行配置 HDFS 中的副本数量。

3．机架感知机制

HDFS 的 3 个副本可以通过一种称为"机架感知"（Rack Aware）的机制进行存储。HDFS 默认部署在多个服务器节点上，这些服务器节点又部署在多个机架上，每个机架一般具有统一的电源和网络入口（如机架上的节点都连接在同一个交换机上），当发生电源或网络故障时，可能影响机架上的全部节点。HDFS 将数据块写入一个节点后，会在同一个机架的另一个节点上保存副本，并在不同机架上的某个节点上再保存一个副本。这种做法的好处是，既考虑了节点故障，又考虑了发生机架故障时的容错性。此外，这种机制对提高 MapReduce 的性能也有好处。

需要注意的是，用户可以自由配置 HDFS 中的副本数量，但需要确认副本数量不大于Datanode 节点的数量。例如，如果实验集群中只有两个 Datanode 节点，则需要配置副本数量为 1 或 2。数据多副本与机架感知机制如图 8-4 所示。

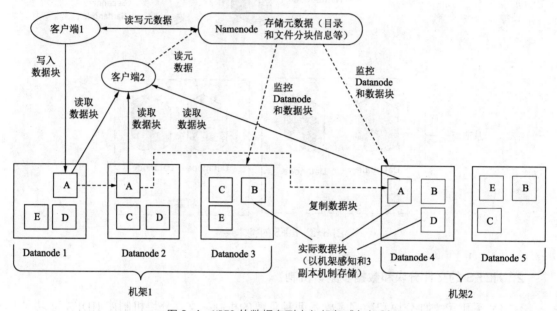

图 8-4　HDFS 的数据多副本与机架感知机制

4．HDFS 的数据读写机制

当数据写入时，Namenode 会指示客户端将数据块写入一个 Datanode；写入完成后，客户端会认为写入成功，并进行其他操作，并不关心副本的复制问题。Namenode 会指示该Datanode 将数据块再复制到第二个 Datanode，复制完成后，第一个 Datanode 则不再关心其他副本的情况。Namenode 会再指示第二个 Datanode 将数据块复制到第三个 Datanode，从而得到数据块的 3 个副本。在 3 个副本复制完成之前，HDFS 不允许客户端读取该数据块。即 HDFS 对客户端提供了强一致性保障，但在副本复制过程中采用了最终一致性方式。

Namenode 会定期检查副本的存储情况，各个 Datanode 也会定期检查自身存储的数据块的情况，并上报给 Namenode，当发现副本不足（如出现 Datanode 宕机）时，Namenode 会指示副本所在的 Datanode 将数据块复制到新的 Datanode 上，使得集群中所有数据块均保持 3 个副本，如图 8-5 所示。

当客户端读取数据时，首先要向 Namenode 发起请求，Namenode 返回文件中部分或全部的数据块副本列表及 Datanode 地址路径，客户端可以选择合适的 Datanode，依次读取数据，如图 8-6 所示。

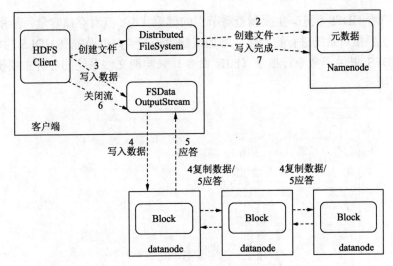

图 8-5　HDFS 的数据写入和副本复制过程

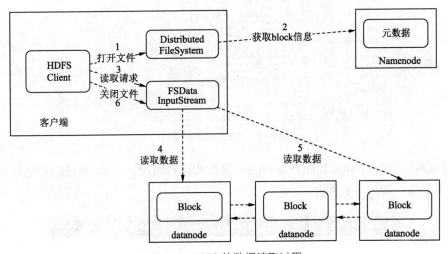

图 8-6　HDFS 的数据读取过程

5．HDFS 中的序列化文件

HDFS 支持的文件类型有文本文件和序列化文件两种。

HDFS 一般用来存储一次写入、多次读取的半结构化文件，如日志、网络爬虫（Crawler）抓取的网页链接信息等，这些文件大多是逐行写入并以纯文本文件的方式进行记录的。但如果想在一行中记录非文本信息（如用长整型格式的时间戳），则需要将数据进行序列化。HDFS支持多种序列化文件，其中 Map 文件（Map File）是一种特殊的序列化文件，其记录都已经按行键排序，并且加入了索引等辅助查询信息。HBase 的数据文件格式为 HFile 格式，就是一种 Map 文件格式的改进形式。

6．HDFS 的使用和管理

作为文件系统，HDFS 的使用主要指对文件的上传、下载和移动，以及查看内容、建立或删除目录等。查看 HDFS 状态，主要指查看节点的健康状态、查看存储容量、查看分块信息等。管理 HDFS，主要指对系统进行初始化、增加或删除子节点，以及提高 HDFS 的可用性等。

首先，HDFS 提供了命令行指令（hdfs 命令）来实现文件系统的各种主要操作，其可用指令如图 8-7 所示。

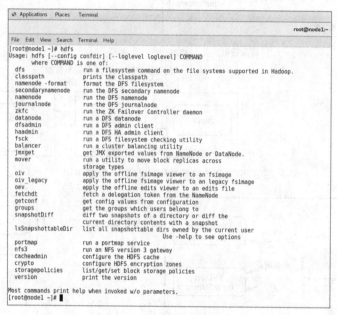

图 8-7　HDFS 的可用指令

还可以通过自带的 Web 界面查看 HDFS 集群的运行情况，例如，系统的启动时间、版本、集群 ID 等信息，如图 8-8 所示。

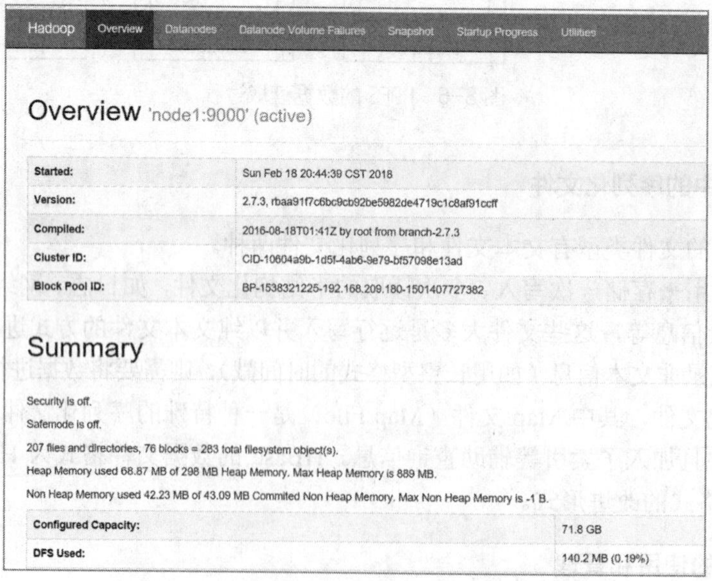

图 8-8　利用 Web 界面查看 HDFS 集群的运行情况

HDFS 还支持以 Web 方式查看文件系统的内容，如图 8-9 所示。

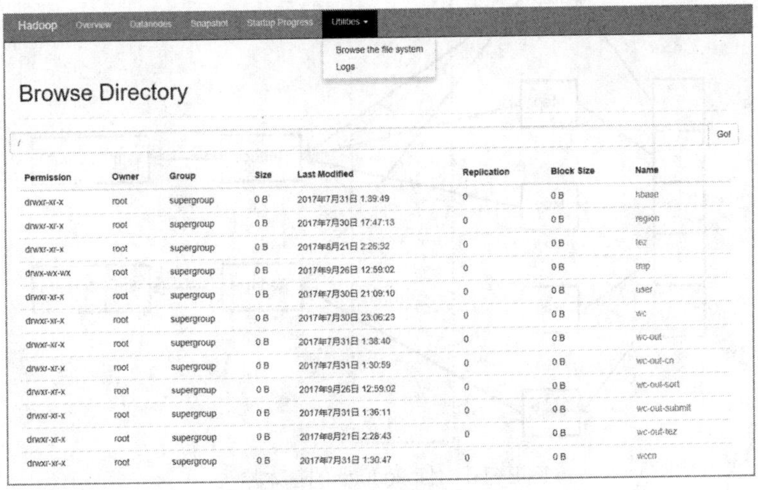

图 8-9　利用 Web 界面查看 HDFS 集群的存储信息

此外，还可以通过 Java 或 C 语言编程等方式访问和使用 HDFS。

8.2.3　MapReduce 大数据处理组件

MapReduce 是谷歌公司提出的大数据并行处理计算模型和框架，同时也代表该计算模式在 Hadoop 中的软件实现。常见的大数据统计、分析功能大多可以转化为一轮或多轮 MapReduce 来实现。

作为计算模型，MapReduce 可以看作函数式语言的延伸。MapReduce 将原始数据、中间结果以及最终结果都理解为键值对。Map 和 Reduce 是两个处理过程，Map 过程对原始数据（分片）中的每个键值对进行处理，处理的逻辑由用户编写（例如：将一句话分成多个词），结果为一个或多个键值对。Reduce 过程将 Map 结果进行分类汇总，每个 Reduce 过程的输入为具有相同键的一组值。Reduce 的具体汇总方式由用户编写（如求和、求最大值、求平均值等），汇总结果只有一个键值对。

作为计算框架，MapReduce 解决了如何读取数据分块、如何读取每一个键值对、如何将 Map 结果发给多个执行 Reduce 过程的节点（该过程称为 Shuffle），以及如何存储结果等一系列问题。

作为软件实现，MapReduce 还解决了如何提交任务、如何进行任务调度、如何容错等一系列问题。在编程时，用户只需要编写每一轮运算中 Map 和 Reduce 过程的处理逻辑即可，不需要关注其他和业务逻辑无关的工作。Hadoop 中的 MapReduce 模块与 HDFS 模块的结合非常紧密。一方面，在默认情况下，Map 过程的输入为一个 HDFS 数据块，也就是说 HDFS 数据块大小对 MapReduce 的处理性能有一定影响，Reduce 的输出结果默认存储到 HDFS 之上。另一方面，HDFS 和 HBase 中的一些大规模数据复制、迁移等工作会借助 MapReduce 实现并行化。

图 8-10 描述了 MapReduce 的基本原理。

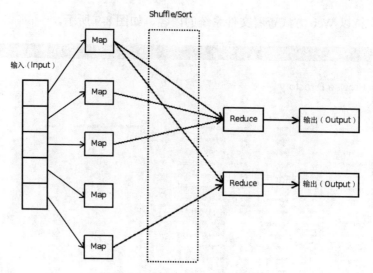

图 8-10　MapReduce 的基本原理

下面通过一个示例描述 MapReduce 的处理过程。

假设需要对大量文章进行词频统计，即统计在这些文章中哪些词语出现的次数比较多，如果利用 Hadoop 系统的 HDFS 存储数据，并利用 MapReduce 分布式处理框架，大致的处理过程如下。

（1）将所有文章分为 n 份，分发到 n 个节点上。

（2）n 个 map 节点都统计本节点上文章中各个词语出现的频率，并且对结果按词语的字典顺序进行排序，这个过程即 Map 过程。

（3）所有的 map 节点都按照统一的划分规则，将排序后的结果划分为 m 组，并且将结果分发到 m 个 reduce 节点上，这些 reduce 节点和 map 节点是复用的。

（4）这 m 个 reduce 节点中，第一个节点获取的是第（3）步所有节点的第 1 组数据，第二个节点获取的是第（3）步所有节点的第 2 组数据，以此类推。由于第（3）步所有节点按照统一的规则将数据划分为 m 组，因此每个 reduce 节点从第（3）步 n 个节点获取的 n 个组数据中，所包含的词语是一样的。

（5）m 个 reduce 节点分别对本地词语进行排序（sort）和词频统计。将所有 reduce 节点的统计结果汇聚到一起，就得到了全部词语的出现频率结果，可以将这些结果统一存储到 HDFS 上，这个过程即 Reduce 过程。

（6）第（5）步的结果只实现了词频统计，但其结果是按照词语的字典顺序排序的，并非按照词频大小排序，这意味着用户无法直接看到出现频率最高的词语是哪些。要完成按词频大小排序，需要再进行一轮 MapReduce 操作。

（7）可以将第（5）步的结果分为 k 份，分发到 k 个节点。每个节点根据词频数从大到小（而非词语的字典顺序）将本地词语进行排序，并将结果按照统一规则划分为 j 份（包括词语和频率两列信息）。这是第二轮 Map 过程。

（8）每个节点将第（7）步得到的 j 份结果分发到 j 个节点上，规则和第（4）、（5）步类似。此时，j 份数据中的第 i 块数据，其所有词频数都大于第 $i+1$ 块的，因为数据是先按词频大小排序后再进行分割的。换句话说，本步骤中，第 i 个节点所获取的所有词频，都大于第

i+1 个节点的。j 个节点对获得的 k 份数据按照词频大小排序。

（9）将第（8）步中所有节点的结果统一输出到 HDFS，就可以得到按词频大小排序的统计结果。一般情况下结果为文本文件，将文件从 HDFS 上下载并打开，内容如图 8-11 所示。

从上述处理过程可以看出，中间结果经历了多次存储和分发过程。

对于中间结果的存储过程，如果中间结果较少，可以尝试将其缓存到各个节点的内存中；如果中间结果较多，数据无法完全缓存到内存中，则需要溢写到硬盘上。在利用 Hadoop 系统实现上述业务时，在两次 MapReduce 操作之间[第（6）步]，中间结果会存储到 HDFS 上，数据会被切分成数据块，均分在分布集群中的主机上。数据块在默认情况下会存储 3 个副本，以保持数据可靠性，这会造成较大的存储开销，并延长总处理时间。

1	11043	the
2	7137	to
3	6416	and
4	5760	a
5	5376	he
6	4765	of
7	4144	was
8	3597	that
9	3501	jobs
10	3373	in
11	3062	it
12	2274	s
13	2241	his
14	2123	i
15	2030	with
16	2004	had
17	1855	for
18	1558	on
19	1482	at
20	1327	but

图 8-11　英文文章词频统计和排序的结果示意

在很多情况下，分布式处理任务可能需要经过多轮迭代运算才能得到最终结果，这要求所有节点不断将本轮处理完的数据汇总到一起，再按新的规则分发到各个节点进行下一轮运算。这种情况需要利用网络进行大量的数据传输工作，因此网络而非节点的处理能力成为分布式处理的主要瓶颈。雅虎公司曾经建立过包含 4000 个节点的 Hadoop 集群，试想，如果上述的中间结果分发在如此大的集群中（假如上述步骤中的 m、n、j、k 等的取值都在 1000 以上），那么所建立的网络连接数量和数据传输总量都是非常可观的，例如在第（3）步，集群中会陆续产生 $m×n$ 个网络连接，这对整体性能的影响是巨大的。

在实施 MapReduce 时需要注意，Map 过程可以单独使用，但 Reduce 过程不可以单独使用。进一步来说，Map 过程之后可以接另一个 Map 或 Reduce 过程，但 Reduce 过程之后，结果必须写入 HDFS。如果需要继续处理，则必须开始新的一轮 MapReduce，重新从 HDFS 中读取数据，这使得 MapReduce 的处理过程可靠性高但效率较低。

一些新型的大数据分析工具，如 Spark 和 Tez 等，在 MapReduce 的基础上进行了改进，形成了更加高效的分布式计算框架。其改进重点之一就是多个处理过程的中间结果不是必须要写入 HDFS，而是优先将中间结果写入内存或节点的本地硬盘。

此外，MapReduce 和 Spark 等也支持对 HBase 的读写，即将 HBase 作为数据源，进行数据处理和分析等。而 HBase 等 NoSQL 数据库不会使用 MapReduce 进行实时查询，这主要是由于 MapReduce 采用 Java 进程机制实现，其启动速度较慢，难以满足查询的实时性要求。此外，由于没有索引或存储格式上的配合，MapReduce 只能通过遍历全部数据等方式进行查询，在数据量极大的情况下很难实时获得结果。

8.2.4　Hive 数据仓库工具

Hive 是基于 Hadoop 实现的分布式数据仓库系统，可以用来实现大数据场景下的分布式数据统计和预处理等功能。Hive 也是由 ASF 支持的，早期为 Hadoop 的子项目，目前是和 Hadoop、HBase 平级的独立开源软件。

Hive 可以将 HDFS 文件映射为二维数据表，并通过类似 SQL 语句的 HQL（Hive QL）语句进行统计和聚合等操作，但一般不支持对数据进行修改和更新。HQL 语句最终会转化为 MapReduce 或 Tez，也就是说 Hive 解决了大数据分析中的易用性问题，将复杂的编程过程转换成了简单的写 HQL 语句的过程。

在 HDFS 上存储的海量日志数据（如网站访问记录）通常是以文本形式存储的，不同信息之间以逗号、空格等进行分隔。Hive 可以将这些半结构化数据映射为不同的列，从而形成表的概念。表的元数据信息可以存储到关系型数据库中，如 MySQL 或 Oracle 等。

对数据进行表映射的目的是支持利用 HQL 操作数据。HQL 提供数据导入、条件查询、数据聚合、排序、多表联合查询等功能，使得用户不需要编写 MapReduce 代码即可完成上述功能，甚至不需要理解 MapReduce 的原理，这为很多传统的数据分析人员提供了极大便利。

Hive 架构如图 8-12 所示。

HQL 的语法和 SQL 的类似，但受限于数据特点和 HDFS 的自身特性，其并不能提供 SQL 的全部功能。例如，由于 HDFS 不支持随机插入数据，因此 HQL 并不支持 Update 和 Insert 等方法，只支持将外部数据导入表中（把数据复制到 HDFS 上并进行表结构映射）。此外，Hive 将 HQL 转化为 MapReduce，因此其性能也必然受制于 MapReduce，这使得 Hive 的实时检索能力很弱。

Hive 和 HBase 都是源于 Hadoop 的开源软件，可以很方便地通过插件结合使用，将数据存储到 HBase，由 Hive 管理表格元数据。Hive+HBase 系统架构如图 8-13 所示。

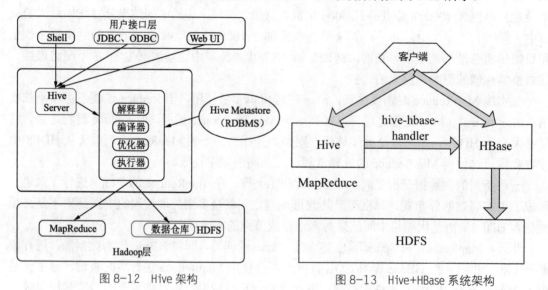

图 8-12　Hive 架构　　　　　　　　图 8-13　Hive+HBase 系统架构

这样使 Hive 能够利用 HBase 实现快速查询功能，也使得 HBase 可以利用 HQL 语句完成一些数据处理、聚合和统计等任务。

8.3　HBase 简介

HBase 最初作为 Hadoop 的子项目在 2007 年创建，其原理来自谷歌公司的 Bigtable。Bigtable 并没有成为独立的开源软件，而 HBase 则在长期的发展演进中不断完善，成为一种知名度高、应用广泛的 NoSQL 数据库。

HBase 是一种面向列模型的 NoSQL 数据库，底层的数据文件一般仍采用 HDFS 存储，但其文件结构和元数据等由自身维护。为了实现并行的数据写入和检索，其元数据也采用分布式方式管理，因此 HBase 在数据和元数据层面都是分布式的。

8.3.1 HBase 的主要特点

从分布式存储的角度看，HDFS 的主要优势在于以下 3 点。

（1）将大文件分块，实现元数据统一管理、数据分布式存储，且具有良好的横向扩展性。

（2）实现数据的多副本存储，不必担心由节点或网络故障而造成的数据不可用。

（3）隐藏分块、副本等存储细节，易用性强。

但仅用 HDFS 进行数据管理，也存在一定的问题，如下所示。

（1）HDFS 不支持对数据的随机读写，早期甚至不支持对文件末尾进行追加。因为 Hadoop 认为其所处理的数据是一次写入、多次读取的，支持随机读写可能造成系统性能下降或复杂度上升等。

（2）HDFS 没有数据表的概念，假设其存储的文件是 CSV 或 TSV 格式的，即采用逗号或制表符分隔的多列文本数据，HDFS 无法定义列名等信息。

（3）HDFS 无法针对行数统计、过滤扫描等常见数据查询功能实现快捷操作，一般需要通过 MapReduce 编程实现，且无法实现实时检索。

HBase 通过将数据进行表格化（基于列或列族）管理，解决了 HDFS 存在的上述问题，同时还具有以下优点。

（1）可以实现便捷的横向扩展。HBase 可以利用 HDFS 实现数据的分布式存储以及集群容量的横向扩展。对于元数据管理能力的扩展，则可以通过数据分片的方式进行。

（2）可以实现自动的数据分片。即用户并不需要具备分布式系统的理论知识，也不需要关注数据是如何在分布式集群上进行存储的，因为分片是由集群自动维护的。当用户进行数据查询时，并不需要提前知道数据存储在哪个节点上，或者其元数据由哪个节点管理，用户只要说明检索要求，软件系统会自动进行后续的操作。当用户进行集群扩展后，软件系统也可以自动对分区进行再平衡。

（3）可以实现严格的读写一致性和自动的故障转移。即数据和元数据都采用了多副本机制，其副本之间的同步、故障检测与转移等机制都可以自动实现。

（4）可以实现对全文的检索与过滤。HBase 不仅可以看作面向列的数据结构，同时也是基于键值对模型的数据结构。HBase 不仅可以实现基于键的快速检索，还可以实现基于值、列名等的全文遍历与条件检索（基于过滤器实现）。

（5）支持通过命令行或者 Java、Python 等语言进行操作。HBase 可以支持 Spark 和 MapReduce 等大数据处理组件从自身中读取数据和写入数据，也可以和 Hive 数据仓库工具联合使用。此外，一些其他的数据管理系统，如 Solr 等，也支持将 HBase 作为底层存储组件使用。

8.3.2 HBase 的数据模型

HBase 使用了列和列族的概念，其数据结构如表 8-1 所示。

表 8-1   HBase 的数据结构

	Column Family：basic			Column Family：advanced		
Key	Columns			Columns		
001	Column qualifier	Value	Timestamp	Column qualifier	Value	Timestamp
	playername	Micheal Jordan	1270073054	Nickname	Air Jordan	1270073054
	Uniform Number	23	1270073054	Born	February 17, 1963	1270073054
	Position	Shooting guard	1270073054	Career points	32292	1270073054
002	Name	Value	Timestamp	Name	Value	Timestamp
	Firstname	Kobe	1270084021			
	Lastname	bryant	1270084021			
	Uniform Number	8	1270084021			
	Position	SG	1270084021			
	Uniform Number	24	1270164055			

表 8-1 中有两行记录，其行键为“001”和“002”，其他所有信息均可以看作这两行记录中的字段或者列。

表中有两个列族，列族的名字必须是可显示的字符串。每个列族中含有若干列。列族可以看作 HBase 表结构（Schema）的一部分，需要在建表时预先定义。

对于面向列模型，列不属于表结构，HBase 不会预先定义列名及其数据类型和值域等内容。每一条记录中的每个字段必须记录自己的列名[也称列标识符（Column Qualifier）]以及值和时间戳。这和关系型数据库有很大的不同，在关系型数据库中，表结构是独立存储的。

上述记录方式在关系型数据库中可能会采用面向行的记录方式，如表 8-2 所示。

表 8-2   面向行的记录方式

Rowkey	Player name	First name	Last name	Uniform Number	Position	Nick name	Born	Career points
001	Micheal Jordan	NULL	NULL	23	Shooting guard	Air Jordan	February 17, 1963	32292
002	NULL	Kobe	bryant	8	SG	NULL	NULL	NULL
002	NULL	Kobe	bryant	24	SG	NULL	NULL	NULL

关系型数据库中需要预先建立表结构，如果需要添加新的列，则需要修改表结构，这可能会对已有数据产生很大的影响。此外，每一行记录在每个列中都需要预留存储空间，因此对于稀疏数据来说，表中会产生大量 NULL，如果表中含有成千上万的列，则会消耗大量的存储空间。

HBase 并不需要预先设计列结构，当添加新的列时，只需要在新记录中记录其列名即可，不会对已有的数据产生任何影响。由于 HBase 的每条记录都记录了自己的列名，如果某一行数据不存在某个列，则不会记录该键值对。因此 HBase 不需要对不存在的数据项记录 NULL。这使得 HBase 可以支持数以万计的列名，且并不会在数据稀疏的情况下为 NULL 消耗存储空间。

需要注意的是，HBase 的底层仍为键值对模型，只是把列名作为行键的一部分进行存储。表 8-3 所示的是表 8-1 中描述的列族结构在 HBase 的实际数据存储方式。

表 8-3　　　　　　　　　　　　　　HBase 的数据存储方式

Rowkey	Column Qualifier	Value	Timestamp
001	playername	Micheal Jordan	1270073054
001	Uniform Number	23	1270073054
001	Position	Shooting guard	1270073054
002	Firstname	Kobe	1270084021
002	Lastname	bryant	1270084021
002	Uniform Number	8	1270084021
002	Position	SG	1270084021
002	Uniform Number	24	1270164055

逻辑上的两行数据，实际被保存为 8 个键值对。"键"中信息包括真实行键（RowKEY）、列标识符（Column Qualifier，即列名）和时间戳（Timestamp）。上述信息和值（Value）共同确定了 HBase 中的最小存储单元—单元格（cell）。

需要注意的是，HBase 用时间戳来记录数据的更新和版本。例如，行键 002 中的 Uniform Number 列被存储了两次，形成了两个单元格。这代表该数据进行了更新，值 24 的时间戳大于值 8 的，则说明 24 是一个更新之后的值。

当进行数据查询时，HBase 可以查询出某个数据的所有可用版本，再根据查询条件将不需要的数据版本过滤掉，这就是 HBase 的数据更新机制。由于 HBase 默认使用 HDFS 进行数据存储，并且 HDFS 不支持数据更新，因此 HBase 采用时间戳机制来实现数据的改写。这种机制将数据更新操作转化为了数据追加操作，相当于将随机写入转化为了顺序写入，这降低了产生磁盘碎片的可能，同时减少了机械磁盘磁头的随机移动，因此效率更高。

HBase 可以实现在数十亿条数据场景下，对行键进行分布式实时查询。但如果需要对列名或值进行条件检索，则需要对全表进行扫描，其开销较大。

8.3.3　HBase 的拓扑结构

和 Hadoop 类似，HBase 也采用了主从式的拓扑结构，其主要组件包括一个主节点（称为 Master 或 Hmaster）和若干个从节点（称为 Regionserver 或 Hregionserver）。这里的主、从节点均指进程角色，而非物理上的服务器节点。

除此之外，HBase 还需要借助 ZooKeeper 集群来实现节点监控和容错。为实现 Master 的高可用性（High Available，HA），可能会部署多个 Master，其中一个为活跃（Active）节点，其他为待命（Standby）节点。

ZooKeeper 是提供分布式协调服务（基于分布式共识机制）的开源软件，可以实现节点监控、配置同步和命名服务等功能。HBase 软件包中自带 ZooKeeper 服务，但也可以在集群中使用独立安装的 HBase 服务。

HBase 的拓扑结构如图 8-14 所示。

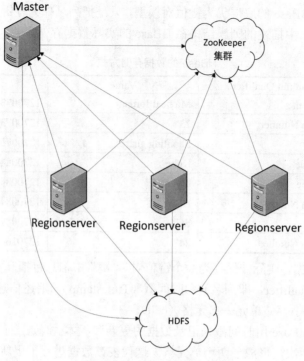

图 8-14　HBase 的拓扑结构

在 HBase 集群中，ZooKeeper 主要实现两方面的功能，一是维护元数据的总入口，以及记录 Master 的地址；二是监控集群，如果 Regionserver 出现故障，则通知 Master，Master 会将其负责的分区移交给其他 Regionserver。另外，当活跃节点出现故障时，ZooKeeper 会在待命节点中选举一个新的活跃节点。

Master 是所有 Regionserver 的管理者，负责对 Regionserver 管理的数据范围进行分配，但不负责管理用户数据表。

Regionserver 是用户数据表的实际管理者，在分布式集群中，数据表会进行水平分区，每个 Regionserver 只会对一部分分区进行管理，负责数据的写入、查询、缓存和故障恢复等。数据表最终以文件形式存储在 HDFS 上，但如何写入并维护这些文件，则是由 Regionserver 负责的。

HBase 可以将数据表进行水平分割，形成不同的分区，并由不同的 Regionserver 进行管理。一般情况下，当数据表刚被建立时，只有一个分区，随着数据表的膨胀，HBase 会根据一定规则将表进行水平分区，形成两个分区，并根据分区的持续膨胀情况，将分区再进行拆分，形成越来越多的分区。这些分区会交给不同的 Regionserver 进行管理，以实现分布式的数据写入和查询。HBase 中的分区如图 8-15 所示。

分区的拆分是基于行键进行的，无论进行多少次拆分，无论分区属于哪个列族，相同行键的数据一定存储在一个分区中。当 HBase 的一个分区拆分成两个时，后一个分区的所有行键均大于前一个分区的所有行键。举例来说，在一个数据表中，以小写英文单词作为行键，当该表膨胀到一定程度时，将被分成两个区，例如，以 a～m 开头的单词会被分到第一个分区，以 n～z 开头的单词会被分到第二个分区。当新的键值对被写入时，其会根据行键单词的首字母自动被指派到对应的分区。

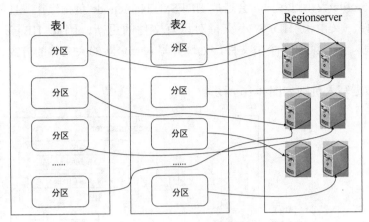

图 8-15　HBase 中的分区

为实现这一特性，HBase 会在写入数据时按照行键的字典顺序（ASCII 格式）进行排序。HBase 的数据文件（Hfile 文件）是一种 Map 文件，即排序后的序列化文件。由于数据在写入时，其行键是随机的，因此 HBase 必须在写入数据时，对数据进行自动缓存和排序。这种机制使得 HBase 的行键查询（即 get 操作）非常高效，但数据写入性能受到一定影响。

各个 Regionserver 所管理的表和分区记录在 META 表中，META 表的结构和一般用户表的没有差别，也是采用键值对和面向列的存储模式。如果分区数量太多，META 表中的数据太多，则该表也会进行自动分区，每个 META 分区记录一部分用户表和分区管理情况。

8.3.4　数据写入和读取机制

1．数据写入机制

HBase 通过 Regionserver 来管理数据写入、缓存、排序，以及实现容错。

每个 Regionserver 可能管理多个表和多个分区。Regionserver 需要根据用户请求将数据写到对应的表分区中，每个分区中包含一个或多个 store，每个 store 对应当前分区中的一个列族。每个 store 管理一块内存，即 Memstore。当用户写入键值对时，最终会将数据写入 Memstore。当 Memstore 中的数据达到一定大小，或者达到一定时间，或者在用户执行 flush 指令时，Regionserver 会将 Memstore 中的数据按行键的字典顺序进行排序，并将其持久化写入 Storefile 中。

当数据持续被写入时，Memstore 中的数据会不断被持久化，形成多个 Storefile。每个 Storefile 内部是有序的，但 Storefile 之间是无序的。注意，HDFS 并不支持文件更新，HBase 则采用每次写入一个新文件的方式解决了 HDFS 上的文件更新问题。

需要注意的是，分区中包含多个列族，每个列族对应一个 store。当一个 store 触发持久化条件时，无论这些 store 是否满足持久化条件，整个分区中的所有 store 都会进行持久化操作，无论其他 store 是否达到持久化条件。这会产生大量的 I/O 开销，并且可能引起在 HDFS 上产生很多小文件等问题。因此，在写数据压力较大的场景下，不建议建立过多的列族。

由于 HBase 每次进行 flush 操作会形成一个 Storefile，因此，一个 store 中可能包含多个 StoreFile。当 Storefile 数量过多时，会造成 HDFS 的 Namenode 负担过重，且需要在读数据时访问过多的文件。又由于 HDFS 不支持对已有文件的更新，因此 HBase 中设计了合并（Compact）机制，通过读取多个小文件，处理并写入一个新的大文件的方式，实现 Storefile 的合并。

HBase 的数据写入机制如图 8-16 所示。

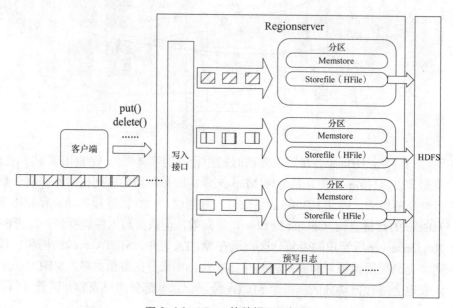

图 8-16　HBase 的数据写入机制

此外，由于在 flush 数据时，HBase 会先将内存中的数据按行键的字典顺序进行排序，因此每个 Storefile 内部是有序的，而 Storefile 之间是无序的。在进行合并时，需要对多个小文件进行多路归并的外部排序，形成一个有序的大文件。这种排序对内存和 I/O 占用较多，因此合并过程是通过牺牲分区和 Regionserver 的短期性能，来换取长期的性能优化。

2. 数据读取机制

当用户进行 get 操作（即根据行键快速定位一条数据）时，HBase 会先定位到键值对所在的分区，再并行地查询该分区内所有 Storefile 中是否有指定行键的键值对。由于 Storefile 是排序过的，因此这种并行查询可以很快得到结果。当用户进行 scan 操作时，HBase 会根据限定条件（如列族和行键的范围）确定需要扫描的分区，并在这些分区的 Storefile 中进行分布式扫描和过滤。同时，在进行 get 和 scan 操作时，Regionserver 也会在 Memstore 中查找未持久化的数据。

由于 Storefile 对应到列族，因此在理论上通过设置多个列族，并且在读取数据时限定列族范围，可以降低检索的开销。但是如果某个 store 触发 flush，则分区内的所有 store 都会进行 flush，无论其是否满足触发条件。如果在表中设置多个列族（即存在多个 store），并且数据写入各个 store 的速度是不同的，那么有可能在一些 store 中产生大量小文件。无论是产生小文件还是由此触发 store 合并操作，都会对系统的存储和性能处理造成显著影响。因此，有观点认为，在一般情况下，HBase 中的列族不应超过一个。

3. 预写日志

当数据被写入 Memstore 之前，Regionserver 会先将数据写入预写日志（Write Ahead Log，WAL），预写日志一般被写入 HDFS，但键值对写入时不会被排序，也不会区分分区，也就是说每个 Regionserver 会为所有分区维护同一个预写日志。键值对被写入预写日志时，还会写入所属的表和分区，以及记录序号和时间戳，以备数据恢复时使用。在进行自动或手动的数据持久化操作之后，Regionserver 会将不需要的预写日志清除掉，并将这一清除事件写入 ZooKeeper。

当出现节点宕机、线程重启等问题时，Memstore 中未持久化的数据会丢失。当 Regionserver 恢复后，会查看当前预写日志中的数据，并将记录进行重放（Replay），根据记录的表名和分区名，将数据恢复到指定的 store 中。如果某个 Regionserver 出现了永久故障，Master 可以将其管理的分区指派给其他 Regionserver，由于预写日志记录在 HDFS 中，因此其他 Regionserver 也可以访问到预写日志的正确副本。

8.3.5　协处理器机制

协处理器（Coprocessor）是 HBase 0.92 引入的新特性，其原型也是谷歌公司的 Bigtable。协处理器是一个类似于 MapReduce 的并行处理组件，其基本思想是移动计算的代价远比移动数据的代价低。通过把子任务（类似于 Map 任务）代码分发到各个 Regionserver 上，协处理器让子任务独立地在各个服务器、表或分区上运行，以实现对数据的监控和操作。

协处理器机制提供了一套编程框架，用户可以非常灵活地编写自定义的协处理器任务。并且用户还可以级联使用多个协处理器组件，完成更复杂的自定义功能。

引入协处理器后，许多原来需要使用 MapReduce 处理的任务可以选择更快捷的方式进行处理。使用 MapReduce 处理任务时，任务加载及初始化需要耗费较长时间，而且每次运行都要重新加载，不适合用于实时请求。相对 MapReduce 来说，协处理器更快速、更轻量级。用户自定义的协处理器可以通过修改配置实现再启动时加载，也可以根据需要进行动态加载。

协处理器有 Observer 和 Endpoint 两种模式，Observer 模式如同关系型数据库中的触发器，而 Endpoint 如同关系型数据库中的存储过程。Observer 可以分为 3 种类型，分别为 RegionObserver、MasterObserver 和 WALObserver。其中 RegionObserver 是分区上的触发器，MasterObserver 是 Master 服务端上的触发器，而 WALObserver 是预写日志上的触发器。

目前 HBase 已经实现了集合函数组件、事务组件、条件删除组件等基于协处理器框架的组件。此外，Phoenix、OpenTSDB 等独立的 HBase 扩展软件也利用协处理器机制实现了更丰富的功能。

8.3.6　HBase 操作与访问

（1）HBase Shell。

HBase Shell 是基于 Ruby 语言开发的命令行操作环境。其支持的主要操作内容包括：表的管理、数据的增删改、数据的基本查询和条件查询等。其示例如图 8-17 所示。

```
hbase(main):012:0> version
1.2.5, rd7b05f79dee10e0ada614765bb354b93d615a157, Wed Mar  1 00:34:48 CST 2017

hbase(main):013:0> status
1 active master, 0 backup masters, 1 servers, 0 dead, 10.0000 average load

hbase(main):014:0> whoami
root (auth:SIMPLE)
    groups: root

hbase(main):015:0>
```

图 8-17 HBase Shell 示例

HBase 支持以下 Shell 命令，且在进行编程访问时，支持的功能与以下功能也是类似的。

① create：创建表。

② alter：修改表结构。

③ describe：描述表结构。

④ exist：确认表是否存在。

⑤ list：显示所有表名列表。

⑥ disable/enable：禁用/解禁一个表。

⑦ disable_all/enable_all：禁用/解禁所有表。

⑧ is_disabled：确认表是否被禁用。

⑨ drop/drop_all：删除一个或全部表。

⑩ truncate：禁用、删除并重建一个表。

对于数据的查询，一般有对键的查询和对值的查询两种情况。由于 HBase 使用面向列的键值对模型，键天然建立了唯一索引，因此对于键的查询速度较快，但对于值的查询，只能通过扫描全部数据实现。这种情况在 Redis 这种同样使用键值对模型的软件中也是一样的，但 Redis 的常用命令并不支持在不指定键名的情况下，扫描所有的值。

（2）Web 界面。

在 HBase 正常启动后，用户可以通过 Web 界面查看 HBase 的运行情况。HBase 的 Web 界面如图 8-18 所示。

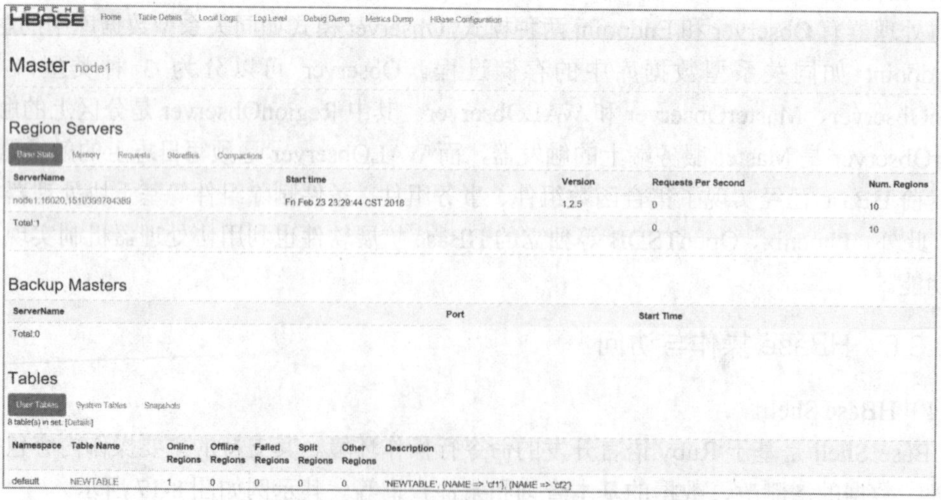

图 8-18 通过 Web 界面查看 HBase 的运行情况

在首页中有以下 4 类主要信息。

① Master，即当前节点的主机名。

② Regionserver 的列表和基本信息。

③ 待命节点的列表。

④ 当前可见的数据表列表及其基本信息。

此外，由于 HBase 底层存储使用了 HDFS，因此也可以通过命令行或 Web 等方式查看 HDFS 中的/hbase 目录，以了解 HBase 的存储情况。如图 8-19 所示。

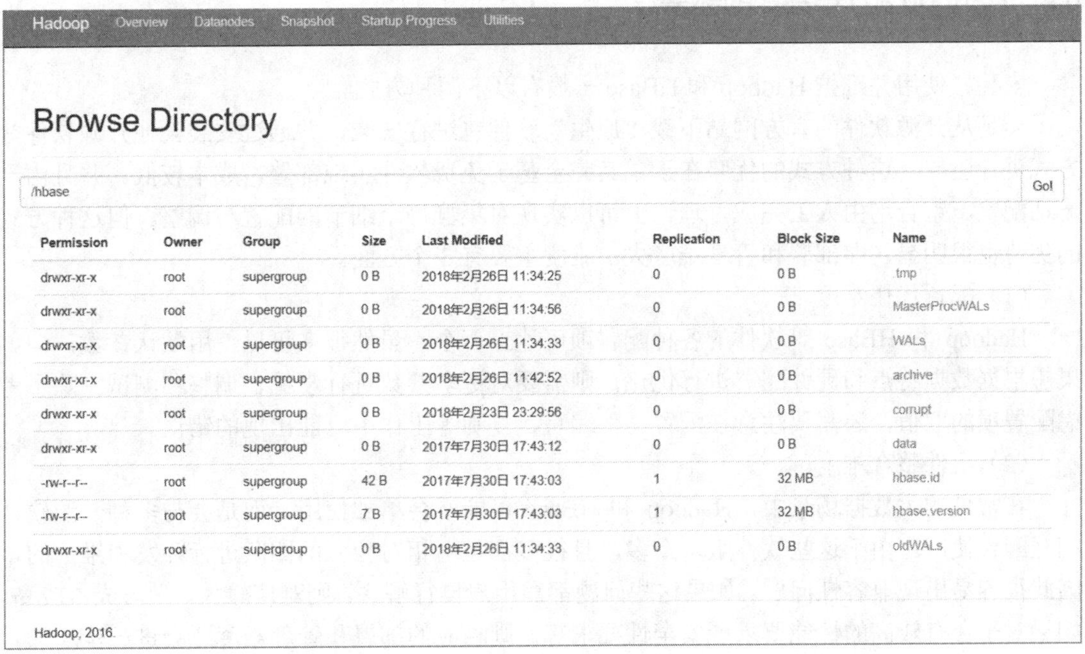

Hadoop　Overview　Datanodes　Snapshot　Startup Progress　Utilities

Browse Directory

/hbase　Go!

Permission	Owner	Group	Size	Last Modified	Replication	Block Size	Name
drwxr-xr-x	root	supergroup	0 B	2018年2月26日 11:34:25	0	0 B	.tmp
drwxr-xr-x	root	supergroup	0 B	2018年2月26日 11:34:56	0	0 B	MasterProcWALs
drwxr-xr-x	root	supergroup	0 B	2018年2月26日 11:34:33	0	0 B	WALs
drwxr-xr-x	root	supergroup	0 B	2018年2月26日 11:42:52	0	0 B	archive
drwxr-xr-x	root	supergroup	0 B	2018年2月23日 23:29:56	0	0 B	corrupt
drwxr-xr-x	root	supergroup	0 B	2017年7月30日 17:43:12	0	0 B	data
-rw-r--r--	root	supergroup	42 B	2017年7月30日 17:43:03	1	32 MB	hbase.id
-rw-r--r--	root	supergroup	7 B	2017年7月30日 17:43:03	1	32 MB	hbase.version
drwxr-xr-x	root	supergroup	0 B	2018年2月26日 11:34:33	0	0 B	oldWALs

Hadoop, 2016.

图 8-19　从 HDFS 中查看 HBase 的存储情况

（3）Jave 访问 Hbase。

HBase 是基于 Java 语言开发的，用户可以利用包含 Java 语言在内的多种语言进行调用开发。由于 Java 是原生语言，因此利用 Java 进行应用开发最为方便，利用 Java 访问 HBase 的所有库均可以在 HBase 安装包中找到，理论上不需要基于 Maven 等工具管理开发依赖项。

（4）Python 访问 HBase。

使用 Python 访问 HBase 较为烦琐，需要借助 Thrift 协议进行。Thrift 是一种由 Facebook 公司发布的远程过程调用（Remote Procedure Call，RPC）框架，目前已成为 ASF 旗下的开源软件。其特点是可以实现跨语言的开发，将使用不同编程语言开发的分布式组件无缝衔接在一起。Thrift 的体系结构为 C/S（Client/Server，客户端/服务器）模式。客户端基于编译器生成代码，构建自己的业务逻辑，并且将调用请求发送到服务端，服务端进行业务处理和响应。

Thrift 协议通过使用接口定义语言（Interface Definition Language，IDL）来描述 RPC 的数据类型和接口，这些描述信息一般被写入所谓的“.thrift”文件中，然后再通过其编译器将其编译为各类代码，包括 C++、Java、Python、PHP、Ruby、Erlang、Perl、Haskell、C#、Cocoa、

JavaScript、Node.js、Smalltalk、OCaml、Delphi 等。

.thrift 文件一般由服务端提供，也就是说，只要服务端开发者写一个.thrift 文件，就可以供多种不同语言的客户端实现简单快捷的 RPC。

HBase 软件包中包含 Thrift 的服务端。用户需要开启 HBase 的服务端程序，并在客户端部署 Python 和 Thrift 客户端驱动。

利用 Python 进行访问时，客户端需要具有 Thrift 和 HBase 两种类库的支持。

8.4　Hadoop 和 HBase 的部署

安装、使用并维护 Hadoop 和 HBase 一般有以下两种方式。

一是从开源软件的官方网站下载"原生"软件包进行安装，并通过安装其他开源软件等方式进行监控。这种方式的优势在于，其完全基于免费软件实现部署，成本较低。并且由于一切配置、整合均由人工完成，理论上可以实现对集群每个细节的配置与调整。但这种方式的劣势也很明显，即部署和管理难度大。难度主要有 3 个方面。

（1）配置优化难度。

Hadoop 和 HBase 等软件的各种配置项可达上百个，虽然很多可以使用默认参数，但如果想根据数据特点和硬件配置进行优化，则需要对更多参数进行掌握、调整和测试。除了考虑配置项的取值，还需要注意在配置文件编写、复制等工作中可能出现的错误。

（2）组件整合难度。

在常见的大数据场景中，Hadoop 和 HBase 可能不会单独使用，而是会与多种开源软件相互配合使用。由于这些软件版本众多，且很多都是由相对独立的团队进行开发和维护的，因此很容易出现兼容性问题。如果这些问题都靠用户自行解决，则难度较大、学习成本较高。如果对平台有较高的性能要求或安全性要求等，则相应的部署和管理难度还会进一步增加。

（3）扩展性和易用性。

虽然 Hadoop 生态圈集成了很多功能强大的大数据软件，但具体到某个特定的行业或场景，这些软件的功能或性能可能仍无法满足需求，或者该行业的数据分析人员普遍不熟悉 Hadoop 或 HBase 的操作方法（如一些从业者可能只熟悉 SQL），如果采用原生方式部署 Hadoop 或 HBase，则相应地需要自行进行二次开发或易用性开发，以满足特定需求。这使得企业内部可能需要一支庞大的技术团队持续进行相关工作，但并非所有企业都能支撑这样一支团队。

二是利用集成化软件对 Hadoop 或 HBase 集群进行部署和维护。此类软件通常对 Hadoop 或 HBase 等开源软件进行封装，提前解决各个组件之间的兼容性问题，并且对部署和配置过程进行简化和易用化设计。此外，还可能会对 Hadoop 或 HBase 等工具进行强化和功能扩展。类似的软件包括 Cloudera Manager、Apache Ambari 和华为公司的 FusionInsight 等。这些软件一般可以提供图形化的部署界面、配置界面和使用界面，以及提供较为完善的集群监控和安全加固方案。但这类软件普遍对硬件资源和规模等要求较高。

小结

本章介绍了 HBase 的高级原理。首先介绍了水平分区的原理，对数据读写、分区拆分等机制进行了分析。其次介绍了列族与 store 机制，对 store 的合并机制进行了分析；基于对分区和 store 机制的分析，介绍了数据表的设计原则。最后介绍了 HBase 的高可用性等管理机制，以及深入使用 HBase 的方法。

思考题

1．HDFS 是否属于 NoSQL 数据库？请分析一下 HDFS 作为数据库的不足之处。

2．从数据模型上看，HBase 和 MongoDB、Redis、Neo4j 以及 Cassandra 中的哪种数据库比较像，请总结一下这些数据库的数据模型特点。

3．HBase 的合并与拆分机制是否是矛盾的？如何理解这两个机制？

4．利用 HBase 处理时序数据可能会遇到什么问题？有什么解决思路？

5．列族与分区、store 的关系是什么？如果在 HBase 表中建立多个列族，其存储方式是什么？

6．在数据量很大的情况下，应该如何设计表结构以降低存储容量？

第 9 章 其他 NoSQL 数据库简介

本章对一些不同类型的 NoSQL 数据库进行介绍，包括时序数据库和搜索引擎系统。这些数据库可以被看作应用系统，也可以被看作特殊的、具有 NoSQL 特性的数据管理工具。

时序数据库用来接收和管理时序数据。时序通常可用于系统监控和日志分析，其数据可能是海量、多源和异构的。因此，很多时序数据库是基于 NoSQL 架构构建。一些时序数据库还具有无须代码、可直接作为监控系统使用的能力。

搜索引擎系统涉及对文本和索引数据的管理。在互联网等领域，文本信息具有惊人的产生速度，是典型的大数据。因此，很多搜索引擎系统为提升性能，其底层存储等是基于 NoSQL 架构或其他 NoSQL 系统实现的。

9.1 时序数据库简介

时序数据是应用最为广泛的大数据类型之一。互联网用户行为日志、服务器集群监控、物联网设备监控等场景都可能产生时序数据。时序数据库最常见的应用场景之一是构建监控系统，监控系统一般关注两类数据，即日常类数据（例如性能指标）和事件类数据（告警数据）；当前数据和一定时间段内的历史数据都具有价值，并同时具有数据查询、数据分析和数据聚合（报表）等多方面需求；此外，监控系统通常需要通过图表等数据可视化方式，对数据的当前状态和未来趋势进行查看。

时序数据库在使用上主要存在 4 个方面的问题。

首先，数据持续增长，可能是持续的高速增长。如果是定时采集数据的监控业务，则数据会以平稳的速度持续增长。因此时序数据库对写入性能的要求很高，并且时序数据库需要通过压缩编码等方式降低存储占用。此外，在进行数据分片时，如果分片机制不合理，可能造成严重的性能问题。例如以时间戳作为分片依据，则可能使得最新的分片成为"热点"，而旧分片所在节点的处理性能被闲置，因为其存储的数据已经无人问津。

其次，时序数据的格式比较固定，且一般只进行数据追加，不进行数据更新和删除。因此时序数据库的数据模型较为简单。此外，对于数据追加，严格地说是以流方式（实时）或批方式（非实时）导入数据，手动插入数据的情况较少。因此在时序数据库中，需要对数据接口进行配置。优秀的时序数据库应支持多种类型的数据导入方式和协议。

再次，时序数据具有查询需求和统计需求。用户既可能对某段时间内的原始数据进行查询——可能是多维度的复杂查询，也可能对某段时间内的数据进行聚合统计，因此时序数据库应该提供条件查询、数据聚合、统计分析等功能，并提供易用的使用接口。

最后，时序数据通常是具有时效性的，即越新的数据越有用，旧数据一般已经形成报表或分析结论，大多数原始数据在一段时间后可以删除。

当前流行的时序数据库有 InfluxDB、Druid、OpenTSDB 等。此外，大多数知名公有云服务商也提供了自己的时序数据库服务，方便用户直接从公有云系统中采集数据，或者将物联网采集的数据存储到云存储服务中。

9.1.1　OpenTSDB

OpenTSDB 是一种基于 HBase 建立的分布式、可伸缩的时序数据库，主要用途是存储日志、监控数据等时序数据。OpenTSDB 的时间精度最多支持到毫秒级，它可以用来为多个服务器节点提供多项指标的持续监控。由于 OpenTSDB 的底层采用 HBase，因此其支持的数据量、拥有的横向扩展能力等均非常优秀，但其部署和配置较为烦琐。

OpenTSDB 通过优化行键及整个键值对存储，解决了时序数据管理问题，并通过封装软件的方式，降低了时序数据采集、应用和管理的难度。

OpenTSDB 系统架构如图 9-1 所示。

图 9-1 所示的 Servers 表示被监控的服务器，可以通过专门的采集器采集性能数据等，例如：采集器可以将这些服务器上的 CPU、内存占用率、网络流量数据等进行定时采集，并发送到相应的 TSD 节点。TSD 节点为 OpenTSDB 的核心组件，负责将监控数据组织为特定的键值对形式，存储 HBase。TSD 节点是无状态且相互独立的，其横向的扩展与容错能力很好。此外，TSD 节点还提供了用户界面（Web UI）和基于脚本（Script）的数据接口。

OpenTSDB 所存储的实际数据都存储在名为 tsdb 的 HBase 表中，其键值对内容包括如下。

（1）metric：监控项的名称，如用户的 CPU 使用率 sys.cpu.user。每个键值对可以看作一个 metric。

（2）timestamp：以 long 型结构存储的时间戳，表明该 metric 的时间。

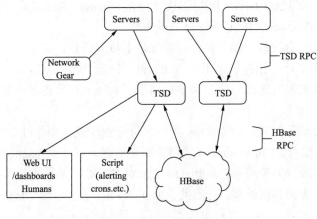

图 9-1　OpenTSDB 系统架构

（3）tags：标签（组），描述当前 metric 的属性，如记录主机名等。每个 metric 可以有多个标签。

（4）value：数值，比如 0.5，可能表示当前 CPU 使用率为 50%，也支持用 JSON 格式存储结构化数据内容。

上述信息被 OpenTSDB 组织为 HBase 中的列和列族等进行存储。OpenTSDB 充分考虑对 HBase 列存储模式的优化，其写入和存储效率较高，同时也充分利用 HBase 实现了分布式部署、数据分片和可伸缩性等特性，且这些特性都是以开源免费的方式构建的。

在易用性方面，OpenTSDB 提供了 HTTP+JSON 接口，以及图形化的展示、查询和管理界面。OpenTSDB 的管理工作界面如图 9-2 所示。

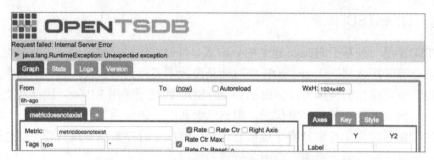

图 9-2　OpenTSDB 的管理工作界面

9.1.2　InfluxDB

InfluxDB 是当前最为流行的时序数据库之一，在 DBRank 网站上具有很高的热度。InfluxDB 由 InfluxData 公司维护，具有开源的社区版和付费的企业版两种版本，当前的社区版不提供集群部署功能，因此性能受到很大限制，但可以通过一些外部策略实现多副本机制，因此可靠性尚可；企业版则提供了数据分片能力、横向扩展能力和更好的安全认证能力等。此外 InfluxData 公司也提供了 InfluxDB 公有云服务。

InfluxDB 使用 Go 语言（Golang）编写，不需要其他的依赖项（例如 OpenTSDB 必须依赖于 HBase），服务端只包括一个主文件，该主文件中包括了核心组件和一个 Web 图形界面，无须进行复杂配置，可以直接运行。InfluxDB 支持在 Ubuntu、Red Hat 等 Linux 版本中使用，此外还支持 macOS、Windows 和以 Docker 方式部署。

InfluxDB 本身只负责数据的接入和存储管理，不负责采集，因此无法形成完整的监控体系。InfluxDB 还提供了一个指标收集工具 Telegraf，该工具可以从数据库、业务系统和物联网系统中，设置、收集和发送度量信息和事件信息。Telegraf 具有易于部署、灵活性强、内存占用小等优点。

InfluxDB 早期架构称为 TICK 技术栈，4 个字母分别代表 4 个组件：Telegraf 用于采集数据、InfluxDB 为核心组件、Chronograf 模块用于查询数据，以及 Kapacitor 用于对数据流进行实时处理，也可以实现告警等应用。InfluxDB 2.x 对 TICK 技术栈进行了简化，由 InfluxDB 组件统一支持数据的查询和流处理，且提供了独立的 Flux 语言引擎，负责对数据进行处理和查询，并且 Flux 语言引擎还支持利用组件对关系型数据库进行读写。

对时序进行监控，经常需要通过实时图表方式观察指标的变化情况。InfluxDB 可以通过和 Grafana 等软件配合实现这一功能。Grafana 是实现时序数据监控可视化的开源软件，一般情况下，只需要配置好数据源即可使用。其数据源除了支持 InfluxDB，还支持 Elasticsearch、MySQL 等。Grafana 支持 Linux、Windows、macOS，以及以 Docker 方式部署，此外还提供云版本。

Prometheus 是著名的开源监控系统。InfluxDB 还可以和 Prometheus 配合，作为其数据源，支持其完成系统监控、告警等任务。

InfluxDB 提供了 Shell 工具 influx CLI。此外，InfluxDB 还支持利用 JavaScript、Java、Python、R、Go、PHP 和 C#等编程语言进行访问。

InfluxDB 架构如图 9-3 所示。

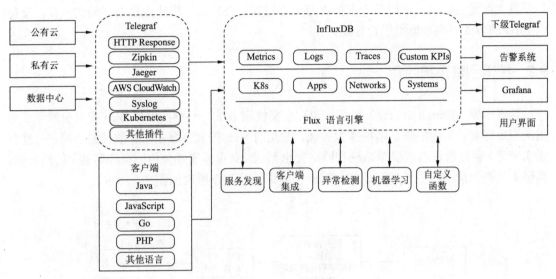

图 9-3　InfluxDB 架构

从图中可以看出 InfluxDB 支持从客户端或 Telegraf 中采集数据，并利用 Flux 语言引擎对数据进行查询、分析、检测等，其结果可以发送到外部的告警系统、Grafana 和用户界面，也可以发送给另一个 Telegraf（如进行数据备份）。此外，InfluxDB 服务端内也包含一个 Web 形式的可视化组件，因此可以和 Telegraf 配合，可以在几乎零开发的情况下（只编写 Telegraf 配置文件），就实现一个简单的可视化监控系统。InfluxDB 的图形监控界面如图 9-4 所示。

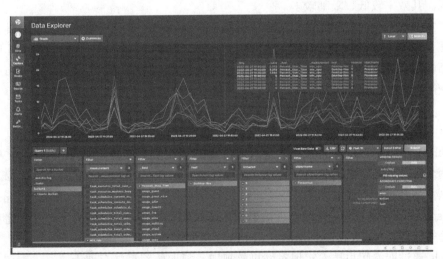

图 9-4　InfluxDB 的图形监控界面

InfluxDB 的底层存储引擎称为时间结构合并树（Time-Structured Merge Tree），包括一个 WORM 机制的数据文件和预写日志。数据文件是经过排序和压缩的，预写日志可以用于数据的恢复和同步，这些机制在 HBase 等 NoSQL 系统中也在使用。InfluxDB 同时提供了内存映射的磁盘文件索引，称为 TSI 文件。TSI 文件将索引存储在磁盘上，理论上可以支持百万条甚至更大数量的索引，这相当于支持百万个监控项。TSI 文件将热点数据存储到内存，支持以 LRU 的方式对内存使用进行管理。

9.2 搜索引擎系统简介

搜索引擎（Search Engine）系统，也称全文检索系统，一般被用作 Web 搜索引擎，或者用于限定行业、领域的垂直模糊搜索领域。常见的 Web 搜索引擎（如谷歌搜索引擎、百度搜索引擎等）可以看作搜索引擎系统和网络爬虫系统（负责抓取并分析网页和链接）的结合体，其强大的查询能力已经被广泛证实，Web 搜索引擎的工作原理如图 9-5 所示。

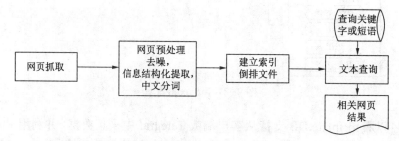

图 9-5　Web 搜索引擎的工作原理

搜索引擎系统和其他 NoSQL 数据库差别较大。

常见的基于数据库的查询方法，一般是基于字段的精确查询（等于）或范围查询（大于、小于）。虽然数据库支持“存在”（IN）等模糊查询条件，但是这种查询一般通过全文遍历等方式实现，其效率较低、限制较多。

而搜索引擎系统通过建立独特的索引机制和查询方法，实现高效的全文模糊查询，甚至可以处理查询结果排名等细节问题，但对原始数据（可能是结构化、半结构化或非结构化数据）的存储、管理等方面并不涉及。搜索引擎系统常和其他 NoSQL 数据库或分布式文件系统配合使用，如 HBase、HDFS 等，由后者实现原始数据的分布式存储和管理。

9.2.1 Nutch

Nutch 是一个基于 Java 的分布式开源搜索系统，由 ASF 维护。Nutch 包括全文检索和网络爬虫两个部分，当爬虫抓取网页之后，一般会将其保存在 HDFS 之上，并通过 MapReduce 实现对网页的分析，以获取标题、正文、链接等元素，并建立倒排索引（Inverted Index）。实际上，Hadoop 在发展之初，曾经一度被看作 Nutch 的子项目，为其解决分布式存储和分布式分析处理等问题。Nutch 搜索引擎的基本工作原理如图 9-6 所示。

Nutch 通过网络爬虫技术实现对网页的抓取，抓取的网页被存储为“segment”，包括网页内容和索引信息。segment 具有时间限制，需要被重复抓取，以应对网页内容的更新。通过对网页内容进行分析，爬虫会将网页中的链接存储为列表，并依次进行深入抓取，抓取到新网页后，再重复进行链接分析、存入列表、依次抓取等步骤，抓取策略可能是深度优先或广度优先的。此外，爬虫还需要解决对噪声链接的分析与过滤等问题。

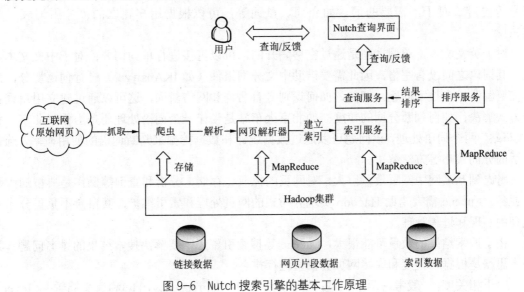

图 9-6　Nutch 搜索引擎的基本工作原理

9.2.2　Lucene

Nutch 的全文检索功能，是通过名为 Lucene 的全文检索引擎实现的。Lucene 是一个全文检索引擎，创立于 2000 年，目前也是 ASF 的顶级开源项目，其作者也是 Hadoop 的作者之一的道格·卡廷。

如果采用全文遍历的方式实现全文检索，则互联网等领域无法接受其效率。于是，Lucene 及其类似软件采用预先建立索引的方式来加速查询。

Lucene 所建立的索引称为倒排索引，这种索引是从字符串（如单词）映射到全文，而非从全文映射到字符串，如图 9-7 所示。

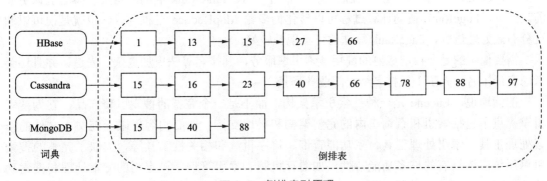

图 9-7　倒排索引原理

当用户查询某个词语时，通过索引可以找到所有相关的文档。倒排索引的建立相当于全文扫描并分析处理的过程，索引一旦建立好，就可以提供实时检索能力。由于网页可能经常更新、被重复抓取，因此倒排索引也需要不断维护、重建，但该过程的开销不会体现在用户的查询过程中。

建立倒排索引需要扫描全文，将全文分解为单独的词语，同时去除标点符号和格式符号等内容。对于不需要的词，如介词、量词等，可以根据用户建立的"停用词表"将其去除。

对于英文文本，单词之间是通过空格隔开的，可以直接进行单词切分；对于中文文本，由于其词语之间没有空格，因此需要借助中文分词组件（如 IKAnalyzer）进行词语切分，此时需要解决较多技术问题。例如，如何识别专有名词和网络新词，这可以通过建立用户词典的方式解决；如何判断分词的粒度，如北京火车站是当作一个词语处理还是当作"北京"和"火车站"两个词语处理，该问题可以通过数据统计和数据挖掘来判断词语的使用概率，选择合适的分词策略等方法解决。

考虑到互联网中网页数量巨大，对网页的抓取、存储、分析和查询等操作是典型的大数据业务，Lucene 需要借助 Hadoop 实现分布式的网页处理和索引维护，其自身不负责分布式处理的实现和过程管理。

由于搜索结果的数量可能很大，Lucene 等搜索引擎还需要解决搜索结果的排名问题。其基本思路是根据相关度和原始网页的权重进行排名。

对于相关度，一般考虑两个权重：数据项频率（Term Frequency，TF）和反文档频率（Inverse Document Frequency，IDF）。如果查询词在某篇文本中出现的次数多，则该文本的相关度较高，该权重称为 TF。如果查询词在多篇文档中的出现频率都很高，则该词语重要性较小，如一些连词、量词等，该权重称为 IDF。将这两个权重相乘，就得到了一个词语的 TF-IDF 值，该值越大，即说明该文本的相关度越高。

对于原始网页权重，一个典型实现是谷歌公司的 PageRank 算法。该算法是由谷歌公司的联合创始人拉里·佩奇（Larry Page）和谢尔盖·布林（Sergey Brin）在 1999 年所发表的文章"The PageRank Citation Ranking:Bringing Order to the Web"中提出的。

PageRank 算法的核心思想在于，如果一个网页被很多其他网页链接，则说明该网页重要性较大，即 PageRank 值较高；PageRank 值很高的网页链接到其他的网页，则被链接到的网页的 PageRank 值会因此相应地提高。在进行搜索时，PageRank 值高的网页，排名应该更靠前。此外，PageRank 值的计算过程可以转化为多轮 MapReduce 过程进行，也就是说可以通过分布式处理进行，PageRank 算法的可实现性较好。

需要说明的是，目前成熟的商用搜索引擎服务，其排名算法更加复杂、先进，并且还会考虑竞价排名、人工干预排名结果等业务场景。

准确地说，Lucene 是一种搜索引擎架构，而不是一个完整的搜索引擎产品，它为搜索引擎提供了包括索引和查询在内的完整架构和接口支持，核心内容仅限于纯文本文件的语言处理工具、索引处理工具、多功能查询、排序机制和相关性工具等，欠缺了完整的搜索引擎系统应该具有的许多功能特性，如缓存机制、索引管理、可定制的文本处理和搜索功能等。Lucene 的工作流程如图 9-8 所示。

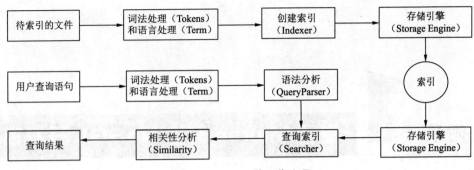

图 9-8 Lucene 的工作流程

9.2.3 Solr 和 Elasticsearch

直接使用 Lucene 构建搜索引擎系统的难度较大，其接口、性能和可管理能力都不是很好。因此，目前出现了一些基于 Lucene 构建的较完整的开源搜索引擎系统，如 Solr 和 Elasticsearch 等，以降低搜索引擎系统的使用和管理难度。

Solr 是用 Java 开发的基于 Lucene 的完整的开源企业级搜索引擎系统，目前也由 ASF 维护。Solr 的核心功能如建立索引、全文检索、分词等都是使用 Lucene 来实现的，同时 Solr 也对 Lucene 进行了封装、完善和扩展，提供了比 Lucene 更丰富的查询语言，实现了系统的可配置性、可扩展性，并对查询性能进行了优化，提供了完善的功能管理界面。一般业务场景下，使用 Solr 比使用 Lucene 更加简单，系统的可维护性更好。

Elasticsearch 是基于 Lucene 的企业级搜索引擎系统，目前已经有独立的公司进行维护，但其基本产品仍保持开源免费状态。Elasticsearch 基于 Java 语言开发，采用 RESTful 风格的操作接口，使用 JSON 格式标准化查询格式。Elasticsearch 和 Solr 的功能比较相似，一般认为 Elasticsearch 的实时搜索能力较强，对于大数据的分布式处理能力更强。在 DBRank 网站的数据库热度排名中，Elasticsearch 的排名更高，在一定程度上说明其受关注度更高。

小结

本章对时序数据库和搜索引擎系统进行了介绍。由于篇幅受限，只对其基本原理进行了介绍。如果读者具有继续学习的意愿，建议先从 InfluxDB 和 Elastichsearch 学习，这两种数据库相对其他系统来说，应用领域更广、资料相对更丰富。

思考题

1. 时序数据库可以用在哪些场景？除了本书列举的场景，你是否还能举出其他应用场景。
2. 时序数据库是否需要具备灵活的数据更新能力？为什么？
3. 试分析搜索引擎系统是否可以采用关系型数据库实现？为什么？
4. 搜索引擎中是如何对搜索结果排序的？

附录 1 基于 Maven 构建 NoSQL 开发项目

Maven 是一个项目管理工具，也是 ASF 旗下的开源软件，主要解决编程开发项目的构建和管理等问题，主要支持 Java、Scala 等语言。

Maven 依托于项目对象模型（Project Object Mode，POM）的概念，对项目信息和结构等进行描述，基于配置文件（POM）方式解决组件包的嵌套依赖、重复引用和版本冲突等问题，实现组件的简化、统一维护。Maven 项目同时包含对在线组件库的支持，利用 Maven 可以自动下载依赖组件，无须人工干预。本书主要利用 Maven 解决 Java 项目中的 NoSQL 驱动组件管理和下载等问题。

当前常见的 Java 集成开发环境，例如 Eclipse、IntelliJ IDEA 等，均集成了 Maven 插件。比起直接使用原生的 Maven 软件，在集成开发环境中使用 Maven 更加方便。本附录以 Eclipse 为例，介绍 Maven 插件的配置，以及基于 Maven 构建 NoSQL 开发项目的基本方法。

1. 检查 Eclipse 的 Maven 插件

早期的 Eclipse 版本需要自行维护 Maven 插件，但较新版本 Eclipse 中已经较好地集成了 Maven，且版本也比较新，例如在 Eclipse 4.22 中集成了 Maven 3.8.1。而截至本书写作时，Maven 的最新版本为 3.8.5。

在 Eclipse 菜单中，依次单击"Window"和"Preferences"，并在弹出的界面中选择"Maven"→"Installations"，可以看到内嵌的 Maven 插件的安装情况，如附图 1 所示。

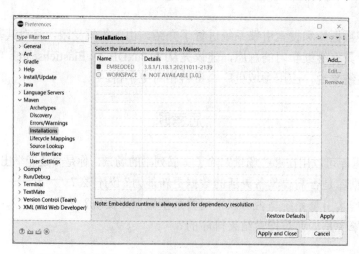

附图 1　在 Eclipse 中查看内嵌的 Maven 插件的安装情况

　　如果能找到"EMBEDDED"的 Maven 条目，则无须额外进行 Maven 软件的安装。如果没有该条目，则需要进行手动下载添加（假设为 Windows 系统）。

　　首先，从 Maven 官网下载 Maven 软件，并将其解压到合适位置。

　　其次，在 Windows 系统的环境变量中配置 MAVEN_HOME 项，内容为 Maven 解压位置的 bin 目录。例如：d:\Maven\bin（假设 d:\Maven 为解压位置）。

　　最后，在附图 1 所示界面中单击"Add"按钮进行添加，例如：d:\Maven\。

　　此外，也可以尝试更换新版本的 Eclipse。

2．配置 Maven

　　在 Eclipse 中单击"Window"→"Preferences"→"Maven"→"User Settings"，并在"Global Setting"中指定配置文件，如附图 2 所示。

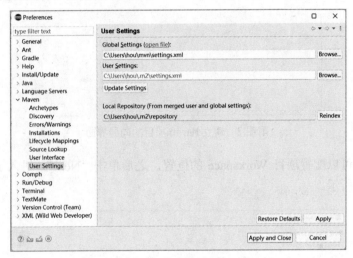

附图 2　在 Eclipse 中指定 Maven 配置文件

　　然而 Eclipse 中并未提供默认配置文件，如果完全由用户编写该文件，过程比较烦琐。比较简单的方式是从官网下载 Maven 组件包，并从 conf 子目录中提取 settings.xml，再将其复制到合适位置。

　　该文件为 XML 格式，考虑到 Maven 会通过网络下载组件包，因此需要在配置文件中配置下载源，建议配置为国内源，例如：

```
<mirrors>
    <mirror>
    <id>aliyunmaven</id>
    <mirrorOf>central</mirrorOf>
    <name>aliyun</name>
    <url>https://maven.aliyun.com/repository/central</url>
    </mirror>
</mirrors>
```

可以用上述内容替换原文件中的<mirros></mirros>内容。

此外，还可以对<localRepository></localRepository>，即本地缓存路径等进行配置。

修改完成后，还需要在附图 2 所示的"Global Settings"中指定该文件。

3. 建立 Maven 项目

在 Eclipse 中，按指定路径建立 Maven 项目："File"→"New"→"Project"→"Maven Project"。之后可以进入向导界面，如附图 3 所示。

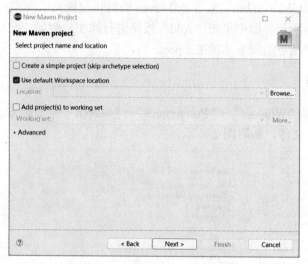

附图 3　建立 Maven 项目的向导界面

在该界面中可以配置项目 Workspace 的位置，之后单击"Next"，进入 Maven 项目模板界面，如附图 4 所示。

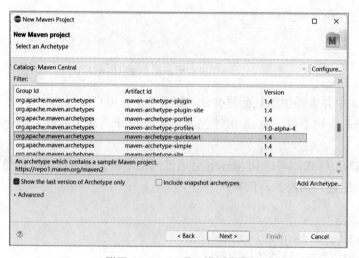

附图 4　Maven 项目模板界面

在"Catalog"中可以选择"Maven Central"。此外，如果刚进行 Maven 项目文件配置，图中列表内容可能为空，这主要是因为 Maven 插件还未和网络源完成同步。建议首先确认网络连接是否畅通，之后关闭 Eclipse，等待一段时间后，再打开软件，重新创建 Maven 项目。

对本附录例子进行基本实验时，可以在列表中选择"maven-archetype-quickstart"模板。完成选择后，单击"Next"，进入 Maven 项目基本信息界面，如附图 5 所示，填写以下项目基本信息。

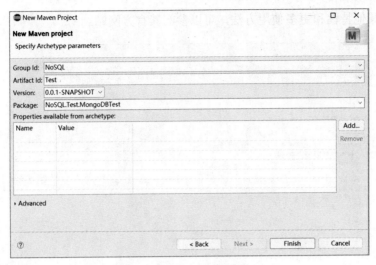

附图 5　Maven 项目基本信息

　　主要是填写"Group Id""Artifact Id"和"Package"等信息，这些信息会影响项目中的一些显示名称，一般对项目构建没有实质影响。

　　上述操作完成后，该 Maven 项目就被建立出来了。此时，在 Eclipse 主界面的左侧项目栏，会看到建立好的 Maven 项目结构，如附图 6 所示。

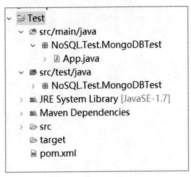

附图 6　建立好的 Maven 项目结构

　　该项目的描述信息存储在最下面的 pom.xml 中，内容示例如附图 7 所示。

　　假设该项目为 MongoDB 测试项目，此时需要利用 Maven 管理其驱动库。根据本书第 3 章中的描述，该驱动库的依赖信息为：

```
<dependency>
    <groupId> org.mongodb</groupId>
    <artifactId> mongodb-driver-sync</artifactId>
    <version> 4.5.0</version>
</dependency>
```

　　将该信息添加到<dependencies></dependencies>当中，但不要删除已有的依赖项。如果希望对其他数据库进行测试，则可根据其他章节的描述添加 Maven 依赖项。

　　添加完成后，系统会自动下载所需的依赖项，当然这需要等待一定时间，具体取决于网络情况和下载内容。之后即可开展实际的开发和测试。

Maven 的其他特性和更多使用方法，可以参阅其官方网站。

```xml
1  <?xml version="1.0" encoding="UTF-8"?>
2
3  <project xmlns="http://maven.apache.org/POM/4.0.0" xmlns:xsi="http://www.w3.org/2001/XMLSchema-instance"
4    xsi:schemaLocation="http://maven.apache.org/POM/4.0.0 http://maven.apache.org/xsd/maven-4.0.0.xsd">
5    <modelVersion>4.0.0</modelVersion>
6
7    <groupId>NoSQL</groupId>
8    <artifactId>Test</artifactId>
9    <version>0.0.1-SNAPSHOT</version>
10
11   <name>Test</name>
12   <!-- FIXME change it to the project's website -->
13   <url>http://www.example.com</url>
14
15   <properties>
16     <project.build.sourceEncoding>UTF-8</project.build.sourceEncoding>
17     <maven.compiler.source>1.7</maven.compiler.source>
18     <maven.compiler.target>1.7</maven.compiler.target>
19   </properties>
20
21   <dependencies>
22     <dependency>
23         <groupId> org.mongodb</groupId>
24         <artifactId> mongodb-driver-sync</artifactId>
25         <version> 4.5.0</version>
26     </dependency>
27     <dependency>
28       <groupId>junit</groupId>
29       <artifactId>junit</artifactId>
30       <version>4.11</version>
```

附图 7　pom.xml 内容示例

附录 2 在 CentOS 7 上安装 Python 3

该附录解决以下问题：在 CentOS 7 上安装 Python 3.x 和 pip 3，并且和 Python 2.7.x 共存。

Python 3.x 是当前主流的 Python 版本，本书中的示例均基于 3.x 版本构建。但 CentOS 7 中默认安装了 Python 2.7.x，由于一些系统应用依赖于这个版本，因此不能将其删除。此时可以采用下面的方式安装 Python 3.x，和系统自带的 2.7.x 版本共存。

首先安装各类依赖包：

```
yum -y groupinstall "Development tools"
yum -y install zlib-devel bzip2-devel openssl-devel ncurses-devel sqlite-devel
readline-devel tk-devel gdbm-devel db4-devel libpcap-devel xz-devel libffi-devel
```

之后下载 Python 3.x 的源代码，可以到官方网站自行下载，本例以 3.7 版本为例。下载后将其解压到合适的目录。

建立一个目标目录：

```
mkdir /usr/local/python3
```

进入 Python 3.7 的源代码目录，执行编译安装过程，注意参数中目标目录的位置：

```
./configure --prefix=/usr/local/python3
make && make install
```

最后创建软链接，注意和已存在的 python（python 2.7.x）相区别。

```
ln -s /usr/local/python3/bin/python3 /usr/bin/python3
ln -s /usr/local/python3/bin/pip3 /usr/bin/pip3
```

安装完毕后，执行 python 3 和 pip 3 命令，可以通过版本号等信息验证安装情况。